教科書ぴったりトレーニング 理科３年 がんばり表

JN033369

いつも見えるところに、この「がんばり表」をはっておこう。
この「ぴたトレ」を学習したら、シールをはろう！
どこまでがんばったかわかるよ。

✪どれぐらい育ったかな
❶ 植物の育ち方
❷ 植物のからだのつくり

20〜21ページ ぴったり3 できたらシールをはろう
18〜19ページ ぴったり1 2 できたらシールをはろう

3. チョウのかんさつ
❶ チョウの育ち方
❷ 成虫のからだのつくり

16〜17ページ ぴったり3 できたらシールをはろう
14〜15ページ ぴったり1 2 できたらシールをはろう
12〜13ページ ぴったり1 2 できたらシールをはろう
10〜11ページ ぴったり1 2 できたらシールをはろう

4. 風やゴムのはたらき
❶ 風のはたらき
❷ ゴムのはたらき

22〜23ページ ぴったり1 2 できたらシールをはろう
24〜25ページ ぴったり3 できたらシールをはろう

✪花がさいたよ

26〜27ページ ぴったり1 2 できたらシールをはろう
28〜29ページ ぴったり3 できたらシールをはろう

✪実ができたよ

30〜31ページ ぴったり1 2 できたらシールをはろう
32〜33ページ ぴったり3 できたらシールをはろう

5. こん虫の
❶ こん虫など
❷ こん虫のか

34〜35ページ ぴったり1 2 できたらシールをはろう

9. 物の重さ
❶ 物の形と重さ
❷ 物による重さのちがい

62〜63ページ ぴったり3 できたらシールをはろう
60〜61ページ ぴったり1 2 できたらシールをはろう

10. 電気の通り道
❶ 明かりがつくつなぎ方
❷ 電気を通す物と通さない物

68〜69ページ ぴったり3 できたらシールをはろう
66〜67ページ ぴったり1 2 できたらシールをはろう
64〜65ページ ぴったり1 2 できたらシールをはろう

11. じしゃくのせいしつ
❶ じしゃくにつく物
❷ 極のせいしつ
❸ じしゃくにつけた鉄

70〜71ページ ぴったり1 2 できたらシールをはろう
72〜73ページ ぴったり1 2 できたらシールをはろう
74〜75ページ ぴったり1 2 できたらシールをはろう
76〜77ページ ぴったり1 2 できたらシールをはろう
78〜79ページ ぴったり3 できたらシールをはろう

✪つくってあそぼう

80ページ ぴったり1 できたらシールをはろう

ゴール

（キリトリ線）

なまえ

すきななまえをつけてね！

ぴた犬
（おとも犬）
シールを
はろう

シールの中からすきなぴた犬をえらぼう。

おうちのかたへ

がんばり表のデジタル版「デジタルがんばり表」では、デジタル端末でも学習の進捗記録をつけることができます。1 冊やり終えると、抽選でプレゼントが当たります。「ぴたサポシステム」にご登録いただき、「デジタルがんばり表」をお使いください。LINE または PC・ブラウザを利用する方法があります。

LINE用

PC・ブラウザ用

★ ぴたサポシステムご利用ガイドはこちら ★
https://www.shinko-keirin.co.jp/shinko/news/pittari-support-system

スタート

1. 春の生き物

❶ 生き物のすがた

2〜3ページ	4〜5ページ
ぴったり 1 2	ぴったり 3
できたら シールを はろう	できたら シールを はろう

2. たねまき

❶ たねをまこう

6〜7ページ	8〜9ページ
ぴったり 1 2	ぴったり 3
できたら シールを はろう	できたら シールを はろう

かんさつ

すみか
だ
❸ こん虫の育ち方

36〜37ページ	38〜39ページ	40〜41ページ
ぴったり 3	ぴったり 1 2	ぴったり 3
できたら シールを はろう	できたら シールを はろう	できたら シールを はろう

6. 太陽とかげ

❶ 太陽とかげのようす
❷ 日なたと日かげの地面

42〜43ページ	44〜45ページ	46〜47ページ	48〜49ページ
ぴったり 1 2	ぴったり 1 2	ぴったり 1 2	ぴったり 3
できたら シールを はろう	できたら シールを はろう	できたら シールを はろう	できたら シールを はろう

7. 太陽の光

❶ はね返した日光
❷ 集めた日光

50〜51ページ	52〜53ページ	54〜55ページ
ぴったり 1 2	ぴったり 1 2	ぴったり 3
できたら シールを はろう	できたら シールを はろう	できたら シールを はろう

8. 音のせいしつ

❶ 音が出るとき
❷ 音のつたわり

56〜57ページ	58〜59ページ
ぴったり 1 2	ぴったり 3
できたら シールを はろう	できたら シールを はろう

さいごまでがんばったキミは「ごほうびシール」をはろう！

ごほうび
シールを
はろう

（キリトリ線）

バッチリポスター

自由研究《じゆうけんきゅう》にチャレンジ！

「自由研究はやりたい，でもテーマが決《き》まらない…。」
そんなときは，このふろくをさんこうに，自由研究を進《すす》めてみよう。
このふろくでは，『植物《しょくぶつ》のどこを食べているのか』というテーマをれいに，せつめいしていきます。

①研究のテーマを決める

「植物の体は，どれも根《ね》・くき・葉《は》からできていることを学習《がくしゅう》したけど，ふだん食べているものは，植物のどこを食べているのか，調《しら》べてみたいと思った。」など，身近《みぢか》なぎもんからテーマを決めよう。

②予想《よそう》・計画を立てる

「ふだん食べているやさいなどの植物が，根・くき・葉のどの部《ぶ》分《ぶん》かを調べる。」など，テーマに合わせて調べるほうほうとじゅんびするものを考え，計画を立てよう。わからないことは，本やコンピュータで調べよう。

③調べたりつくったりする

計画をもとに，調べたりつくったりしよう。けっかだけでなく，気づいたことや考えたこともきろくしておこう。

④まとめよう

「根を食べているものには～，くきを食べているものには～，葉を食べているものには～があった。」など，調べたりつくったりしたけっかから，どんなことがわかったのかをまとめよう。

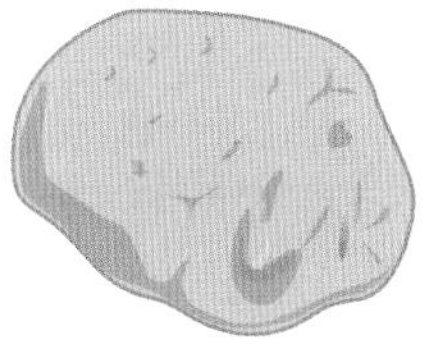

ジャガイモ（くき）

どの部分か
わかりにくいものは
本などで調べよう。

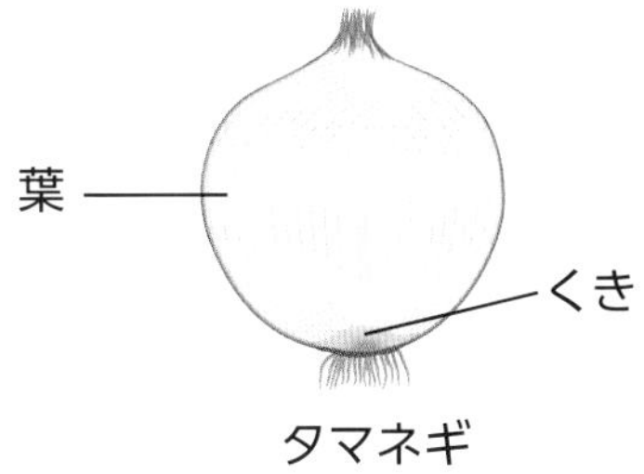

タマネギ

右は自由研究を
まとめたれいだよ。
自分なりに
まとめてみよう。

植物のどこを食べているのか

年　　組

【1】研究のきっかけ

小学校で，植物の体は，どれも根・くき・葉からできていることを学習した。ふだんやさいなどを食べているけど，それは植物のどこを食べているのか，調べてみたいと思った。

【2】調べ方

①まいにち食べているものの中から，植物をさがす。

②食べている植物が，根・くき・葉のどの部分かを調べる。

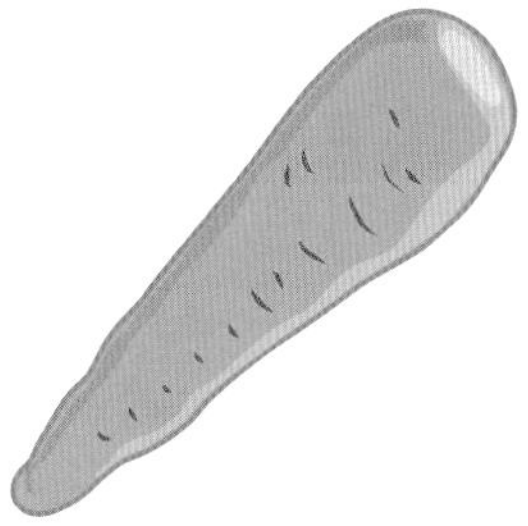

ニンジン

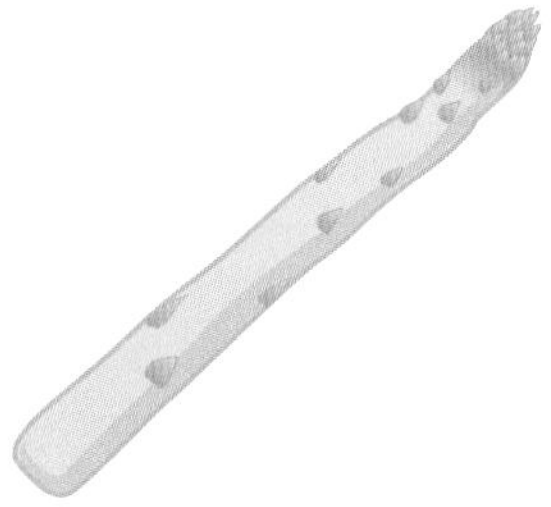

アスパラガス

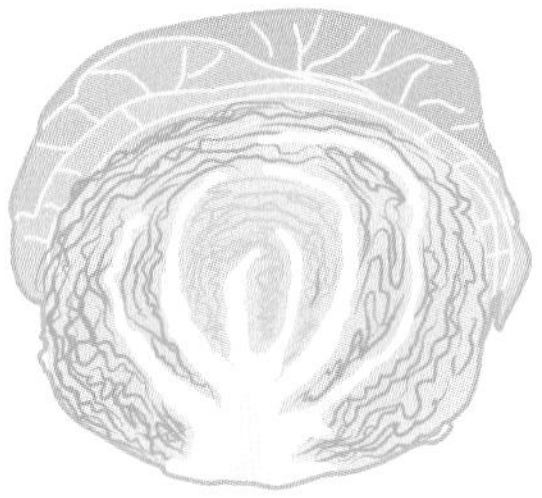

キャベツ

【3】けっか

・根を食べているもの…

・くきを食べているもの…

・葉を食べているもの…

・そのほか…

【4】わかったこと

やさいは，植物の根・くき・葉のどれかだと思っていたけど，実やつぼみなど，根・くき・葉いがいでも，やさいとよんでいるものがあるとわかった。

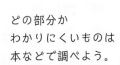

きょうみを広げる・深める！

かんさつ・じっけんカード

3年

生き物

何という植物《しょくぶつ》かな？

生き物

何という植物《しょくぶつ》かな？

生き物

何という植物《しょくぶつ》かな？

生き物

何という植物《しょくぶつ》かな？

生き物

何という植物《しょくぶつ》かな？

生き物

何という植物《しょくぶつ》かな？

生き物

何という植物《しょくぶつ》かな？

生き物

何というこん虫かな？

生き物

何というこん虫かな？

生き物

何というこん虫かな？

生き物

何というこん虫かな？

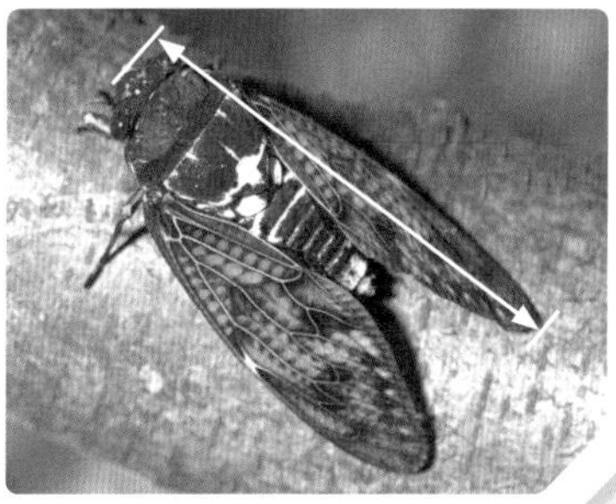

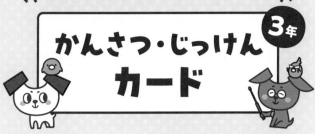

タンポポ

草たけは、15～30cm。
１つの花に見えるが、
たくさんの花が
集《あつ》まったもの。

使《つか》い方《かた》

●切り取《と》り線にそって切りはなしましょう。

説《せつ》明《めい》

●「生き物」「きぐ」「たんい」の答えはうら面《めん》に書いてあります。
●植物《しょくぶつ》の草たけ（高さ）や動物《どうぶつ》の大きさはおよその数字です。
●動物《どうぶつ》の大きさは、←→をはかった長さです。

ハルジオン

草たけは、30～60cm。
つぼみはたれ下がり、
くきの中は空っぽに
なっている。

ナズナ

草たけは、20～30cm。
小さな花がさく。ハート
の形をしたものは、
葉《は》ではなく実《み》。

カラスノエンドウ

草たけは、60～90cm。
葉《は》の先のまきひげが、
ほかのものにまきついて、
体をささえる。

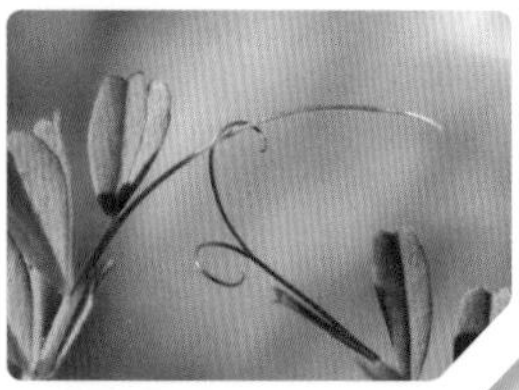

シロツメクサ

草たけは、20～30cm。
１つの花に見えるが、
たくさんの花が
集まったもの。

ヒメオドリコソウ

草たけは、10～25cm。
葉《は》は、たまごの形を
していて、ふちが
ぎざぎざしている。

ホトケノザ

草たけは、10～30cm。
葉《は》は、ぎざぎざがある
丸い形をしている。

ショウリョウバッタ

大きさは、めすが80mm、おすが50mm。
たまご→よう虫→せい虫のじゅんに育《そだ》つ。
キチキチという音を出す。

ベニシジミ

大きさは、15mm。たまご→よう虫
→さなぎ→せい虫のじゅんに育《そだ》つ。よう虫は、
スイバなどの葉《は》を食べる。せい虫は草地《くさち》で
よく見られ、花のみつをすう。

アブラゼミ

大きさは、55mm。
たまご→よう虫→せい虫の
じゅんに育《そだ》つ。
ジージリジリジリと鳴く。

ぬけがら

ツクツクボウシ

大きさは、45mm。
たまご→よう虫→せい虫の
じゅんに育《そだ》つ。
オーシツクツクと鳴く。

ぬけがら

生き物

何という
こん虫かな？

生き物

何という
こん虫かな？

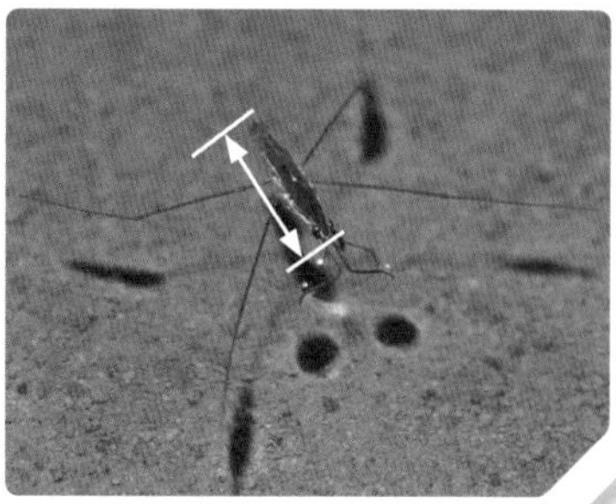

生き物

何という
こん虫かな？

きぐ

何という
きぐかな？

きぐ

何という
きぐかな？

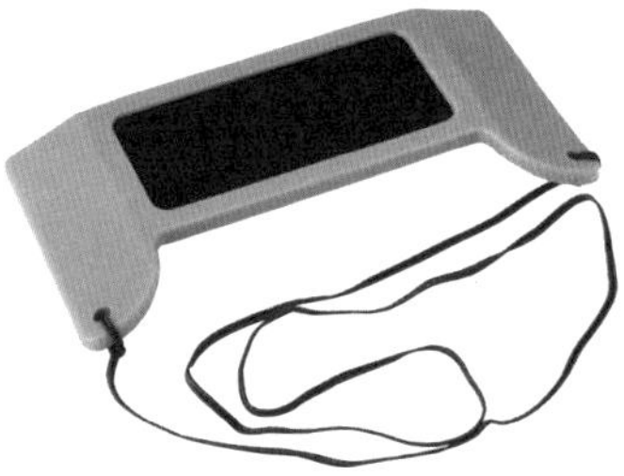

きぐ

何という
きぐかな？

きぐ

何という
きぐかな？

きぐ

何という
きぐかな？

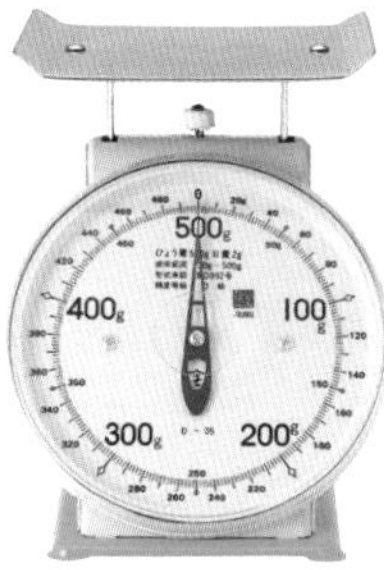

きぐ

何という
きぐかな？

たんい

これで何を
はかるかな？

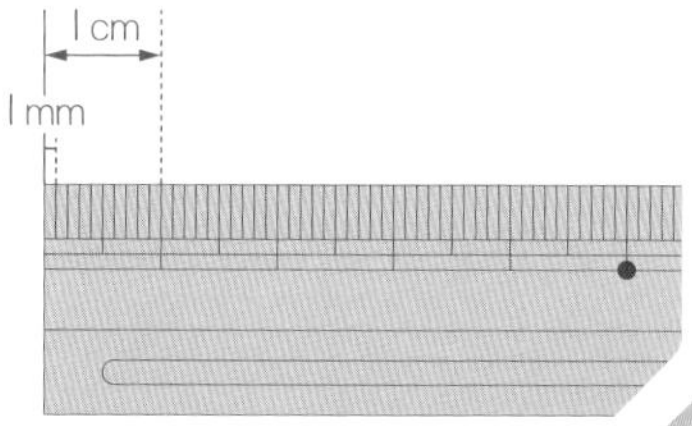

たんい

これで何を
はかるかな？

たんい

ものの大きさ（かさ）
を何というかな？

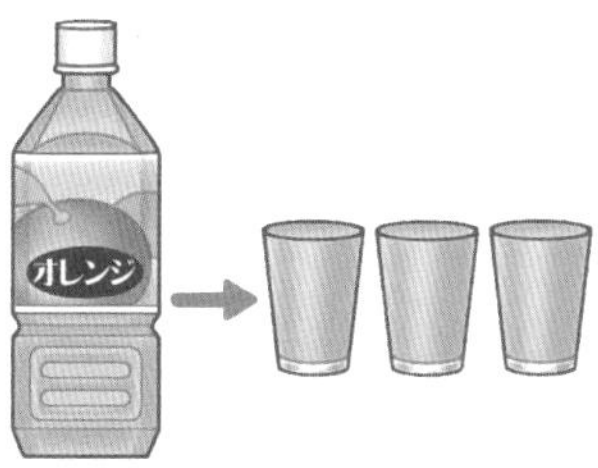

アメンボ

大きさは、15mm。たまご→よう虫→せい虫のじゅんに育《そだ》つ。
あしの先に毛が生えていて、その毛には油《あぶら》がついているため、水にしずまない。

虫めがね

小さなものを大きく見たり、
日光を集《あつ》めたりするために使《つか》う。
目をいためるので、ぜったいに、
虫めがねで太陽《たいよう》を見てはいけない。

方《ほう》位《い》じしん

方位を調《しら》べるときに使《つか》う。
はりは、北と南を指《さ》して
止まる。色がついている
ほうのはりが北を指す。

はかり(台ばかり)

ものの重《おも》さをはかるときに使《つか》う。はかりを使うときは、平《たい》らなところにおき、はりが「0」を指《さ》していることをかくにんする。はかるものをしずかにのせ、はりが指す目もりを、正面《しょうめん》から読む。

長さ

長さは、ものさしではかる。m(メートル)やcm(センチメートル)、mm(ミリメートル)は長さのたんい。
1m=100cm　1cm=10mm

体積《たいせき》

ものの大きさ(かさ)のことを
体積という。同じコップで
はかってくらべると、体積の
ちがいがわかる。

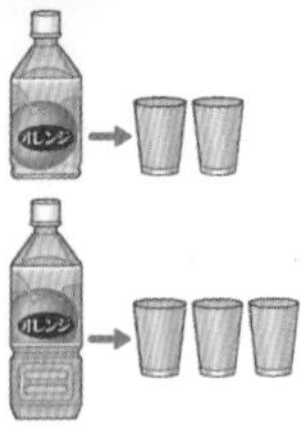

オオカマキリ

大きさは、80mm。たまご→よう虫→せい虫のじゅんに育《そだ》つ。
かまのような前あしで、ほかのこん虫をつかまえて食べる。

シオカラトンボ

大きさは、50mm。たまご→よう虫→せい虫のじゅんに育《そだ》つ。
おすの体は青く、めすの体は茶色い。
ムギワラトンボともよばれている。

しゃ光板《こうばん》

太陽《たいよう》を見るときに使《つか》う。
太陽をちょくせつ見ると目を
いためるので、これを使うが、
長い時間見てはいけない。

温《おん》度《ど》計《けい》

ものの温度をはかる
ときに使《つか》う。
目もりを読むときは、
真《ま》横《よこ》から読む。

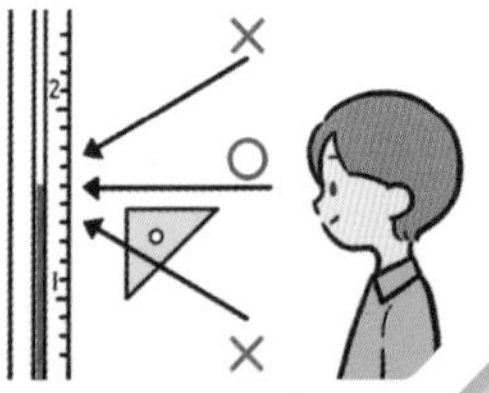

はかり(電子てんびん)

ものの重《おも》さをはかるときに使《つか》う。はかりは平《たい》らなところにおき、スイッチを入れる。紙をしいて使うときは、台に紙をのせてから「0g」のボタンをおす。しずかにものをおいて、数字を読む。

重《おも》さ

重さは、はかりではかる。
kg(キログラム)やg(グラム)は
重さのたんい。1円玉の重さは
1g。1kg=1000g

もくじ

理科3年

東京書籍版
新編 新しい理科

教科書ぴったりトレーニング

▶3分でまとめ動画

		教科書ページ	ぴったり1 じゅんび	ぴったり2 練習	ぴったり3 たしかめのテスト
1.春の生き物	①生き物のすがた	6～13	▶ 2	3	4～5
2.たねまき	①たねをまこう	14～21	▶ 6	7	8～9
3.チョウのかんさつ	①チョウの育ち方1	22～35	▶ 10	11	16～17
	①チョウの育ち方2		12	13	
	②成虫のからだのつくり		14	15	
★ どれぐらい育ったかな	①植物の育ち方	36～41	▶ 18	19	20～21
	②植物のからだのつくり				
4.風やゴムのはたらき	①風のはたらき	42～53	▶ 22	23	24～25
	②ゴムのはたらき				
★ 花がさいたよ		54～57	▶ 26	27	28～29
★ 実ができたよ		60～67	▶ 30	31	32～33
5.こん虫のかんさつ	①こん虫などのすみか	68～81	▶ 34	35	36～37
	②こん虫のからだ				
	③こん虫の育ち方		38	39	40～41
6.太陽とかげ	①太陽とかげのようす1	82～95	▶ 42	43	48～49
	①太陽とかげのようす2		44	45	
	②日なたと日かげの地面		▶ 46	47	
7.太陽の光	①はね返した日光	96～107	▶ 50	51	54～55
	②集めた日光		52	53	
8.音のせいしつ	①音が出るとき	108～117	▶ 56	57	58～59
	②音のつたわり				
9.物の重さ	①物の形と重さ	118～129	▶ 60	61	62～63
	②物による重さのちがい				
10.電気の通り道	①明かりがつくつなぎ方	130～141	▶ 64	65	68～69
	②電気を通す物と通さない物		66	67	
11.じしゃくのせいしつ	①じしゃくにつく物1	142～157	▶ 70	71	78～79
	①じしゃくにつく物2		72	73	
	②極のせいしつ		74	75	
	③じしゃくにつけた鉄		76	77	
★ つくってあそぼう		158～161	80		

巻末 夏のチャレンジテスト／冬のチャレンジテスト／春のチャレンジテスト／学力しんだんテスト
別冊 丸つけラクラクかいとう

とりはずしてお使いください

【写真提供】
アフロ／アマナイメージズ／NNP／コーベット・フォトエージェンシー／シンコーフォト／PIXTA／フォトライブラリー

1. 春の生《い》き物《もの》

①生き物のすがた

◎めあて
生き物は、どのようなすがたをしているのかをかくにんしよう。

教科書　7〜13ページ　答え　2ページ

次《つぎ》の(　)にあてはまる言葉《ことば》をかこう。

1 生き物は、どのようなすがたをしているだろうか。

教科書　7〜13ページ

▶しぜんのかんさつのしかた

- しぜんかんさつでは、(①　　　　)をかぶり、(②　　　　)の服《ふく》を着《き》て、長ズボンをはく。
- 草や(③　　　　)などは、むやみにとったり、つかまえたりしないようにする。
- 石などを動《うご》かしたときは、(④　　　　)にもどしておく。
- 先生の注意《ちゅうい》をよく守《まも》り、(⑤　　　　)なことをしない。
- ウルシ、スズメバチ、チャドクガのよう虫《ちゅう》など、どくや(⑥　　　　)をもつ、きけんな生き物に、気をつける。

▶(⑧　　　　)を使《つか》うと、小さい物を大きく見ることができる。

- 手で持《も》てる物

(1) 虫めがねを(⑨　　　　)に近づける。

(2) (⑩　　　　)を動かして、はっきりと見えるところで止める。

- 手で持てない物

見る物が動かせないときは、(⑪　　　　)を動かして、はっきりと見えるところで止める。

- 目をいためるので、ぜったいに、虫めがねで(⑫　　　　)を見てはいけない。

▶かんさつしたときは、色、形、(⑦　　　　)、気づいたこと・思ったことなどをかんさつカードにかく。

生き物かんさつカード
4月20日 大林まお
ナズナ
色
白い花がさいている。
形
ハートの形の物がついている。
大きさ
高さは、25cmぐらい。
葉がぎざぎざしている。
気づいたこと・思ったこと
白くてまるい花びらが4まいの花が、たくさんさいていた。

▶わたしたちの身《み》のまわりには、いろいろな生き物がいる。

▶生き物は、それぞれ、(⑬　　　　)、(⑭　　　　)、(⑮　　　　)などのすがたがちがっている。

ここが、だいじ!
①小さい物《もの》をくわしくかんさつするときは、虫めがねを使《つか》う。
②生《い》き物《もの》は、それぞれ、色、形、大きさなどのすがたがちがっている。

ぴたトリビア　動物《どうぶつ》は、ほかの動物や植物《しょくぶつ》を食べて生きています。ほかの生《い》き物《もの》なしでは生きられません。

ぴったり2

練習

1. 春の生《い》き物《もの》

①生き物のすがた

学習日　　月　　日

教科書　7〜13ページ　　答え　2ページ

1 外に出て、春のしぜんをかんさつしました。

(1) しぜんのかんさつをするときは、どのような物《もの》を身《み》につけるとよいですか。正しいものに○をつけましょう。

ア(　　)動《うご》きやすいように、半そでの服《ふく》を着《き》て、半ズボンをはくのがよい。

イ(　　)日なたにいることがあるので、ぼうしをかぶるとよい。

ウ(　　)はいたり、ぬいだりがしやすいように、サンダルをはくとよい。

(2) 石を動かすとダンゴムシがたくさんいたので、くわしくかんさつすることにしました。どのようにしたらよいですか。正しいものに○をつけましょう。

ア(　　)よくかんさつするために、そこにいたダンゴムシを全部《ぜんぶ》つかまえる。

イ(　　)着ている物をよごさないように、立ったままでかんさつする。

ウ(　　)かんさつした後、動かした石をもとにもどす。

(3) 右のかんさつカードの　あ　にかくことはどれですか。正しいものに○をつけましょう。

ア(　　)先生の名前　　イ(　　)生き物の名前

ウ(　　)わかったこと　　エ(　　)調《しら》べたこと

(4) 生き物のすがたのにているところやちがうところをくらべるとき、かんさつカードのどんなところに注目《ちゅうもく》しますか。カードを見て、3つかきましょう。

(　　　　　　)　(　　　　　　)

(　　　　　　)

生き物かんさつカード
4月20日 大林まお
あ
色
白い花がさいている。
形
ハートの形の物がついている。
大きさ
高さは、25cmぐらい。
葉がぎざぎざしている。
気づいたこと・思ったこと
白くてまるい花びらが4まいの花が、たくさんさいていた。

2 虫めがねを使《つか》って、生き物をかんさつしました。

(1) 手で持《も》てる物を見るときのかんさつのしかたは①、②のどちらですか。

①

虫めがねを目に近づけて、見る物を動かして、はっきりと見えるところで止める。

②

虫めがねを動かして、はっきりと見えるところで止める。

(　　　　)

(2) 虫めがねで、ぜったいに見てはいけない物はどれですか。正しいものに○をつけましょう。

ア(　　)動物《どうぶつ》　　イ(　　)植物《しょくぶつ》　　ウ(　　)太陽《たいよう》　　エ(　　)土

1. 春の生《い》き物《もの》

1 身《み》のまわりに見られる生き物をかんさつしました。

1つ5点(20点)

アブラナ

タンポポ

モンシロチョウ

ナナホシテントウ

①～④の記ろくは、写真《しゃしん》のどの生き物のことですか。それぞれ名前をかきましょう。

① 赤色で、黒い点が７つあった。
まるい形で、大きさは７mmぐらい。

② はねの色は白で、黒い点があった。
はねは３cmぐらいで４まい。

③ 花は黄色で、葉《は》は大きなぎざぎざが
あった。高さは20cmぐらい。

④ 花は黄色で、葉は細長かった。
高さは50cmぐらい。

①（　　　　　）
②（　　　　　）
③（　　　　　）
④（　　　　　）

2 身のまわりの生き物をかんさつして、かんさつカードにまとめました。

1つ5点(20点)

(1) 生き物をかんさつするときに、注目《ちゅうもく》することをかきましょう。

①「白色」「黄色」など、（　　　）に注目する。

②「25cmぐらい」「100cmぐらい」など、
（　　　）に注目する。

③「ハート」「ぎざぎざ」「細長い」など、（　　　）に
注目する。

(2) 図の ア には、何をかけばよいですか。

（　　　）

生き物かんさつカード
ア 大林まお
ナズナ
色
白い花がさいている。
形
ハートの形の物がついている。
大きさ
高さは、25cmぐらい。
葉がぎざぎざしている。
気づいたこと・思ったこと
白くてまるい花びらが4まいの花が、たくさんさいていた。

よく出る

3 虫めがねを使《つか》って、生き物をかんさつしました。

技能　1つ10点(30点)

(1) 虫めがねを使うのは、物をどのようにして見るためですか。正しいものに○をつけましょう。

ア(　　)明るくして見るため。
イ(　　)暗《くら》くして見るため。
ウ(　　)小さくして見るため。
エ(　　)大きくして見るため。

①

②

(2) ①と②で、虫めがねの使い方をかえたのは、かんさつする物の何がちがうからですか。正しいものに○をつけましょう。

ア(　　)大きさ　イ(　　)動《うご》かせるかどうか　ウ(　　)見られるところ

(3) 記述 虫めがねでぜったいに太陽《たいよう》を見てはいけないのはなぜですか。

(　　　　　　　　　　)

できたらスゴイ!

4 学校からの帰り道で、はるかさんは下のようなアブラナとタンポポを見つけました。

思考・表現　1つ5点(30点)

(1) はるかさんは、アブラナとタンポポを見て、にているところがあると思いました。それはどこですか。正しいもの2つに○をつけましょう。

ア(　　)葉の形　イ(　　)葉の色
ウ(　　)高さ　エ(　　)花の色

高さ50 cmぐらい

高さ20 cmぐらい

(2) アブラナとタンポポには、モンシロチョウや、ベニシジミがやってきました。

①モンシロチョウもベニシジミもチョウとよばれるのは、生き物のすがたのうち、何がにているからですか。(　　　　)

② 記述 モンシロチョウとベニシジミは、どちらもチョウなのに、区《く》べつできるのはなぜですか。

(　　　　　　　　　　)

(3) 生き物をなかま分けするとき、どのようなところをくらべるとよいですか。(　)にあてはまる言葉《ことば》をかきましょう。

花やからだの色、葉やからだの(①　　　　)、高さや長さなどの(②　　　　)をくらべるとよい。

ふりかえり
3の問題がわからなかったときは、2ページの1にもどってたしかめましょう。
4の問題がわからなかったときは、2ページの1にもどってたしかめましょう。

ぴったり1 じゅんび

3分でまとめ

2. たねまき

①たねをまこう

学習日　　月　　日

めあて
植物は、たねからどのように育つのかをかくにんしよう。

教科書　15〜21ページ　答え　4ページ

次《つぎ》の(　　)にあてはまる言葉《ことば》をかこう。

1 植物《しょくぶつ》は、たねからどのように育《そだ》つのだろうか。　教科書　15〜21ページ

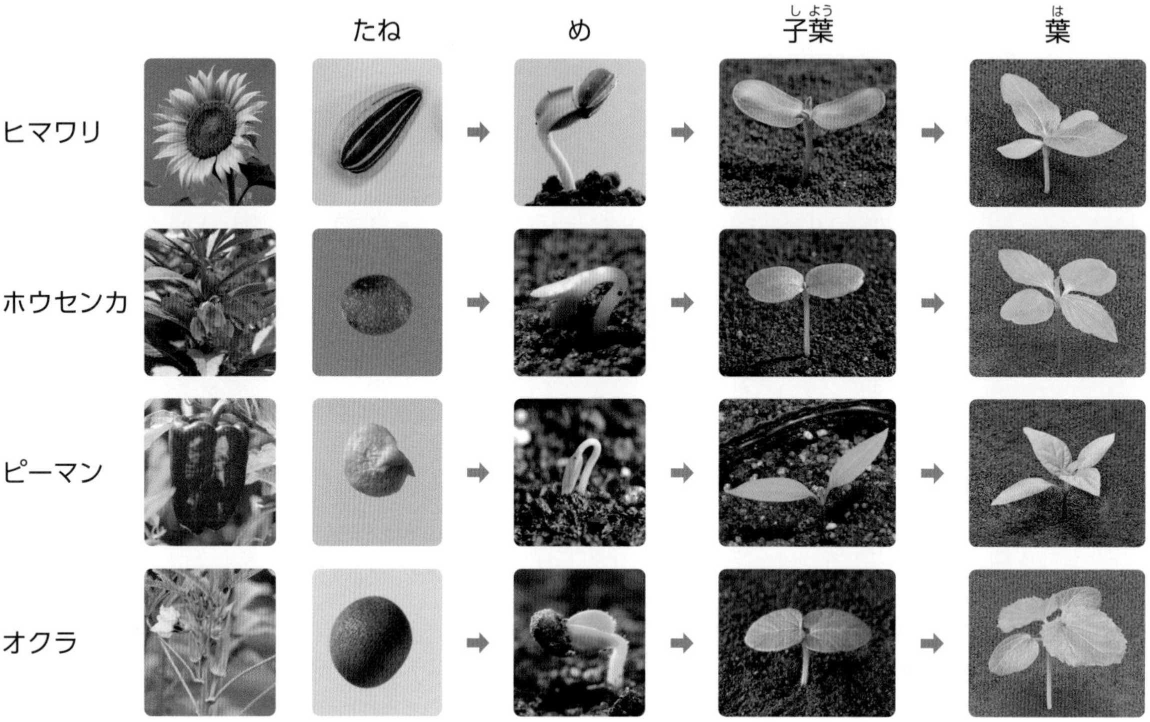

▶(①　　　　)からめが出てきて、はじめに出てくる葉を(②　　　　)という。

▶たねのまき方と世話《せわ》のしかた

- 小さいたね(ホウセンカやピーマン)
土の上にたねをまき、土を(③　　　　)かける。
- 大きいたね(ヒマワリやオクラ)
指《ゆび》で土に(④　　　　)をあけて、たねをまき、土をかける。

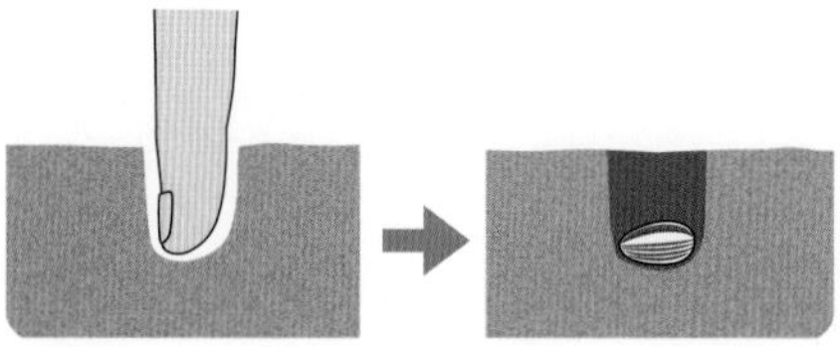

- 土がかわかないように、ときどき(⑤　　　　)をやる。

▶植物の高さの調《しら》べ方と記ろくのまとめ方

- 植物の高さの調べ方
紙テープなどで、地面《じめん》から、いちばん上の(⑥　　　　)のつけ根《ね》までの高さをはかって紙テープを切りとる。

- 記ろくのまとめ方
植物の高さを調べた(⑦　　　　)は、大きな(⑧　　　　)にはっていく。

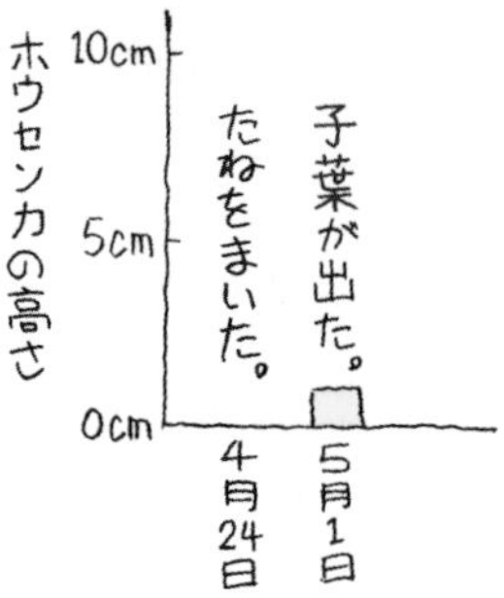

ここがだいじ! ①たねからはじめに出てくる葉《は》を、子葉《しよう》という。

ぴたトリビア ホウセンカのじゅくした実《み》にさわると、はじけてたねがとびます。このことから、ホウセンカを英語《えいご》で「タッチ・ミー・ノット」(わたしにさわらないで)とよぶこともあります。

2. たねまき

①たねをまこう

教科書 15～21ページ　答え 4ページ

1 ヒマワリ、ピーマン、ホウセンカ、オクラの育《そだ》つようすをかんさつしました。

(1) 上の写真《しゃしん》で、たねと育った後のようすの組み合わせをそれぞれ線でむすびましょう。

(2) たねからめが出て、はじめに出てくる葉《は》のことを、何といいますか。

（　　　　　　）

2 入《い》れ物《もの》に土を入れて、たねをまきます。

(1) ヒマワリ、ホウセンカ、ピーマン、オクラのたねは、それぞれ、図のあ、いのどちらのまき方ですか。１つずつえらびましょう。

①ヒマワリ（　　）

②ホウセンカ（　　）

③ピーマン（　　）

④オクラ（　　）

あ　たねにうすく土をかける。

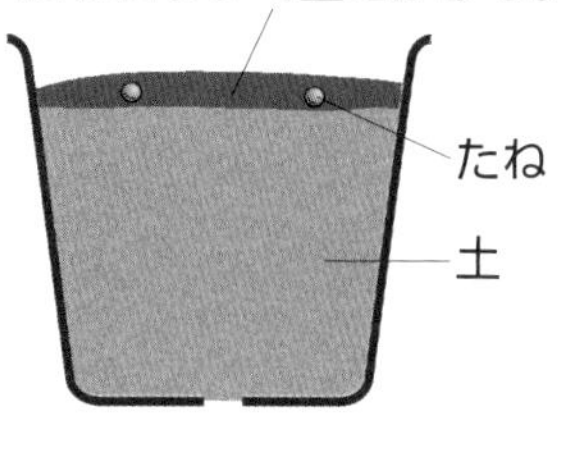

い　指《ゆび》で土にあなをあけて土をかける。

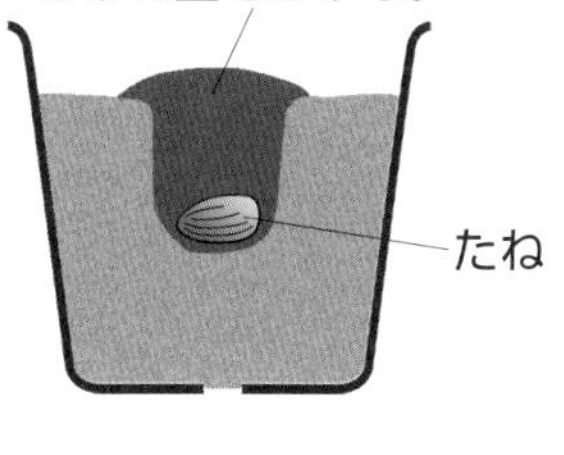

(2) たねをまいた後、どのようにすればよいですか。正しいほうに○をつけましょう。

ア（　　）めが出るまでは、何もしない。

イ（　　）土がかわかないように、水をやる。

ヒント　2 (1) 大きいたねは、指《ゆび》で土にあなをあけてまきます。

2. たねまき

時間 30分

／100

合格 70点

教科書 14〜21ページ　答え 5ページ

よく出る

1 植物《しょくぶつ》のたねをまいてから、めが出た後までのようすをまとめました。①〜⑦にあてはまる記号《きごう》を下のア〜クからえらび、表《ひょう》をかんせいさせましょう。

1つ5点(35点)

名前	たね	めが出た後
ヒマワリ	ア	(①)
ホウセンカ	(②)	(③)
ピーマン	(④)	(⑤)
オクラ	(⑥)	(⑦)

ア

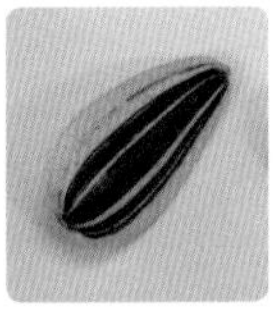

イ

ウ

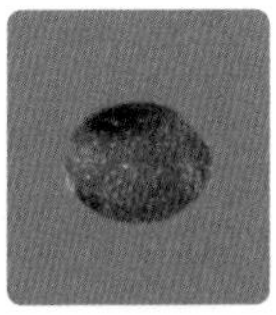

エ

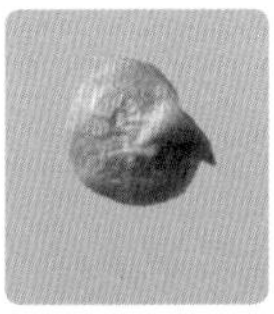

オ

カ

キ

ク

2 記述 入《い》れ物《もの》に土を入れて、ホウセンカとヒマワリのたねをそれぞれまきます。アはホウセンカのたねをまくようす、イはヒマワリのたねをまくようすです。それぞれのまき方を、せつめいしましょう。

1つ10点(20点)

ア

イ

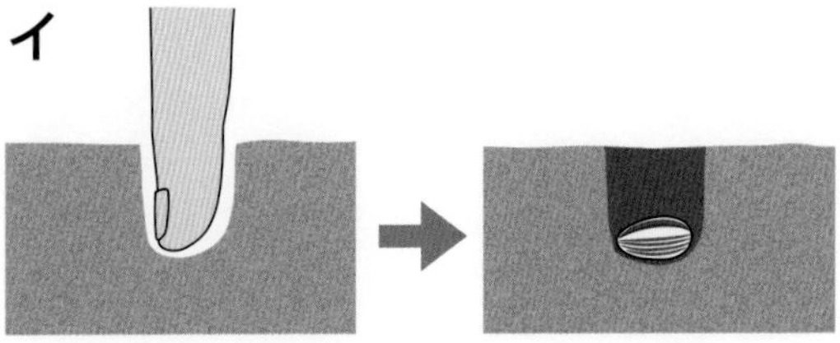

ホウセンカ(　　　　　　　　　　　　　　　　)

ヒマワリ　(　　　　　　　　　　　　　　　　)

3 小さな入れ物に土を入れて、たねをまきました。

技能　1つ10点、(1)は全部《ぜんぶ》できて10点(20点)

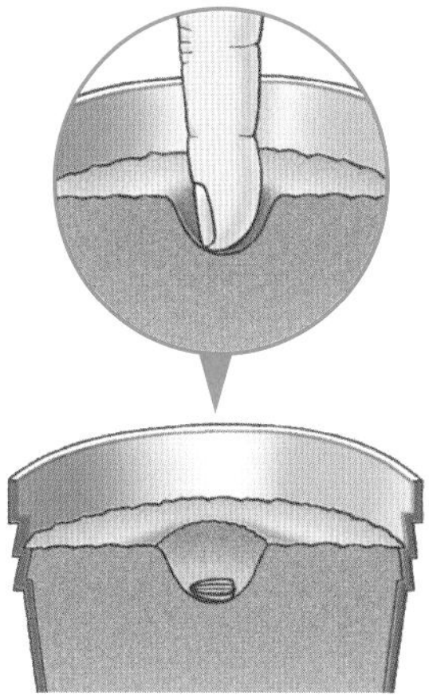

(1) 図のように、土にあなをあけてまくたねはどれですか。正しいもの2つに○をつけましょう。

ア(　　)ヒマワリ

イ(　　)ホウセンカ

ウ(　　)ピーマン

エ(　　)オクラ

(2) 記述 たねをまいた後、土がかわかないようにすることは何ですか。せつめいしましょう。

(　　　　　　　　　　　　　　　　　　　　)

できたらスゴイ!

4 ヒマワリとホウセンカのめが出た後のようすをかんさつして、記ろくしました。

1つ5点(25点)

(1) ①と②にあてはまるのは、ヒマワリとホウセンカのどちらですか。

①(　　　　　　)

②(　　　　　　)

(2) ③は、たねからはじめに出てきた葉《は》です。この葉を何といいますか。

(　　　　)

(3) ④にあてはまる数を答えましょう。

(　　　　)

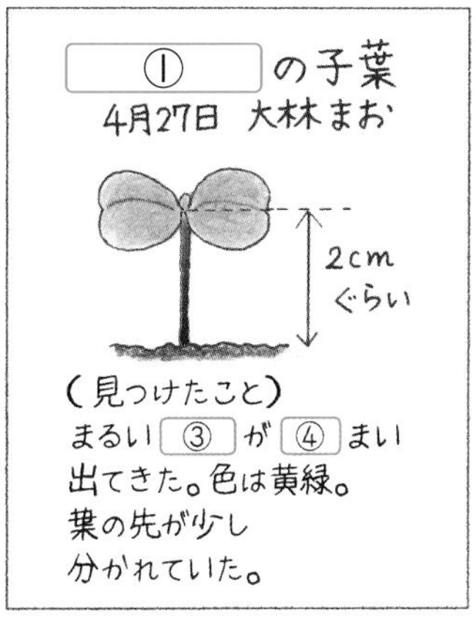

①の子葉
4月27日　大林まお
2cmぐらい
(見つけたこと)
まるい③が④まい
出てきた。色は黄緑。
葉の先が少し
分かれていた。

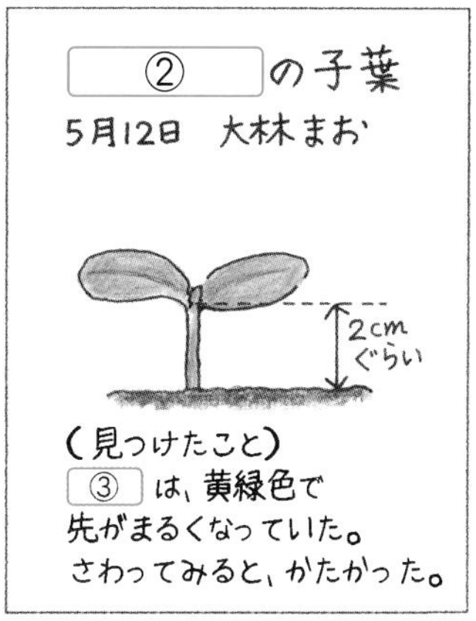

②の子葉
5月12日　大林まお
2cmぐらい
(見つけたこと)
③は、黄緑色で
先がまるくなっていた。
さわってみると、かたかった。

(4) 記述 ヒマワリとホウセンカなど、植物の高さは、地面《じめん》からどこまでの高さをはかりますか。(　　)に入る言葉《ことば》をかきましょう。

○ 地面から(　　　　　　　　　　　　　　)までの高さをはかる。

3. チョウのかんさつ

①チョウの育《そだ》ち方 1

めあて
チョウは、たまごからどのように育つのかをかくにんしよう。

教科書 23〜27ページ　答え 6ページ

次《つぎ》の(　)にあてはまる言葉《ことば》をかこう。

1 チョウは、たまごからどのように育っていくのだろうか。

教科書 23〜27ページ

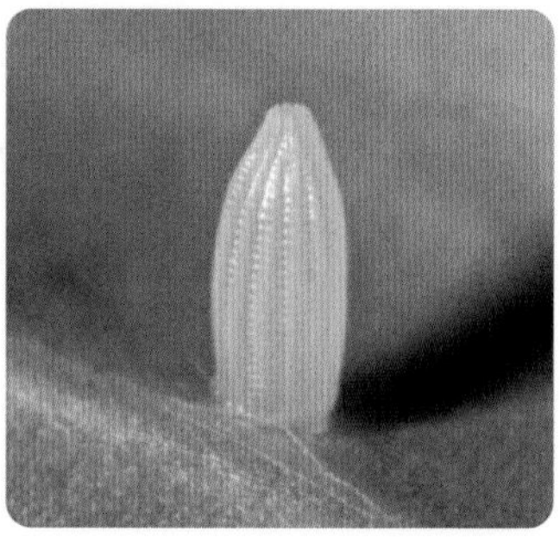

- キャベツの葉《は》を調《しら》べるときは、(①　　　　)を使《つか》う。
- キャベツの葉についている小さな黄色《きいろ》いつぶは、モンシロチョウがうみつけた(②　　　　)である。
- あおむしは、たまごからかえった(③　　　　)(子ども)である。
- モンシロチョウのたまごやよう虫《ちゅう》のかい方
  - たまごは、(④　　　　)についたまま、入《い》れ物《もの》に入れる。
  - よう虫は、葉につけたまま、(⑤　　　　)、新しいキャベツの葉を入れた、べつの入れ物にうつす。

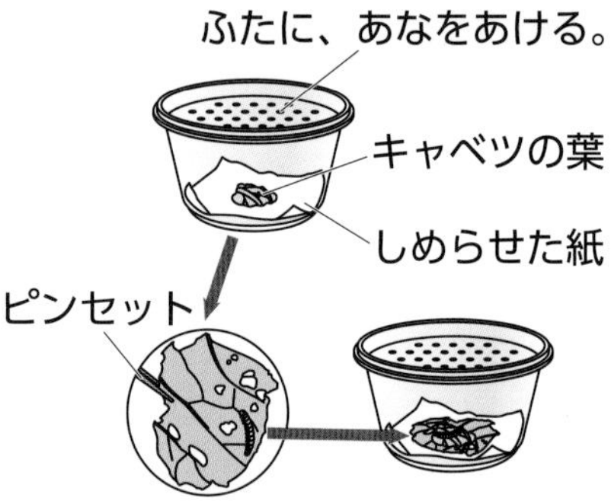
ふたに、あなをあける。
キャベツの葉
しめらせた紙
ピンセット

- アゲハを育てる場合
  - アゲハのよう虫には、サンショウや(⑥　　　　)の葉をあたえる。
- モンシロチョウのよう虫の育ち方

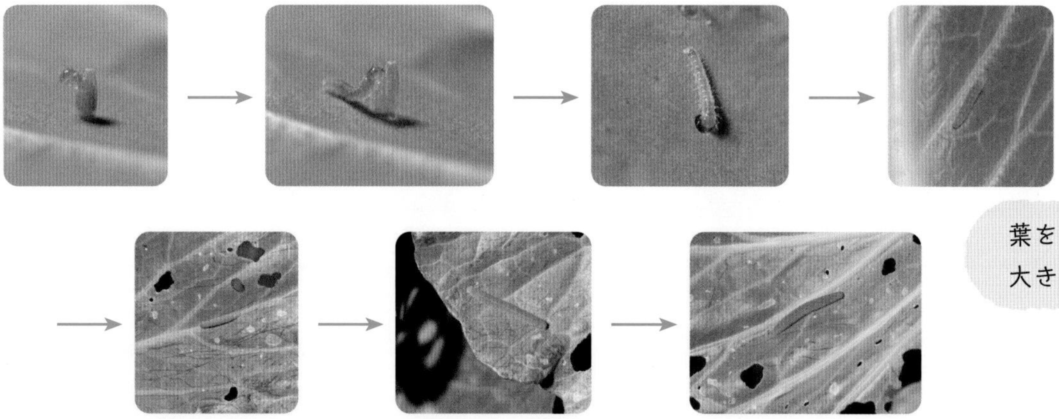

葉をたくさん食べて
大きくなっていくね。

  - たまごからかえったモンシロチョウのよう虫は、はじめに(⑦　　　　)を食べる。
  - よう虫は、そのからだが(⑧　　　　)色になり、(⑨　　　　)をぬいで大きくなっていく。

ここが、だいじ!
①モンシロチョウは、キャベツの葉《は》にたまごをうみつける。
②たまごからかえったよう虫(あおむし)は、キャベツの葉を食べて、皮《かわ》をぬいで大きくなっていく。

ぴたトリビア チョウのしゅるいによって、よう虫《ちゅう》が食べる物《もの》はちがいます。モンシロチョウのよう虫はキャベツなど、アゲハのよう虫はミカンなどの植物《しょくぶつ》を食べます。

ぴったり2 練習

3. チョウのかんさつ

①チョウの育《そだ》ち方 1

学習日　月　日

教科書 23～27ページ　答え 6ページ

1 モンシロチョウが、キャベツにとまっていました。

(1) キャベツについているあおむしは、モンシロチョウの何ですか。

(　　　　　)

(2) モンシロチョウが、キャベツにとまるのは、何をするためですか。正しいものに○をつけましょう。

ア(　　)花のみつをすうため。

イ(　　)葉《は》のしるをすうため。

ウ(　　)たまごをうみつけるため。

2 図のような入《い》れ物《もの》で、モンシロチョウのたまごやよう虫《ちゅう》を育てました。

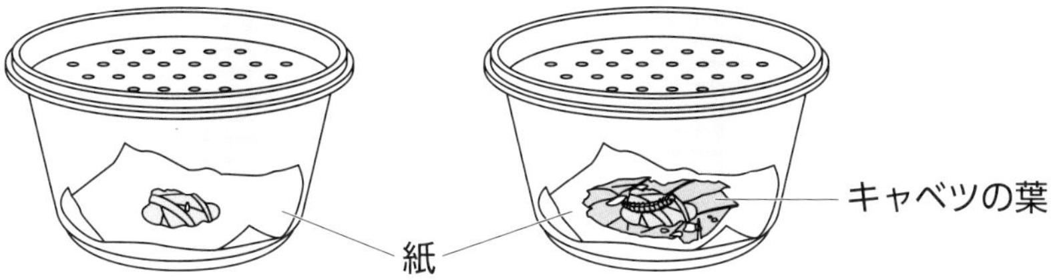

(1) たまごを入れ物に入れるとき、どのようにして入れますか。正しいほうに○をつけましょう。

ア(　　)新しい葉を入れた入れ物に、たまごをピンセットでつかんで入れる。

イ(　　)たまごを葉につけたまま、入れ物に入れる。

(2) よう虫の食べる葉は、いつかえますか。正しいものに○をつけましょう。

ア(　　)1日に1回かえる。　イ(　　)1週間に1回かえる。

ウ(　　)よう虫が食べつくすまで、かえなくてもよい。

(3) たまごからかえったばかりのよう虫は、はじめに何を食べますか。

(　　　　　)

(4) たまごからかえったよう虫は、これからどうなりますか。正しいほうに○をつけましょう。

ア(　　)キャベツの葉を食べ、皮《かわ》をぬぎながら大きくなる。

イ(　　)キャベツの葉を食べ、皮をぬぎながら小さくなる。

(5) アゲハを育てる場合、アゲハのよう虫に何の葉をあたえますか。

(　　　　　)

3. チョウのかんさつ

①チョウの育《そだ》ち方2

次《つぎ》の(　)にあてはまる言葉《ことば》をかくか、あてはまるものを○でかこもう。

1 さなぎをかんさつしよう。

教科書 28～30ページ

▶モンシロチョウの育ち方(よう虫《ちゅう》～さなぎ～成虫《せいちゅう》)

さなぎになる。

成虫が出てくる。

- 大きくなったよう虫は、からだに(①　　　　)をかけて動《うご》かなくなり、やがて皮《かわ》をぬいで、(②　　　　)になる。
- モンシロチョウの(②)は、(③ 葉《は》を食べる ・ 何も食べない)。
- (②)はやがて、(④　　　　)のもようがすけて見えてくる。
- よう虫が(②)になってから2週間ぐらいたつと、(⑤　　　　)が出てくる。
- (②)から出てきた(⑤)は、(⑥　　　　)がのびるまでじっとしている。

さなぎになったら、大きい入《い》れ物《もの》にうつす。

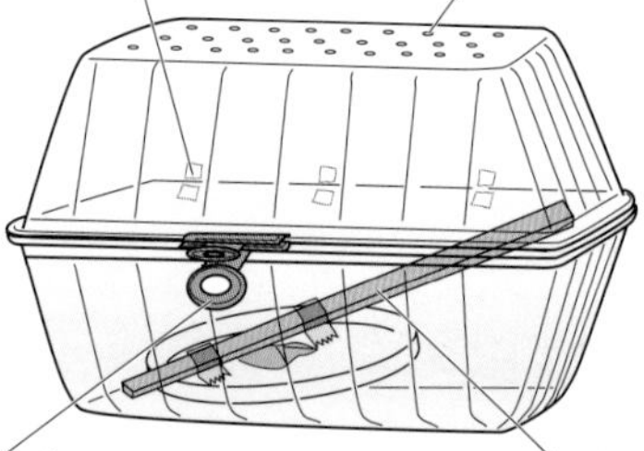
セロハンテープ
あなをあける。
クリップ
わりばし

▶チョウは、(⑦　　　　)→(⑧　　　　)→(⑨　　　　)→(⑩　　　　)のじゅんに育つ。

アゲハも、モンシロチョウと同じように育つよ。

ここがだいじ!
①チョウは、たまご→よう虫《ちゅう》→さなぎ→成虫《せいちゅう》のじゅんに育《そだ》つ。

ぴたトリビア
モンシロチョウのよう虫《ちゅう》はキャベツを食べ、成虫《せいちゅう》は花のみつをすいます。このように、動物《どうぶつ》は育《そだ》ってからだの形がかわると、食べる物《もの》もかわることがあります。

ぴったり2

練習

3. チョウのかんさつ

①チョウの育《そだ》ち方2

学習日　　月　　日

教科書　28〜30ページ　　答え　7ページ

1 モンシロチョウの育ち方をかんさつしました。

(1) さなぎになったら、どのような入《い》れ物《もの》にうつしましたか。正しいほうに○をつけましょう。

ア（　　）たまごやよう虫《ちゅう》をかっていたときより大きい入れ物

イ（　　）たまごやよう虫をかっていたときより小さい入れ物

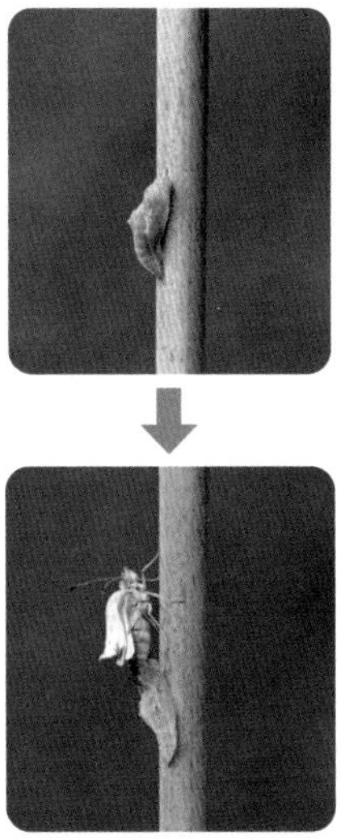

(2) モンシロチョウのさなぎはどのようなようすでしたか。正しいものに○をつけましょう。

ア（　　）ときどき動《うご》き回って、葉《は》を食べた。

イ（　　）ときどき動き回ったが、何も食べなかった。

ウ（　　）じっとしたまま動かず、何も食べなかった。

(3) さなぎをかんさつしている間、さなぎの色はどうなりましたか。正しいものに○をつけましょう。

ア（　　）さなぎになったときの色のままかわらない。

イ（　　）はねのもようがすけて見えるようになる。

ウ（　　）全体《ぜんたい》が黒くなる。

(4) さなぎになってしばらくすると、からをやぶって何が出てきましたか。

（　　　　　）

2 モンシロチョウは、すがたをかえて育っていきます。

(1) 何回も皮《かわ》をぬいで大きくなるのはどれですか。正しいものに○をつけましょう。

ア（　　）成虫《せいちゅう》　イ（　　）よう虫　ウ（　　）さなぎ　エ（　　）たまご

(2) キャベツの葉を食べるのはどれですか。正しいものに○をつけましょう。

ア（　　）成虫　イ（　　）よう虫　ウ（　　）さなぎ　エ（　　）たまご

(3) 動き回れるのはどれとどれですか。正しいもの2つに○をつけましょう。

ア（　　）成虫　イ（　　）よう虫　ウ（　　）さなぎ　エ（　　）たまご

(4) モンシロチョウがたまごから育つじゅんに、「成虫」、「よう虫」、「さなぎ」をならべかえてかきましょう。

たまご→（　　　　　）→（　　　　　）→（　　　　　）

ぴったり1 じゅんび

3. チョウのかんさつ

②成虫《せいちゅう》のからだのつくり

学習日　　月　　日

めあて
チョウの成虫のからだのつくりをかくにんしよう。

教科書 31～32ページ　答え 8ページ

次《つぎ》の(　　)にあてはまる言葉《ことば》をかこう。

1 チョウの成虫のからだは、どのようなつくりをしているのだろうか。 教科書 31～32ページ

モンシロチョウ

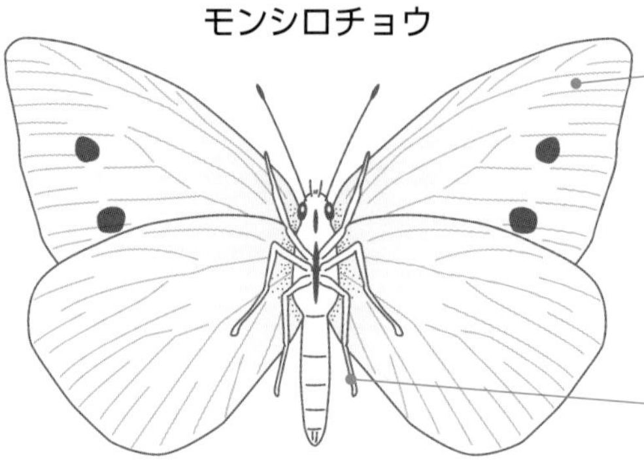

(①　　　　　)

(②　　　　　)

▶モンシロチョウとアゲハの成虫には、はねが(③　　　　　)まい、あしが(④　　　　　)本ある。

(⑤　　　　　)(⑥　　　　　)

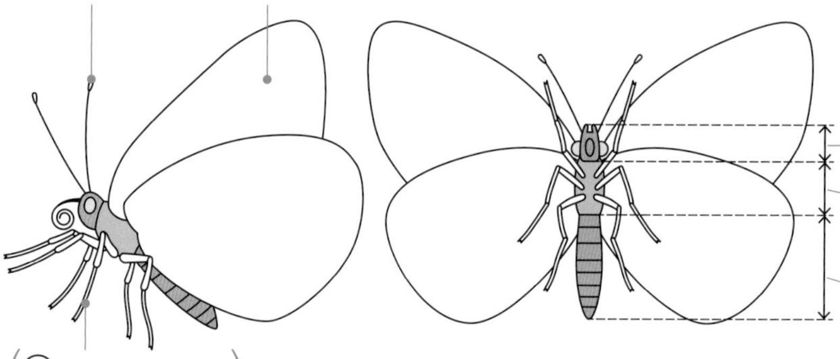

(⑧　　　　　)

(⑨　　　　　)

(⑩　　　　　)

(⑦　　　　　)

▶チョウの成虫のからだは(⑧)、(⑨)、(⑩)の3つの部分《ぶぶん》からできている。

▶チョウのむねには、(⑪　　　　　)が6本ある。

▶チョウの(⑫　　　　　)には目、口《くち》、しょっかくがある。

▶チョウの(⑬　　　　　)には、あし、はねがある。

▶チョウのはらには、(⑭　　　　　)がある。

▶チョウのように、(⑧)、(⑨)、(⑩)の3つの部分からできていて、(⑪)が6本あるようなからだのつくりをした生《い》き物《もの》のなかまを(⑮　　　　　)という。

ここが、だいじ!

①チョウの成虫《せいちゅう》のからだは、頭、むね、はらの3つの部分《ぶぶん》からできていて、むねにあしが6本ある。

②頭、むね、はらの3つの部分からできていて、むねにあしが6本あるようなからだのつくりをした生《い》き物《もの》のなかまをこん虫《ちゅう》という。

ぴたトリビア こん虫《ちゅう》の成虫《せいちゅう》のむねには、6本のあしがありますが、成虫のダンゴムシには14本、クモには8本のあしがあり、どちらもこん虫ではありません。

1 モンシロチョウの成虫をかんさつしました。

(1) 写真《しゃしん》の㋐、㋑はそれぞれ何ですか。

㋐(　　　　　)　㋑(　　　　　)

(2) モンシロチョウの成虫には、あしが何本ありますか。正しいものに○をつけましょう。

ア(　)１本　イ(　)２本

ウ(　)４本　エ(　)６本

(3) モンシロチョウのからだは、いくつの部分《ぶぶん》に分かれていますか。正しいものに○をつけましょう。

ア(　)１つ　イ(　)２つ

ウ(　)３つ　エ(　)４つ

2 図は、モンシロチョウのからだのつくりを表《あらわ》そうとしたものです。

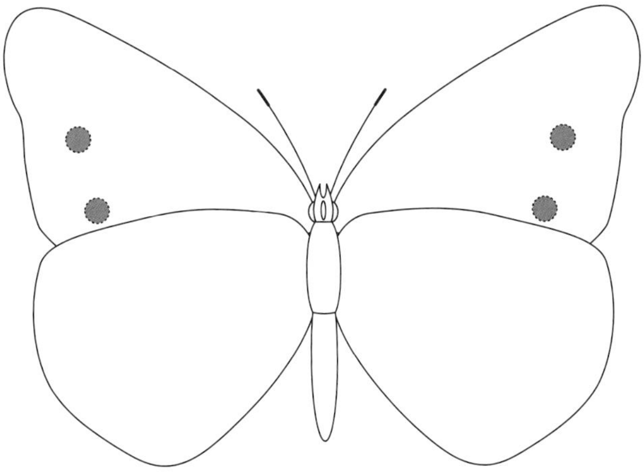

(1) モンシロチョウの頭を黄色、むねを緑《みどり》色、はらを青色でぬりましょう。

(2) 図に、モンシロチョウのあしを、そのつき方がわかるようにかき入れましょう。

(3) モンシロチョウのからだのつくりで、ふしがあるのはどの部分ですか。正しいものに○をつけましょう。

ア(　)頭

イ(　)むね

ウ(　)はら

(4) モンシロチョウのように、からだが頭、むね、はらの３つの部分からできていて、あしが６本あるようなからだのつくりをした生《い》き物《もの》のなかまを何といいますか。

(　　　　　)

ぴったり3

たしかめのテスト

3. チョウのかんさつ

時間 30 分

／100

合格 70 点

教科書 22〜35ページ　答え 9ページ

よく出る

1 モンシロチョウをかんさつしました。図は、記ろくの一部《いちぶ》です。

1つ6点、(1)は全部《ぜんぶ》できて6点(30点)

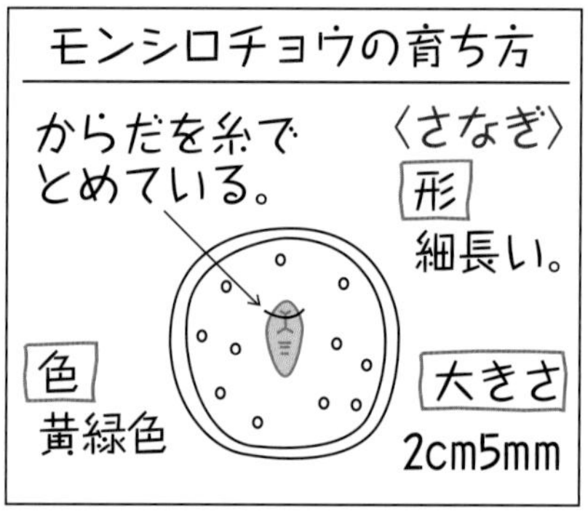

モンシロチョウの育ち方
からだを糸でとめている。
〈さなぎ〉
形
細長い。
色
黄緑色
大きさ
2cm5mm

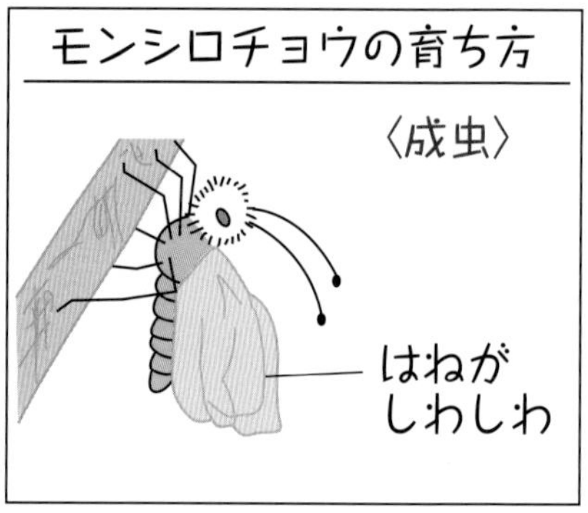

モンシロチョウの育ち方
〈成虫〉
はねがしわしわ

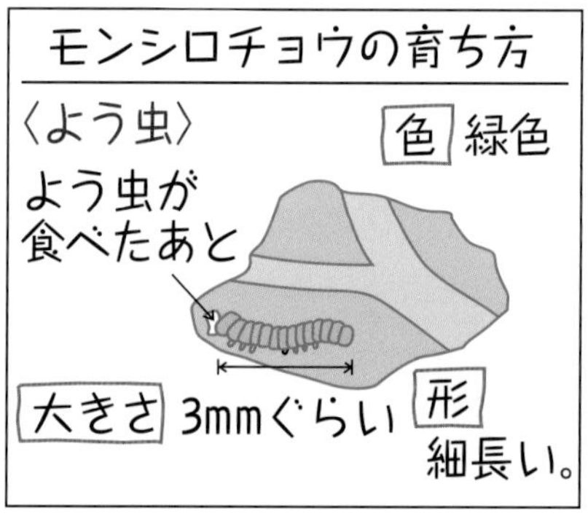

モンシロチョウの育ち方
〈よう虫〉
色 緑色
よう虫が食べたあと
大きさ 3mmぐらい
形
細長い。

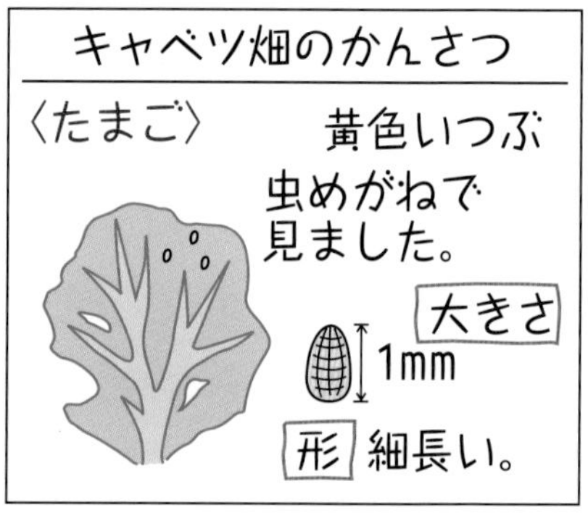

キャベツ畑のかんさつ
〈たまご〉
黄色いつぶ
虫めがねで見ました。
大きさ
1mm
形 細長い。

(1) かんさつしたモンシロチョウは、どのじゅんに育《そだ》ちましたか。さなぎ、成虫《せいちゅう》、よう虫《ちゅう》、たまごをならべかえてかきましょう。

(　　　　　)
→(　　　　　)
→(　　　　　)
→(　　　　　)

(2) モンシロチョウが何回も皮《かわ》をぬぐのはどのすがたのときですか。
さなぎ、成虫、よう虫、たまごから、１つえらびましょう。

(　　　　　)

(3) モンシロチョウが大きく育つのは、どのすがたのときですか。さなぎ、成虫、よう虫、たまごから、１つえらびましょう。

(　　　　　)

(4) モンシロチョウのよう虫は、キャベツの葉《は》を食べて育ちました。さなぎと成虫は、キャベツの葉を食べますか。正しいものに○をつけましょう。

ア(　　)さなぎは食べないが、成虫は食べる。
イ(　　)さなぎも成虫も食べない。
ウ(　　)成虫は食べないが、さなぎは食べる。
エ(　　)さなぎも成虫も食べる。

(5) アゲハの育ち方(育つじゅん)をモンシロチョウとくらべると、どちらも同じだといえますか。

(　　　　　)

❷ モンシロチョウを、図のような入れ物の中で育てました。

技能 1つ10点（30点）

キャベツの葉　　あな
紙

(1) 入れ物にしく紙は、どのような物を使いますか。正しいほうに〇をつけましょう。

ア（　　）よくかわいた紙を使う。

イ（　　）水でしめらせた紙を使う。

(2) よう虫の食べる葉は、いつかえますか。次の文の（　　）にあてはまる言葉をかきましょう。

○○（　　　　　　　）に１回かえる。

(3) よう虫の食べる葉は、どのようにかえますか。正しいものに〇をつけましょう。

ア（　　）よう虫を手でそっとつかんで、新しい葉を入れた入れ物にうつす。

イ（　　）よう虫だけをピンセットでつかんで、新しい葉を入れた入れ物にうつす。

ウ（　　）よう虫をのせた葉をピンセットでつかんで、新しい葉を入れた入れ物にうつす。

エ（　　）よう虫の入った入れ物に新しい葉を入れ、古い葉をピンセットでとり出す。

できたらスゴイ！

❸ アゲハのからだのつくりを調べました。

1つ10点（40点）

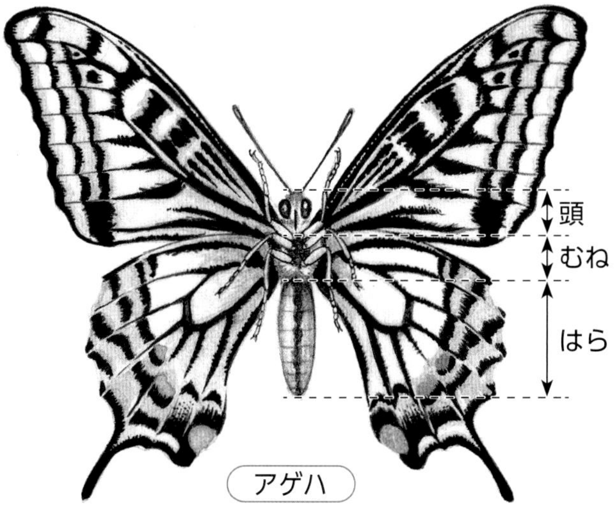

(1) しょっかくがついているのは、からだのどの部分ですか。正しいものに〇をつけましょう。

ア（　　）頭　　　イ（　　）むね

ウ（　　）はら

頭
むね
はら
アゲハ

(2) はねがついているのは、からだのどの部分ですか。正しいものに〇をつけましょう。

ア（　　）頭　　　イ（　　）むね

ウ（　　）はら

(3) アゲハは、こん虫だといえますか。　　　（　　　　　　　　　　　）

(4) 記述 (3)で、アゲハがこん虫といえるかどうかを決めた理由をせつめいしましょう。

思考・表現

（　　　　　　　　　　　　　　　　　　　　　　　　　　　　）

ふりかえり ❶の問題がわからなかったときは、12ページの❶にもどってたしかめましょう。
❸の問題がわからなかったときは、14ページの❶にもどってたしかめましょう。

ぴったり1 じゅんび

3分でまとめ

★どれぐらい育《そだ》ったかな

①植物《しょくぶつ》の育ち方
②植物のからだのつくり

学習日 月 日

めあて
植物の育ち方やからだのつくりをかくにんしよう。

教科書 37～41ページ 答え 10ページ

次《つぎ》の(　)にあてはまる言葉《ことば》をかこう。

1 植物は、どのように育っているだろうか。 教科書 37～38ページ

▶春にたねをまいた植物が育ってくると、2まいの子葉《しよう》が出た後から、(①　　　　)の数がふえてくる。

▶植物が育つと、その高さは(②　　　　)なる。

2 植物のからだは、どんなつくりをしているのだろうか。 教科書 39～41ページ

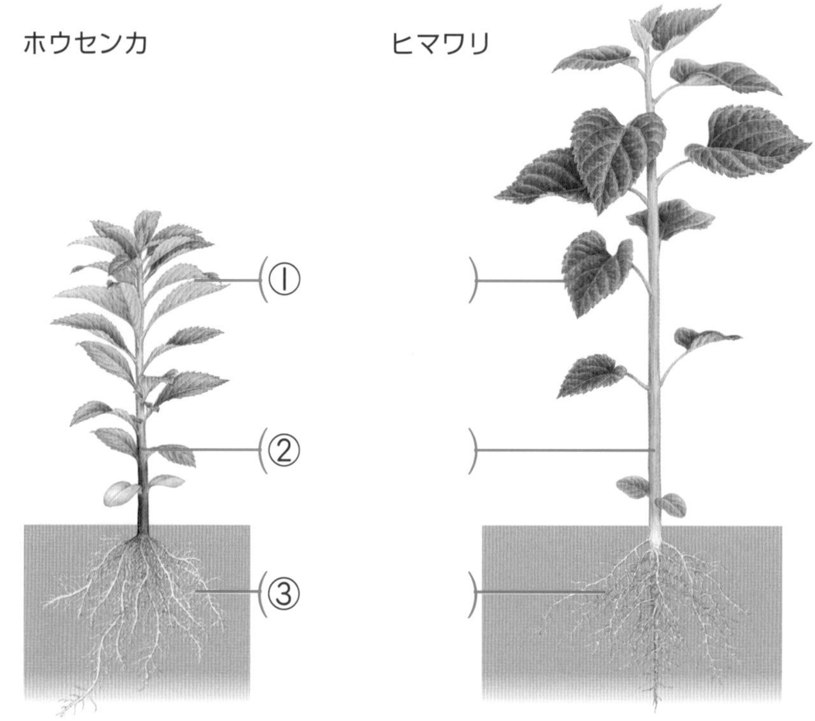

▶植《う》えかえのしかた

- 植えかえる1週間ぐらい前に、(④　　　　)を入れる。
- 葉《は》が4～6まいになったころ、植物を入《い》れ物《もの》から取り出し、土ごと花だんや大きい入れ物に(⑤　　　　)て水をやる。

▶植物のからだは、どれも(⑥　　　　)、(⑦　　　　)、(⑧　　　　)からできている。

▶葉は、(⑨　　　　)についている。

▶(⑩　　　　)は、くきの下にある。

ここがだいじ!
①育《そだ》てている植物《しょくぶつ》は、葉《は》の数《かず》がふえ、高さが高くなってくる。
②植物のからだは、葉、くき、根《ね》からできている。
③葉は、くきについていて、根は、くきの下にある。

ぴたトリビア わたしたちが葉《は》、くき、根《ね》のどこを食べているかは、野さいによってちがいます。キャベツは葉、ジャガイモは地下のくき、ニンジンは根を食べています。

★どれぐらい育《そだ》ったかな

①植物《しょくぶつ》の育ち方
②植物のからだのつくり

学習日　　月　　日

教科書 37~41ページ　答え 10ページ

1 ホウセンカを育てました。

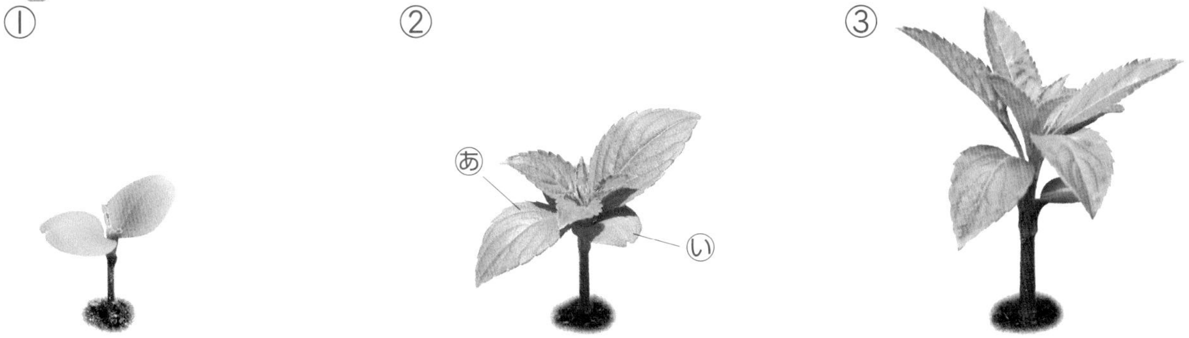

(1) ②のあといを、それぞれ何といいますか。

あ(　　　　　　)　い(　　　　　　)

(2) 入《い》れ物《もの》から花だんに植《う》えかえるのは、いつごろがよいですか。正しいものに○をつけましょう。

ア(　　)あがはじめて出たらすぐ。　イ(　　)あが4~6まいになったころ。
ウ(　　)いが出たらすぐ。

(3) ホウセンカは育っていくうちに、葉《は》の数、葉の大きさ、高さはどのようになりますか。正しいものに○をつけましょう。

ア(　　)葉の数はふえ、葉の大きさも大きくなるが、高さはかわらない。
イ(　　)葉の数はふえ、高さも高くなるが、葉の大きさはかわらない。
ウ(　　)葉の数はふえ、葉の大きさは大きくなり、高さは高くなる。

2 図は、植物のからだのつくりを表《あらわ》そうとしたものです。

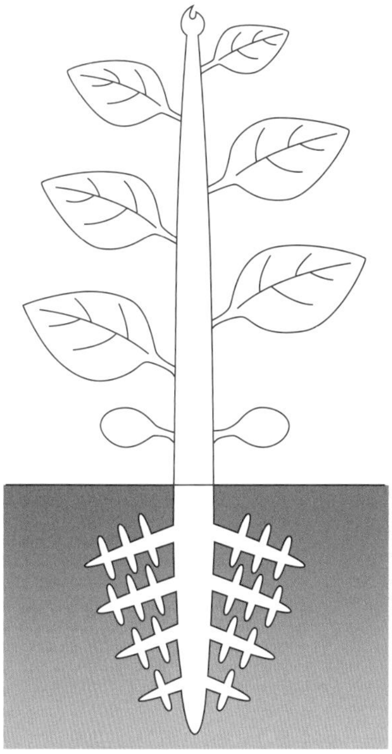

(1) 植物の子葉《しよう》と葉を緑《みどり》色、根《ね》を黄色でぬりましょう。

(2) 葉がついている植物の部分《ぶぶん》を何といいますか。

(　　　　　　)

(3) 土の中にのびて広がっている植物の部分を何といいますか。

(　　　　　　)

★どれぐらい育《そだ》ったかな

時間 30分

／100

合格 70点

教科書 36～41ページ　答え 11ページ

よく出る

1 ホウセンカを花だんに植《う》えかえました。

技能　1つ5点(10点)

(1) 植えかえの時期《じき》は、何で決《き》めましたか。正しいものに○をつけましょう。

ア(　　)葉《は》の色　イ(　　)葉の大きさ

ウ(　　)葉の数　エ(　　)くきの長さ

(2) 記述 植えかえの１週間ぐらい前に、花だんの土をどのようにしておくか、せつめいしましょう。

(　　　　　　　　　　　　)

2 ピーマンとオクラのからだのつくりを調《しら》べました。

1つ6点(30点)

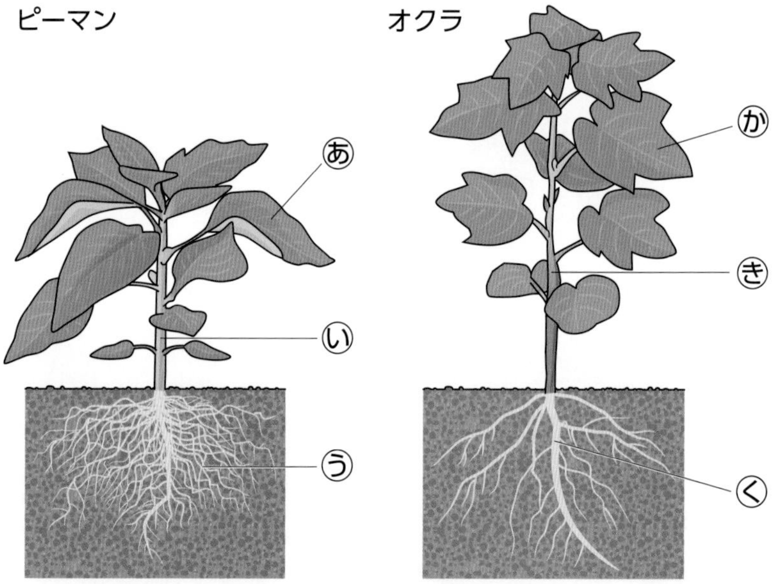

(1) ピーマンのあ～うは、それぞれ、葉、くき、根《ね》のどれですか。

あ(　　　　)

い(　　　　)

う(　　　　)

(2) ピーマンのあは、オクラのか～くのどれと同じですか。

(　　)

(3) ピーマンとオクラの子葉《しよう》や葉の形をくらべました。正しいものに○をつけましょう。

ア(　　)子葉の形も、葉の形もちがっていた。

イ(　　)子葉の形はちがっていたが、葉の形は同じだった。

ウ(　　)子葉の形は同じだったが、葉の形はちがっていた。

エ(　　)子葉の形も、葉の形も同じだった。

できたらスゴイ！

3 外に出て、ナズナのようすを調べました。

技能　1つ5点(20点)

(1) ナズナのくきや葉には、毛が生えています。この毛をくわしくかんさつするには、何を使《つか》うとよいですか。

(　　　　)

(2) ナズナのようすを、春とくらべます。

①葉の数はどうでしたか。正しいものに○をつけましょう。

ア(　　)多くなった。　イ(　　)少なくなった。

ウ(　　)かわらなかった。

②くきの長さはどうでしたか。正しいものに○をつけましょう。

ア(　　)長くなった。　イ(　　)短《みじか》くなった。

ウ(　　)かわらなかった。

(3) 土をほり返《かえ》して、地面《じめん》の下のナズナのようすを調べます。調べた後は、ほり返した土をどうすればよいですか。正しいものに○をつけましょう。

ア(　　)あなのまわりにまいておく。　イ(　　)あなのそばにつんでおく。

ウ(　　)あなをうめておく。

できたらスゴイ！

4 けんたさんは、タンポポのくきがどこかを考えました。

思考・表現　1つ10点(40点)

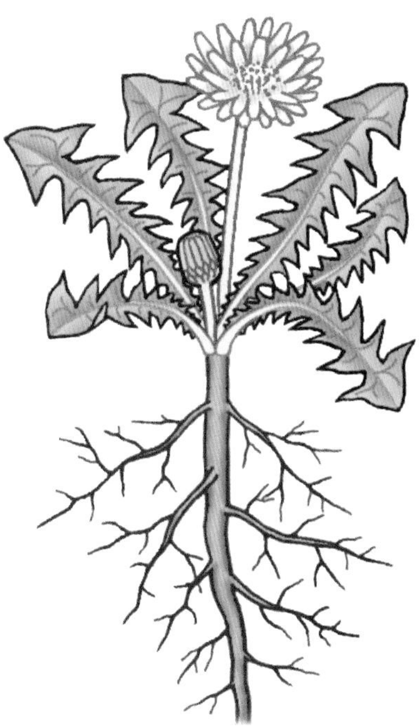

(1) タンポポのたねが地面に落《お》ちてめが出ると、くきは、上と下のどちらにのびますか。(　　　　)

(2) タンポポの葉がついているのは、くき・根のどちらですか。(　　　　)

(3) 記述 根は、どこにありますか。「くき」という言《こと》葉《ば》を使ってせつめいしましょう。

(　　　　　　　　　　　　)

(4) 植物《しょくぶつ》について、正しいものに○をつけましょう。

ア(　　)植物のからだは、葉、くき、根からできている。

イ(　　)葉の形は、どの植物も同じである。

ウ(　　)葉が出たあと、子葉が出る。

ふりかえり
❶の問題がわからなかったときは、18ページの❷にもどってたしかめましょう。
❹の問題がわからなかったときは、18ページの❷にもどってたしかめましょう。

4. 風やゴムのはたらき

①風のはたらき
②ゴムのはたらき

めあて
風の強さやゴムののばし方による、物の動き方をかくにんしよう。

教科書 43〜50ページ　答え 12ページ

次《つぎ》の(　　)にあてはまる言葉《ことば》をかくか、あてはまるものを○でかこもう。

1 風の強さによって、物《もの》の動《うご》き方は、どのようにかわるのだろうか。

教科書 43〜46ページ

- 風で動く車にうちわで起《お》こした風を当てるとき、うちわで(① 強く ・ 弱く)あおぐと、車が遠くまで動く。
- 風の強さをかえて車が動くきょりを調《しら》べる。
  - 当てる風が(② 強い ・ 弱い)ほど、車は遠くまで進《すす》む。
- 風には、物を(③　　　　　　)はたらきがある。
- 風が強いほうが、物を動かすはたらきは、(④ 大きく ・ 小さく)なる。

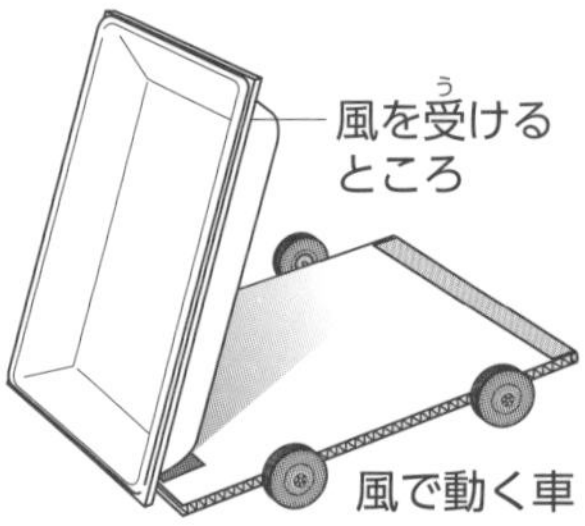
風を受《う》けるところ
風で動く車

車に風を当てる前に、送風《そうふう》きの風の強さや向《む》きを手でたしかめる。

2 ゴムののばし方によって、物の動き方は、どのようにかわるのだろうか。

教科書 47〜50ページ

- ゴムには、のびたりねじれたりすると、(①　　　　　　)の形にもどろうとするせいしつがある。
- ゴムののばし方をかえて、車が動くきょりを調べる。
  - 車を(②　　　　　　)方向《ほうこう》(ゴムをのばす方向)と車が(③　　　　　　)方向は反対《はんたい》になっている。
  - ゴムを(④ 長く ・ 短《みじか》く)のばすほど、車が動くきょりも長くなる。
- ゴムには、物を(⑤　　　　　　)はたらきがある。
- ゴムを長くのばすほど、物を動かすはたらきは、(⑥ 大きく ・ 小さく)なる。

ゴムで動く車

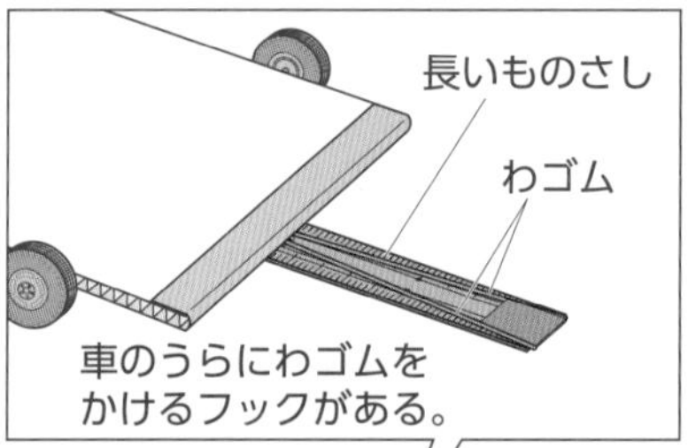
長いものさし
わゴム
車のうらにわゴムをかけるフックがある。

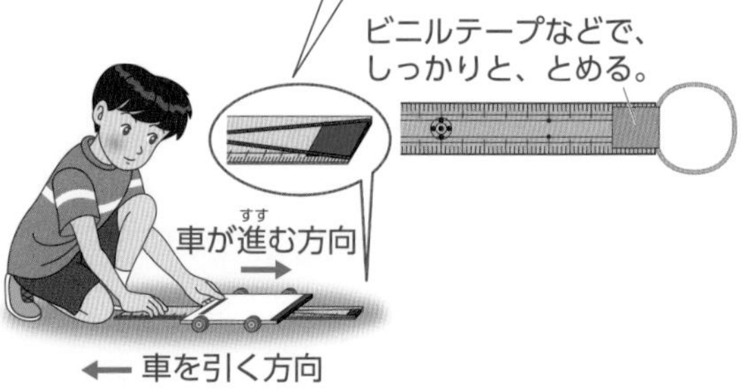
ビニルテープなどで、しっかりと、とめる。
車が進《すす》む方向
車を引く方向

ここが、だいじ!

①風には物《もの》を動《うご》かすはたらきがあり、風が強いほうが物を動かすはたらきは大きくなる。

②ゴムには物を動かすはたらきがあり、ゴムを長くのばすほど物を動かすはたらきは大きくなる。

ぴたトリビア　風力発電《ふうりょくはつでん》は、風の力を使って電気をつくっています。

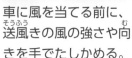

ぴったり2
練習

4. 風やゴムのはたらき
①風のはたらき
②ゴムのはたらき

学習日　　月　　日

教科書 43～50ページ　答え 12ページ

1 風を受《う》けて動《うご》く車に送風《そうふう》きで風を当てて、その進《すす》み方を調《しら》べました。

(1) 送風きを使《つか》う前に、たしかめておくことは何ですか。正しいもの2つに○をつけましょう。

ア(　　)送風きの形
イ(　　)送風きの重《おも》さ
ウ(　　)送風きの風の向《む》き
エ(　　)送風きの風の強さ

(2) 車に当てる風の強さをかえると、車の動きはどうなりますか。正しいものに○をつけましょう。

ア(　　)車の進むきょりはかわらない。
イ(　　)風が強くなるほど、車の進むきょりは長くなる。
ウ(　　)風が強くなるほど、車の進むきょりは短《みじか》くなる。

(3) 風を強くすると、物《もの》を動かすはたらきはどのようになりますか。正しいほうに○をつけましょう。

ア(　　)大きくなる。　　イ(　　)小さくなる。

2 図のようなゴムで動く車をつくりました。

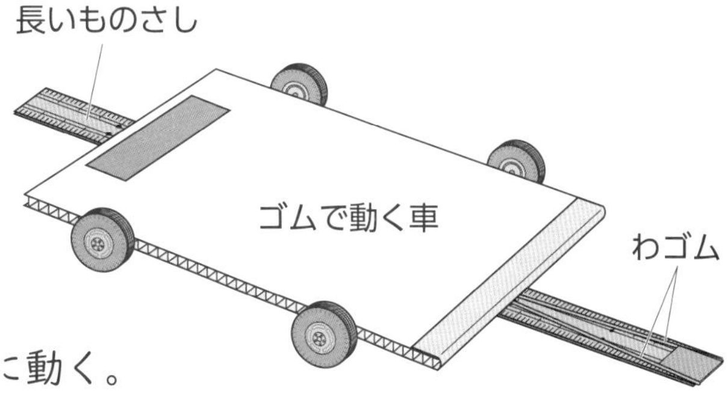

(1) 車を後ろに手で引いて、わゴムをのばしました。引いていた手をはなすと、車はどちらに動きますか。正しいほうに○をつけましょう。

ア(　　)手で引いた向きに動く。
イ(　　)手で引いた向きとは反対《はんたい》の向きに動く。

(2) ゴムが車を動かすのは、ゴムにどのようなせいしつがあるからですか。正しいほうに○をつけましょう。

ア(　　)ゴムは、のばすと、もとの形にもどろうとするから。
イ(　　)ゴムは、のばすと、のばしたままの形でいようとするから。

(3) ゴムを長くのばすと、物を動かすはたらきはどうなりますか。正しいほうに○をつけましょう。

ア(　　)大きくなる。　　イ(　　)小さくなる。

ぴったり3
たしかめのテスト

4. 風やゴムのはたらき

時間 30 分

／100

合格 70 点

教科書 42～53ページ　答え 13ページ

よく出る

1 図のような風を受《う》けて動《うご》く車をつくり、送風《そうふう》きで風を当てて車を動かしました。

1つ5点、(4)は全部《ぜんぶ》できて5点(30点)

(けっか)

風の強さ	動いたきょり
弱	3m 70cm
強	あ

(わかったこと)
当てる風が強いほど、車は遠くまで進む。

(1) 車に風を当てる前にたしかめることは何ですか。次《つぎ》の文の(　　)にあてはまる言葉《ことば》をかきましょう。 技能

送風きの風の(①　　　　　　)や(②　　　　　　)を手でたしかめる。

(2) 送風きの風の強さを「弱」にして車に当てたところ、車は3m 70cm動きました。送風きの風の強さを「強」にして車に当てたときに動いたきょりとして、図のあにあてはまる正しいものをえらんで、○をつけましょう。

ア(　　)動かなかった。　イ(　　)2m

ウ(　　)3m 70cm　エ(　　)5m 30cm

(3) このじっけんから、風のはたらきについてどのようなことがいえますか。次の文の(　　)にあてはまる言葉をかきましょう。

風には物《もの》を(①　　　　　　)はたらきがあり、風が強いほうが、そのはたらきは(②　　　　　　)なる。

(4) 風のはたらきをりようしたものはどれですか。正しいもの2つに○をつけましょう。

ア(　　)ヨット　イ(　　)自動車《じどうしゃ》　ウ(　　)風力発電《ふうりょくはつでん》　エ(　　)電車

よく出る

2 ゴムで動く車を走らせて、ゴムのはたらきを調《しら》べました。

1つ10点(50点)

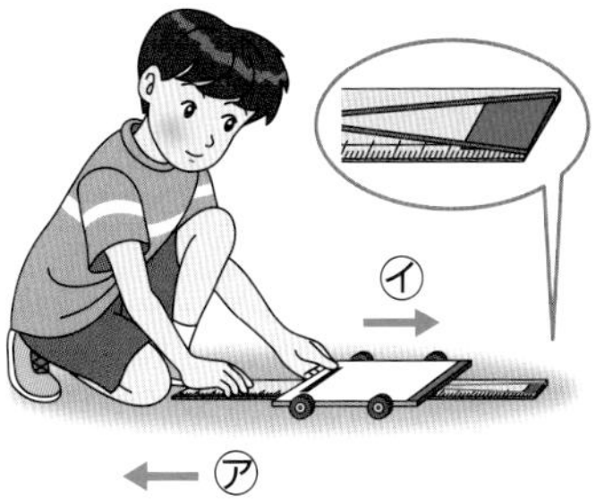

(1) 図の㋐の方向《ほうこう》に車を引いて手をはなすと、車は㋐、㋑のどちらに動きますか。　(　　　)

(2) 車が遠くまで進《すす》むのは、どちらのときですか。正しいほうに○をつけましょう。

ア(　　　)ゴムを短《みじか》くのばしたとき

イ(　　　)ゴムを長くのばしたとき

(3) ゴムをのばす長さを長くすると、その手ごたえはどうなりますか。正しいものに○をつけましょう。

ア(　　　)強くなる。　　イ(　　　)かわらない。　　ウ(　　　)弱くなる。

(4) 記述 ゴムが車を動かすのは、ゴムにどのようなせいしつがあるからですか。

(　　　　　　　　　　　　　　　　　　　　　　　　　　)

(5) 記述 ゴムを長くのばすと、物を動かすはたらきはどうなりますか。

(　　　　　　　　　　　　　　　)

できたらスゴイ!

3 ゴムののばし方をかえて、ねらったところにゴムで動く車を止めます。

思考・表現　1つ10点(20点)

(1) 記述 車を10cm引いて手をはなすと、ゴールの手前の20点のところに車が止まりました。ゴールに止めるには、車の引き方をどうすればよいですか。

(　　　　　　　　　　　　　　　　　　)

(2) 車の引き方を小さくして、同じとく点のところにとめるには、ものさしにつけるわゴムの数を多くすればよいですか、少なくすればよいですか。

(　　　　　　　　　　　　　　　)

ふりかえり
1の問題がわからなかったときは、22ページの1にもどってたしかめましょう。
3の問題がわからなかったときは、22ページの2にもどってたしかめましょう。

★花がさいたよ

学習日　　月　　日

めあて
植物は、どのように育って花がさくのかをかくにんしよう。

教科書　55〜57ページ　答え　14ページ

次《つぎ》の(　　)にあてはまる言葉《ことば》をかこう。

1 植物《しょくぶつ》は、どのように育《そだ》っているだろうか。

教科書　55〜57ページ

▶植物の名前をかきましょう。

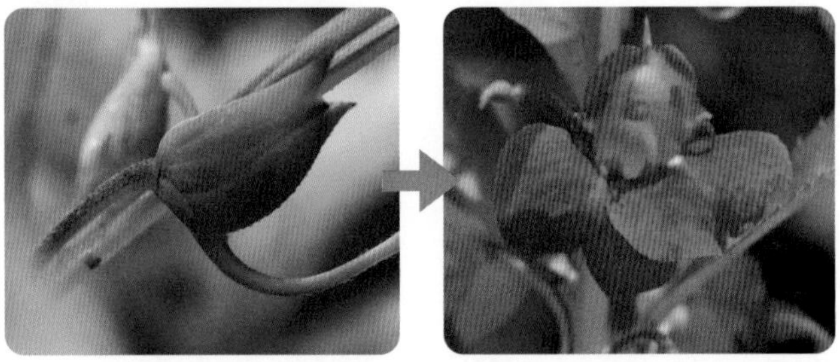

(①　　　　　　　)

(②　　　　　　　)

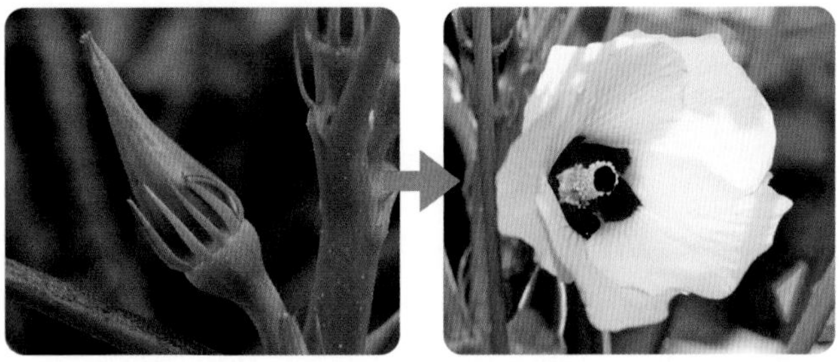

(③　　　　　　　)

(④　　　　　　　)

▶植物は、(⑤　　　　　)ができてから、(⑥　　　　　)がさく。

▶育てている植物は、(⑦　　　　　)がのびて、(⑧　　　　　)がしげり、(⑨　　　　　)がさいている。

これまでの育ちもふり返《かえ》ってみよう。

ヒマワリ

ホウセンカ

ここがだいじ!
①植物《しょくぶつ》は、つぼみができてから、花がさく。
②植物は、くきがのびて、葉《は》がしげり、花がさく。

ぴたトリビア　花にはいろいろな形のものがあり、たとえば、サギという鳥ににているサギソウ、時計の形ににているトケイソウなどがあります。

ぴったり2 **練習**

★花がさいたよ

学習日　月　日

教科書 55〜57ページ　答え 14ページ

1 ホウセンカ、ヒマワリ、ピーマンの花をかんさつしました。

㋐

㋑

㋒

(1) ㋐〜㋒は、それぞれどの花ですか。

㋐(　　　　　　)　㋑(　　　　　　)　㋒(　　　　　　)

(2) つぼみは、いつごろできますか。正しいものに○をつけましょう。

ア(　　)どのつぼみも、花のさく前にできる。

イ(　　)どのつぼみも、花のさいた後にできる。

ウ(　　)植物《しょくぶつ》のしゅるいによって、つぼみが、花のさく前にできるものと、花のさいた後にできるものがある。

(3) 植物はどのように育《そだ》っていますか。次《つぎ》の文の(　　)にあてはまる言葉《ことば》をかきましょう。

(①　　　　)がのびて、(②　　　　)がしげり、(③　　　　)がさく。

2 ホウセンカをかんさつして、記ろくカードをかきました。

ホウセンカの育ち方
7月17日　大川　まお
くきの高さ
45cm
花の色
赤
大きく育ち、たくさんの
花がさきました。
毎日だいじに育てたので、
うれしいです。

(1) このホウセンカの6月17日のくきの高さは、どうでしたか。正しいものに○をつけましょう。

ア(　　)45 cmよりもずっとひくかった。

イ(　　)45 cmよりもずっと高かった。

ウ(　　)ほぼ45 cmだった。

(2) このホウセンカの6月17日の葉《は》の数は、どうでしたか。正しいものに○をつけましょう。

ア(　　)7月17日よりもずっと少なかった。

イ(　　)7月17日よりもずっと多かった。

ウ(　　)7月17日とほぼ同じだった。

ヒント ❷ 植物は育つにつれて、くきがのびて、葉がしげります。

★花がさいたよ

時間 30 分

／100

合格 70 点

教科書 54〜57ページ　答え 15ページ

1 いろいろな植物《しょくぶつ》の花をかんさつしました。

1つ8点、(1)は全部《ぜんぶ》できて1つ8点（32点）

たね　　花　　つぼみ

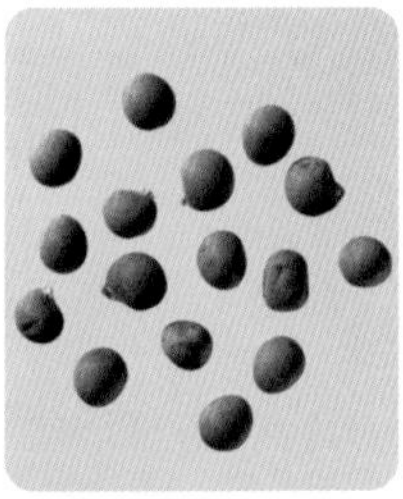
①

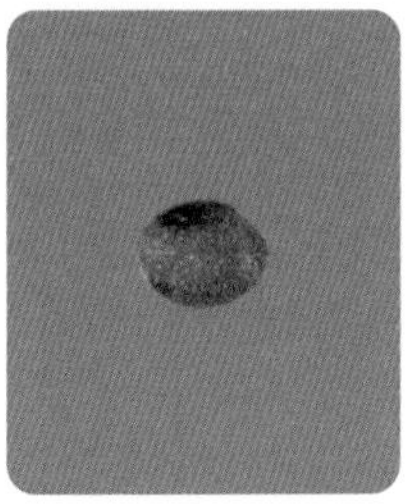
②

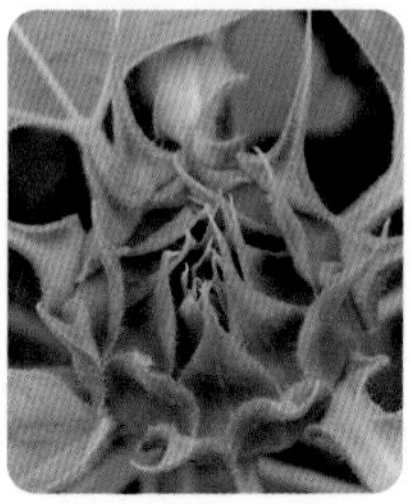

③

(1) ①〜③ の花にあうたねとつぼみを線でつなぎましょう。

(2) ③ の植物の名前は何ですか。

（　　　　　　）

よく出る

2 ピーマンの育《そだ》つようすをかんさつしました。

1つ8点、(1)は全部できて8点（16点）

①

②

③

④

(1) ピーマンが育つじゅんに、①〜④ をならべかえてかきましょう。

（　　　）→（　　　）→（　　　）→（　　　）

(2) ③ のつくりを、何といいますか。

（　　　　　　）

❸ 植物の育ち方について、正しいものには○を、正しくないものには×をつけましょう。

1つ8点（32点）

くきの高さは高くなっているけど、葉《は》の数はふえないね。

①（　　　）

ホウセンカよりヒマワリのほうが、くきの高さが高いよ。

②（　　　）

めが出たころとくらべても、花の高さはあまりかわっていないよ。

③（　　　）

つぼみができた後、花がさくね。

④（　　　）

できたらスゴイ！

❹ ホウセンカの育ち方を、ぼうグラフにまとめました。

1つ10点（20点）

(1) ぼうグラフに、まちがいが１つあります。まちがっているところを、①～④からえらびましょう。

（　　　）

(2) 記述 (1)の答えをえらんだのはなぜですか。理由《りゆう》をかきましょう。

（　　　　　　　　　　　　）

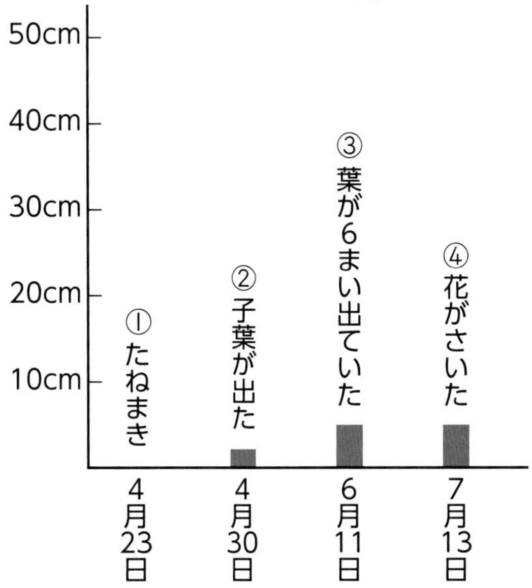
ホウセンカの高さ
50cm
40cm
30cm
20cm
10cm
①たねまき
②子葉が出た
③葉が6まい出ていた
④花がさいた
4月23日
4月30日
6月11日
7月13日

この本の終わりにある「夏のチャレンジテスト」をやってみよう！

ふりかえり
❷の問題がわからなかったときは、26ページの❶にもどってたしかめましょう。
❹の問題がわからなかったときは、26ページの❶にもどってたしかめましょう。

ぴったり1 じゅんび

3分でまとめ

★実《み》ができたよ

学習日　　月　　日

めあて
植物は、どのように育って実ができるのかをかくにんしよう。

教科書 61〜64ページ　答え 16ページ

次《つぎ》の(　)にあてはまる言葉《ことば》をかこう。

1 植物《しょくぶつ》は、どのように育《そだ》っているだろうか。

教科書 61〜64ページ

▶植物の名前をかきましょう。

(①　　　　)　(②　　　　)　(③　　　　)　(④　　　　)

▶植物は、1つの(⑤　　　　)から育って、(⑥　　　　)や(⑦　　　　)、(⑧　　　　)をのばし、(⑨　　　　)がさき、(⑩　　　　)ができる。

▶実の中には、(⑪　　　　)ができている。そして、植物は、やがて(⑫　　　　)ていく。

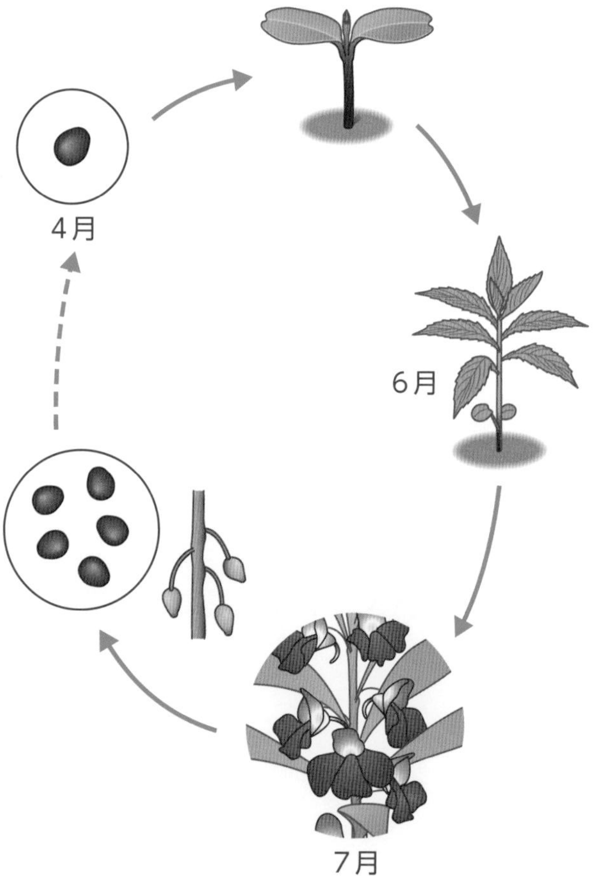

ここが、だいじ!
①植物《しょくぶつ》は、1つのたねから育《そだ》って、くきや葉《は》、根《ね》をのばし、花がさき、実《み》ができる。
②実の中にはたねができ、そして、植物は、やがてかれていく。

ぴたトリビア
植物《しょくぶつ》の実《み》には、ミカンのようにわたしたちが食べられるものがあります。ミカンを食べるときに、ミカンのたねを見つけられることがあります。

★実《み》がてきたよ

学習日　　月　　日

教科書 61〜64ページ　答え 16ページ

1 ホウセンカ、ヒマワリ、ピーマンの実をかんさつしました。

あ

い

う

(1) あ〜うは、それぞれどの実ですか。

あ(　　　　　　)　い(　　　　　　)　う(　　　　　　)

(2) 実は、いつごろてきますか。正しいものに○をつけましょう。

ア(　　)どの実も、花のさく前にてきる。

イ(　　)どの実も、花のさいた後にてきる。

ウ(　　)植物《しょくぶつ》のしゅるいによって、実が、花のさく前にてきるものと、花のさいた後にてきるものがある。

2 ホウセンカとヒマワリが、たねから育《そだ》つじゅんに、番号《ばんごう》をならべましょう。

(1) ホウセンカ

(　　)→(　　)→(　　)→(　　)→(　　)

(2) ヒマワリ

(　　)→(　　)→(　　)→(　　)→(　　)

ヒント　2 ホウセンカもヒマワリも、同じじゅんに育ちます。

★実《み》ができたよ

時間 30分

／100

合格 70点

教科書 60～67ページ　答え 17ページ

よく出る

1 下の図は、ホウセンカがたねから育《そだ》つようすを表《あらわ》したものです。

1つ5点、(1)は全部《ぜんぶ》できて5点(30点)

①

②

③
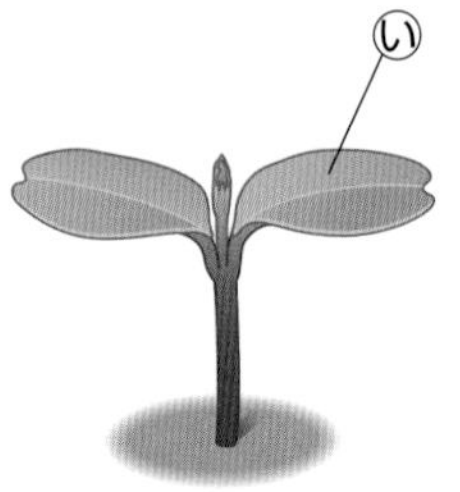

④
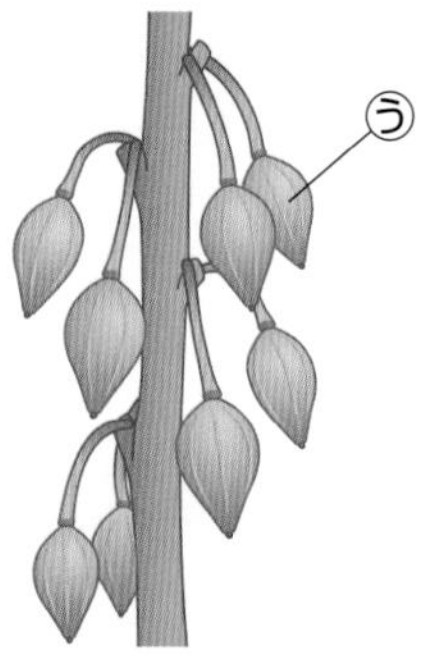

⑤

(1) たねから育つじゅんに、①～⑤をならべかえてかきましょう。

たね→(　　　)→(　　　)→(　　　)→(　　　)→(　　　)

(2) 図のあ～うは、それぞれ何ですか。

あ(　　　　)　い(　　　　)　う(　　　　)

(3) たねができるのは、あ～うのどこですか。

(　　　)

(4) つくられたたねと春にまいたたねをくらべました。正しいものに○をつけましょう。

ア(　　)形、大きさ、色もほぼ同じだった。

イ(　　)形、大きさは同じだが、色がちがった。

ウ(　　)形も大きさもちがっていた。

2 ともきさんは、ホウセンカをかんさつして記ろくしました。 技能

1つ10点、(1)は全部できて10点(30点)

7月13日

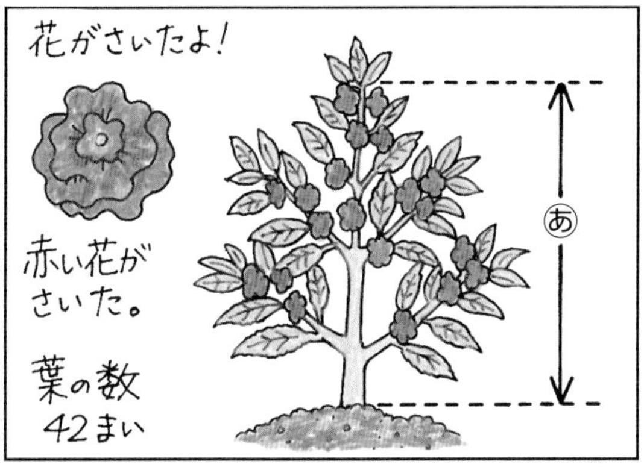
花がさいたよ!
赤い花がさいた。
葉の数
42まい
あ

9月14日

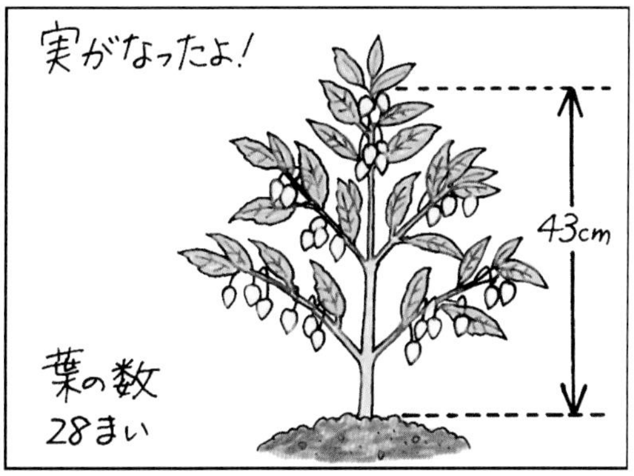
実がなったよ!
43cm
葉の数
28まい

(1) ともきさんは、ホウセンカが育つ大きさをくらべるために、かんさつするたびに2つのことを記ろくしました。ともきさんが記ろくした2つのことは、何と何ですか。

(　　　　と　　　　)

(2) 図のあは、およそ何cmですか。正しいものに○をつけましょう。

ア(　　)31 cm　　イ(　　)43 cm　　ウ(　　)55 cm

(3) 実の色は何色でしたか。正しいものに○をつけましょう。

ア(　　)白色　　イ(　　)赤色　　ウ(　　)黄《き》緑《みどり》色　　エ(　　)青色

できたらスゴイ!

3 ピーマンの花や実、たねについて考えました。

1つ10点(40点)

(1) 1このたねから出ためがのびて、さく花の数について、正しいほうに○をつけましょう。

ア(　　)1こしかさかない。

イ(　　)1こより多くさく。

(2) 1この花からできる実の数はいくらですか。正しいものに○をつけましょう。

ア(　　)1こ　イ(　　)2こ　ウ(　　)3こより多い

(3) 1この実にできるたねの数はいくらですか。正しいものに○をつけましょう。

ア(　　)1こ　イ(　　)2こ　ウ(　　)3こより多い

(4) 記述 ピーマンの花がさいた後のようすを「実」「たね」「かれる」という言《こと》葉《ば》を使《つか》ってせつめいしましょう。

思考・表現

(　　　　　　　　)

ふりかえり

1の問題がわからなかったときは、30ページの1にもどってたしかめましょう。
3の問題がわからなかったときは、30ページの1にもどってたしかめましょう。

5. こん虫《ちゅう》のかんさつ

①こん虫などのすみか
②こん虫のからだ

めあて
動物のすみかや、こん虫の成虫のからだのつくりをかくにんしよう。

教科書 69〜74ページ　答え 18ページ

次《つぎ》の(　)にあてはまる言葉《ことば》をかくか、あてはまるものを○でかこもう。

1 こん虫などの動物《どうぶつ》は、どんなところをすみかにしているのだろうか。

教科書 69〜72ページ

- カブトムシやノコギリクワガタは(① 木のそば ・ 草むら)、アオスジアゲハやトノサマバッタは(② 木のそば ・ 草むら)をさがすと見つけやすい。
- バッタは(③　　　　)を食べるので、草むらをすみかにしている。
- こん虫などの動物は、(④　　　　)やかくれ場所《ばしょ》などがあるところをすみかにして、生きている。
- 植物《しょくぶつ》は、(⑤　　　　)を食べる動物や、それらを食べる動物など、いろいろな動物の(⑥　　　　)になっている。

2 こん虫の成虫《せいちゅう》のからだは、どのようなつくりをしているのだろうか。

教科書 73〜74ページ

- トンボやバッタのからだを調《しら》べる。
  - トンボの成虫は、うすい(④　　　　)を動《うご》かしてとぶ。
  - バッタの成虫は、後ろの(⑤　　　　)を使《つか》ってはねたり、はねを広げてとんだりする。

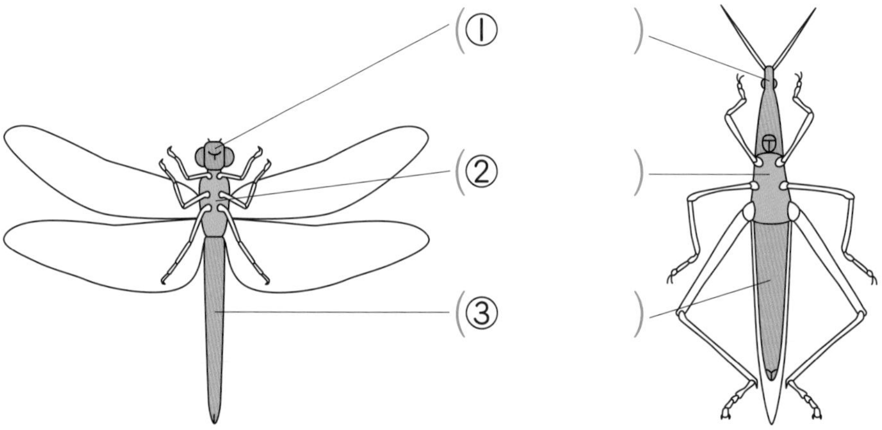

- こん虫の成虫のからだは、どれも、(⑥　　　　)、(⑦　　　　)、(⑧　　　　)からできていて、むねに(⑨　　　　)が6本ある。
- こん虫のからだの形や動き方は、(⑩　　　　)によってちがう。

ここが だいじ!
①動物《どうぶつ》は、食べ物《もの》やかくれ場所《ばしょ》などがあるところをすみかにして、生きている。
②こん虫《ちゅう》の成虫《せいちゅう》のからだは、どれも、頭、むね、はらからできていて、むねにあしが6本ある。

ぴたトリビア すみかとにた色や形をした動物《どうぶつ》には、落《お》ち葉《ば》ににているコノハチョウや木のえだににているシャクガ、木の葉ににているコノハムシなどがいます。

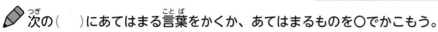

5. こん虫《ちゅう》のかんさつ

①こん虫などのすみか
②こん虫のからだ

学習日　　月　　日

教科書 69〜74ページ　答え 18ページ

1 ショウリョウバッタのすみかを調《しら》べました。

(1) ショウリョウバッタは、おもにどのようなところをすみかにしていますか。正しいものに○をつけましょう。

ア(　　)木の上　イ(　　)落《お》ち葉《ば》の下　ウ(　　)草むら

(2) ショウリョウバッタのおもな食べ物《もの》は何ですか。正しいものに○をつけましょう。

ア(　　)花のみつ　イ(　　)草　ウ(　　)落ち葉

(3) ショウリョウバッタをさがしているときに見つけられる、ほかのこん虫は何ですか。正しいものに○をつけましょう。

ア(　　)カブトムシ
イ(　　)ノコギリクワガタ
ウ(　　)アオスジアゲハ

2 バッタのからだや動《うご》き方を調べました。

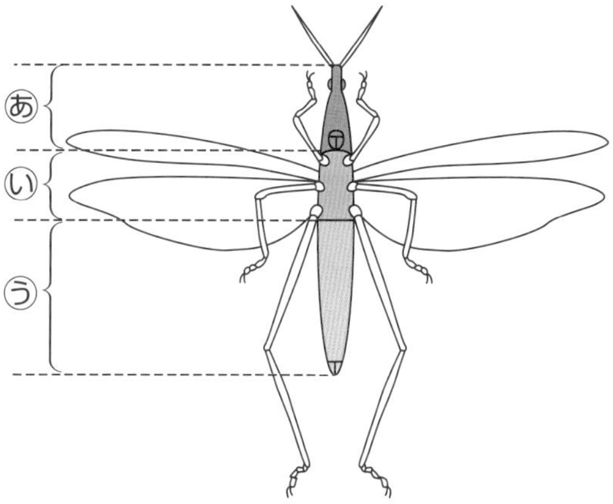

(1) 図のあ〜うは、それぞれ、頭、むね、はらのどれですか。

あ(　　　　)
い(　　　　)
う(　　　　)

(2) バッタのいには、あしがついています。

①バッタのあしは何本ですか。

(　　　　)

②バッタは、どのあしを使《つか》ってはねますか。正しいものに○をつけましょう。

ア(　　)前のあし
イ(　　)まんなかのあし
ウ(　　)後ろのあし
エ(　　)全部《ぜんぶ》のあし

(3) バッタのはねは、何に使われますか。正しいものに○をつけましょう。

ア(　　)からだを目立たせるのに使われる。
イ(　　)からだを守《まも》るのに使われる。
ウ(　　)とぶのに使われる。

5. こん虫《ちゅう》のかんさつ①②

時間 30分
／100
合格 70点

教科書 68〜74ページ　答え 19ページ

1 動物《どうぶつ》の食べ物《もの》とすみかを調《しら》べました。

1つ8点(40点)

(1) 表《ひょう》の①〜③にあてはまる言葉《ことば》を、下の［　］からえらんでかきましょう。

見つけた動物	 アオスジアゲハ	 ショウリョウバッタ
見つけたところ	草むら	②
食べ物	①	③

①(　　　　　)　②(　　　　　)　③(　　　　　)

水がある近く	草むら	木のみき
花のみつ	草	木のしる

(2) 動物のすみかについて、(　)の中にあてはまる言葉をかきましょう。

こん虫などの動物は、食べ物や(　　　　　)などがあるところをすみかにして、生きている。

(3) 記述 こん虫などの動物には、すみかとにた色や形をしているものがいますが、どのようなことにつごうがよいと考えられますか。

(　　　　　)

よく出る

❷ ミツバチは、モンシロチョウなどと同じこん虫のなかまです。

1つ10点、(1)は全部《ぜんぶ》できて10点(40点)

(1) こん虫は、からだが3つの部分《ぶぶん》からできています。その3つの部分の名前をかきましょう。

(　　　　　　)　(　　　　　　)　(　　　　　　)

(2) ミツバチにはあしが何本ありますか。　(　　　　　　)

(3) ミツバチがよく見られるのは、どのようなところですか。正しいものに○をつけましょう。

ア(　　)草などが生えず、地面《じめん》がむき出しになっているところ

イ(　　)池や小川など、きれいな水のあるところ

ウ(　　)大きな木がたくさん生えているところ

エ(　　)花がたくさんさいているところ

(4) (3)のようなところで、ミツバチは何をしているのでしょうか。正しいものに○をつけましょう。

ア(　　)かくれるところをさがしている。

イ(　　)食べ物をさがしている。

ウ(　　)たまごをうむところをさがしている。

できたらスゴイ!

❸ いろいろな動物のからだのつくりを調べました。

思考・表現　1つ10点、(1)は全部できて10点(20点)

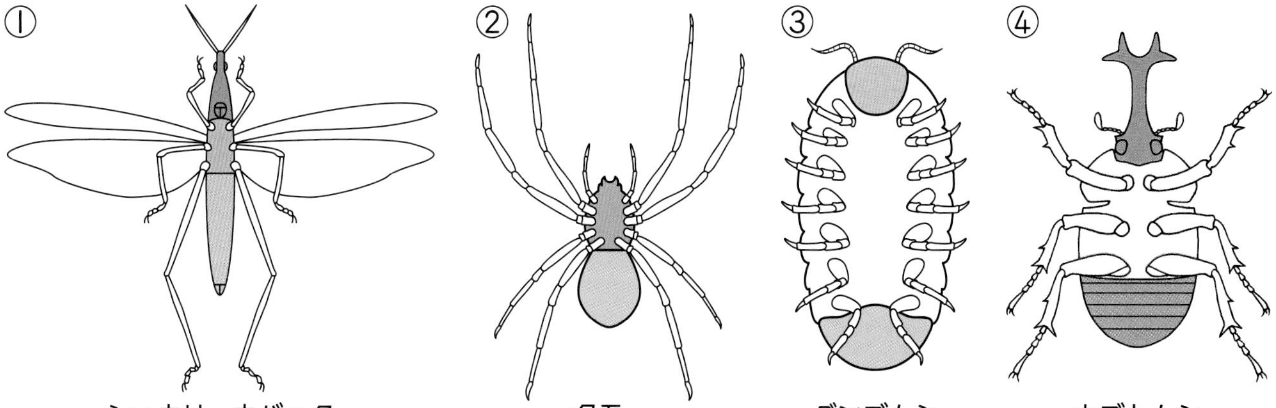

ショウリョウバッタ　　クモ　　ダンゴムシ　　カブトムシ

(1) こん虫ではない動物は、図の①～④のどれとどれですか。　(　　　と　　　)

(2) 記述 (1)の理由《りゆう》をかきましょう。

(　　　　　　　　　　　　　　　　　　　　)

ふりかえり
❷の問題がわからなかったときは、34ページの❶と34ページの❷にもどってたしかめましょう。
❸の問題がわからなかったときは、34ページの❷にもどってたしかめましょう。

5. こん虫《ちゅう》のかんさつ

③こん虫の育《そだ》ち方

学習日　月　日

めあて
こん虫はどのように育って、成虫になるのかをかくにんしよう。

教科書 75～78ページ　答え 20ページ

次《つぎ》の(　)にあてはまる言《こと》葉《ば》をかこう。

1 こん虫はどのように育って、成虫《せいちゅう》になるのだろうか。

教科書 75～78ページ

ショウリョウバッタの成虫

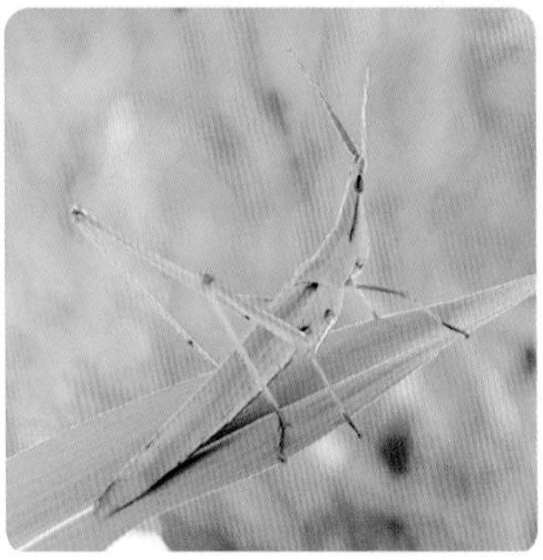

- バッタは(①　　　)→(②　　　)→(③　　　)のじゅんで育つ。
- トンボのよう虫(やご)は、(④　　　)の中でくらす。
- トンボの成虫は、よう虫が水の中から出て、(⑤　　　)をやぶって出てくる。
- バッタの成虫は、よう虫の(⑥　　　)をやぶって出てくる。

バッタは、よう虫と成虫の形がにているよ。

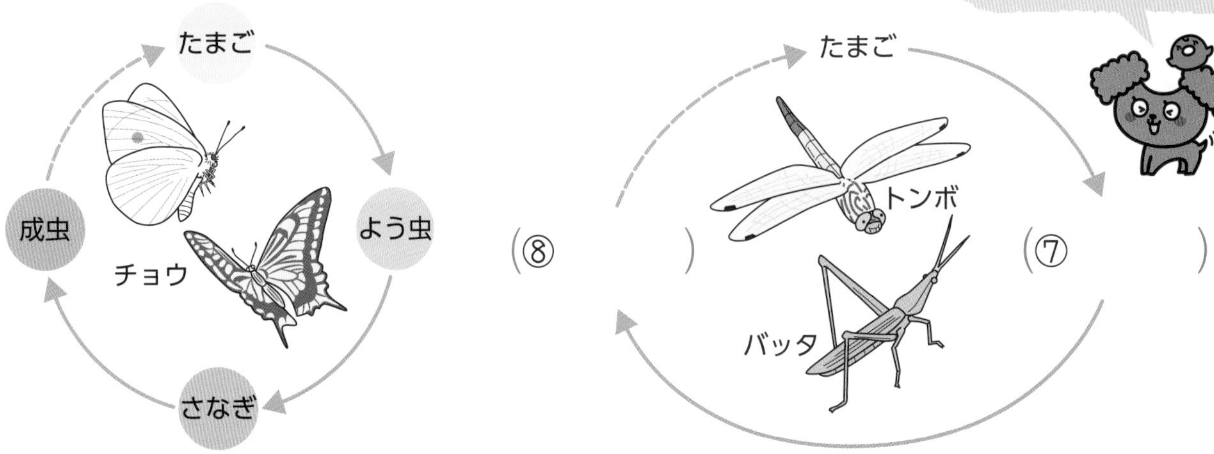

- こん虫には、チョウやカブトムシのように、(⑨　　　)→(⑩　　　)→(⑪　　　)→(⑫　　　)のじゅんに育つものと、トンボやバッタのように、(⑬　　　)→(⑭　　　)→(⑮　　　)のじゅんに育つものとがいる。

ここが だいじ!
①こん虫《ちゅう》には、チョウやカブトムシのように、たまご→よう虫→さなぎ→成虫《せいちゅう》のじゅんに育《そだ》つものと、トンボやバッタのように、たまご→よう虫→成虫のじゅんに育つものとがいる。

ぴたトリビア
チョウのようによう虫《ちゅう》がさなぎになってから成虫《せいちゅう》になることを「かん全《ぜん》へんたい」、バッタのようによう虫がさなぎにならずに成虫になることを「ふかん全《ぜん》へんたい」といいます。

5. こん虫《ちゅう》のかんさつ

③こん虫の育《そだ》ち方

教科書 75〜78ページ　答え 20ページ

1 ショウリョウバッタの育ち方を調《しら》べました。

(1) 図の ①〜③ は、それぞれ何ですか。

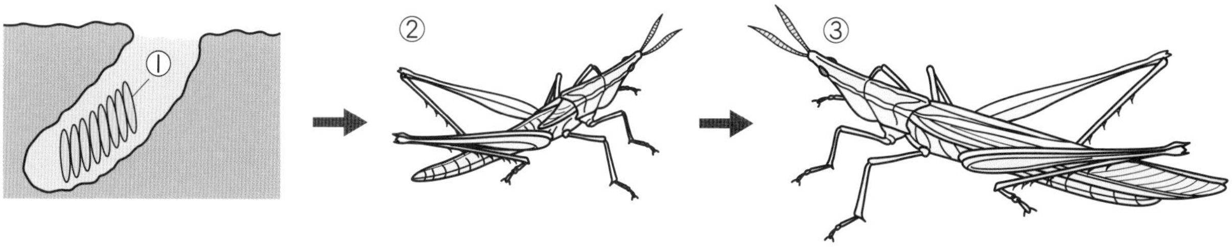

①(　　　　　　)　②(　　　　　　)　③(　　　　　　)

(2) ② は何をやぶって ③ になりますか。

(　　　　　　)

(3) ショウリョウバッタと育つじゅんが同じこん虫は、モンシロチョウとアキアカネのどちらですか。

(　　　　　　)

2 チョウとトンボの育ち方を調べました。

(1) チョウはどのように育ちますか。正しいほうに○をつけましょう。

ア(　　)たまご→よう虫→さなぎ→成虫《せいちゅう》のじゅんに育つ。

イ(　　)たまご→よう虫→成虫のじゅんに育つ。

(2) トンボはどのように育ちますか。正しいほうに○をつけましょう。

ア(　　)たまご→よう虫→さなぎ→成虫のじゅんに育つ。

イ(　　)たまご→よう虫→成虫のじゅんに育つ。

ヒント ❷ こん虫には、さなぎになるものとならないものがいます。

ぴったり3 たしかめのテスト

5. こん虫《ちゅう》のかんさつ③

時間 30 分

/100

合格 70 点

教科書 75~81ページ　答え 21ページ

よく出る

1 やごを見つけました。

1つ6点(18点)

(1) やごが見つかることがあるのは、どのようなところですか。正しいものに○をつけましょう。

ア(　　)草のかげ　　イ(　　)花の上

ウ(　　)水の中　　エ(　　)木の上

(2) やごになるこん虫はどれですか。正しいものに○をつけましょう。

ア(　　)チョウ　　イ(　　)トンボ

ウ(　　)バッタ　　エ(　　)セミ

(3) やごが育《そだ》つとどうなりますか。正しいものに○をつけましょう。

ア(　　)だんだん動《うご》かなくなって、さなぎになる。

イ(　　)このままのすがたで、たまごをうむ。

ウ(　　)皮《かわ》をやぶって、よう虫になる。

エ(　　)皮をやぶって、成虫《せいちゅう》になる。

2 こん虫の育ち方について、あてはまるものには○を、あてはまらないものには×をつけましょう。

1つ7点(21点)

アキアカネはよう虫からさなぎになるよ。

①(　　)

モンシロチョウはさなぎになってから成虫になるよ。

②(　　)

ショウリョウバッタとシオカラトンボの育ち方は同じだよ。

③(　　)

3 カブトムシの育ち方を調《しら》べました。

1つ7点(21点)

(1) カブトムシのよう虫はどこでくらしますか。正しいものに○をつけましょう。

ア(　　)土の中　　イ(　　)草のかげ

ウ(　　)水の中

(2) カブトムシのよう虫はどのようにして成虫になりますか。次《つぎ》の文の(　　)にあてはまる言葉《ことば》をかきましょう。

よう虫からさなぎになり、(　　　　　　)をやぶって成虫が出てくる。

(3) カブトムシと育つじゅんが同じこん虫はどれですか。正しいものに○をつけましょう。

ア(　　)シオカラトンボ　　イ(　　)アゲハ　　ウ(　　)ショウリョウバッタ

できたらスゴイ!

4 バッタのよう虫をかんさつして、絵をかきました。

1つ10点(40点)

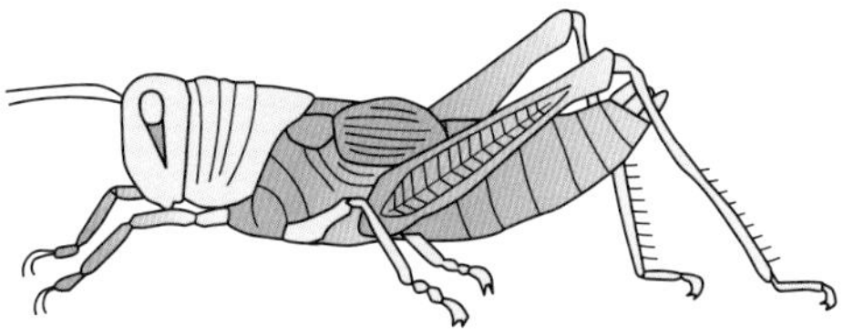

(1) かんさつしたバッタはどちらですか。正しいほうに○をつけましょう。

ア(　　)トノサマバッタ

イ(　　)ショウリョウバッタ

(2) バッタのよう虫と成虫の形をくらべて、チョウのよう虫と成虫の形をくらべると、どのようなことがわかりますか。正しいものに○をつけましょう。

ア(　　)バッタもチョウも、よう虫と成虫の形はにている。

イ(　　)バッタのよう虫と成虫の形はにているが、チョウの形は大きくちがう。

ウ(　　)バッタのよう虫と成虫の形は大きくちがうが、チョウの形はにている。

エ(　　)バッタもチョウも、よう虫と成虫の形は大きくちがう。

(3) 育つときにさなぎになるのは、バッタとチョウのどちらですか。

(　　　　　　)

(4) 右の写真《しゃしん》は、アリのよう虫です。(2)と(3)のことから考えて、アリのよう虫が育つとさなぎになりますか、なりませんか。

思考・表現

(　　　　　　)

ふりかえり
1の問題がわからなかったときは、38ページの1にもどってたしかめましょう。
4の問題がわからなかったときは、38ページの1にもどってたしかめましょう。

ぴったり1 じゅんび

3分でまとめ

6. 太陽《たいよう》とかげ

①太陽とかげのようす 1

学習日　月　日

めあて
かげは、どんなところにできるのかをかくにんしよう。

教科書 83〜85ページ　答え 22ページ

次《つぎ》の(　)にあてはまる言葉《ことば》をかくか、あてはまるものを○でかこもう。

1 かげは、どんなところにできるのだろうか。

教科書 83〜85ページ

▶かげをかんさつする。

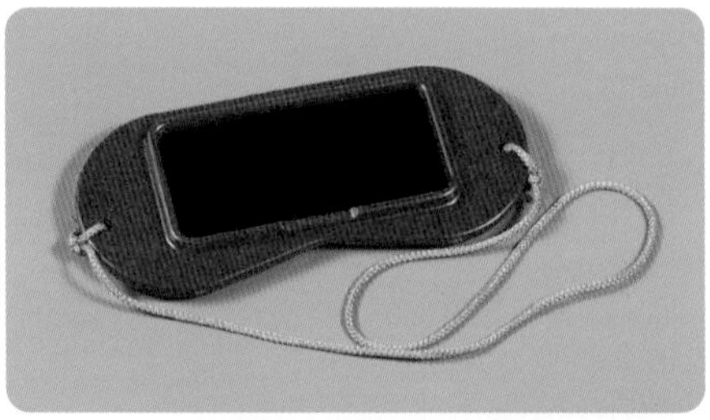

- 太陽を直せつ見ると、(①　　　　)をいためることがある。
- 太陽を見るときは、かならず、(②　　　　　　　　)を使《つか》う。

▶太陽の向《む》きとかげの向きとのかんけい

- 太陽の向きとかげの向きを、それぞれ指《ゆび》でさすと、かげは、太陽の(③　　　　)がわにできることがわかる。

▶高いところから見たかげ

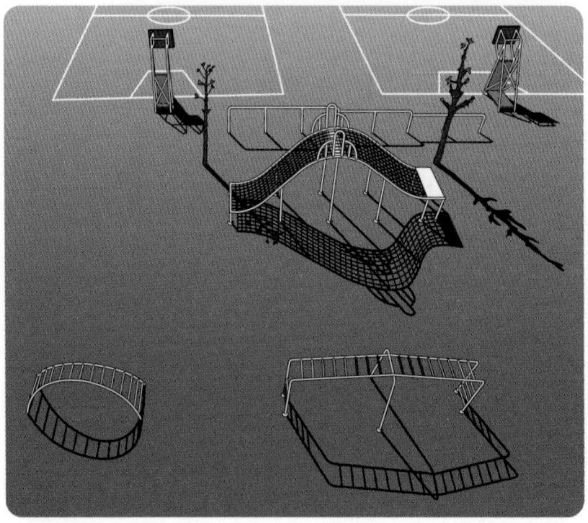

- 高いところからいろいろな物《もの》のかげを見ると、どのかげも、(④ 同じ ・ ちがう)向きにできている。

▶太陽の光を(⑤　　　　)という。

▶かげは、(⑥　　　　)(太陽の光)をさえぎる物があると、太陽の(⑦　　　　)がわにできる。

ここが、だいじ!
①かげは、日光《にっこう》(太陽《たいよう》の光)をさえぎる物《もの》があると、太陽の反対《はんたい》がわにできる。

ぴたトリビア
日光《にっこう》をさえぎる物《もの》があると、太陽《たいよう》の反対《はんたい》がわにかげができることをりようしている物として、ビーチパラソルや日がさなどがあります。

ぴったり２ 練習

6. 太陽《たいよう》とかげ

①太陽とかげのようす１

学習日　　月　　日

教科書　83〜85 ページ　　答え　22ページ

1 日光《にっこう》が当たってできた木と人のかげを調《しら》べました。

(1) 人のかげは、①〜③のどの向《む》きにできると考えられますか。　（　　　）

(2) 太陽はどこにあると考えられますか。正しいほうに○をつけましょう。

ア（　　）かげと同じがわにある。

イ（　　）かげと反対《はんたい》がわにある。

(3) 人が動《うご》いたとき、かげの向きはかわりますか。かわりませんか。

（　　　　　　　　）

2 太陽の向きとかげの向きとのかんけいを調べました。

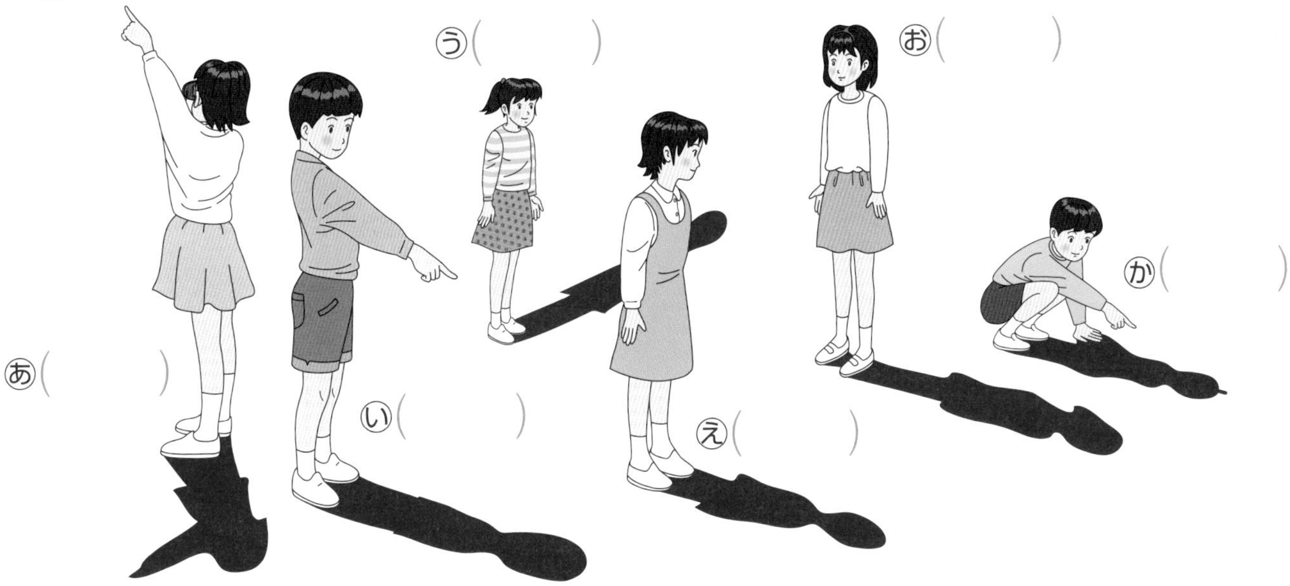

(1) 図には、かげの向きが正しくないものが２つあります。それは、どれとどれですか。正しくないもの２つに×をつけましょう。

(2) 図では、太陽はどちらにありますか。正しいものに○をつけましょう。

ア（　　）図の左上にある。　　イ（　　）図の右上にある。

ウ（　　）図の左下にある。　　エ（　　）図の右下にある。

(3) 図のあの人は、日光で目をいためないように、太陽を見るためにある物《もの》をもっています。ある物とは何ですか。

（　　　　　　　　）

ヒント ❷ (1) かげは、同じ向きにできます。

ぴったり1
じゅんび

6. 太陽《たいよう》とかげ

①太陽とかげのようす 2

学習日　　月　　日

めあて
時間がたつと、かげの向きがかわるのはどうしてかをかくにんしよう。

教科書 86〜89ページ　答え 23ページ

次《つぎ》の(　)にあてはまる言葉《ことば》をかくか、あてはまるものを○でかこもう。

1 時間がたつと、かげの向《む》きがかわるのは、どうしてだろうか。 教科書 86〜89ページ

▶午前と午後では、同じ物《もの》でも、できたかげの形が(① 同じ ・ ちがう)。また、かげの向きが(② 同じ ・ ちがう)。

▶かげの動《うご》き方と、太陽のいちのかわり方を調《しら》べる。

- 方位《ほうい》じしんを使《つか》うと、東西南北などの(③　　　)を調べることができる。
- かげの向きは、(④ 東 ・ 西)から北、(⑤ 東 ・ 西)へとかわる。
- 太陽は、(⑥ 東 ・ 西)から出て南を通り、(⑦ 東 ・ 西)にしずむように見える。

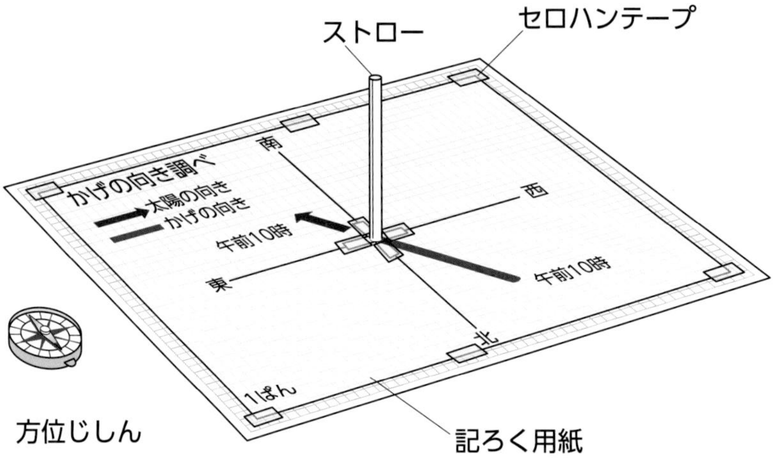

ストロー
セロハンテープ
かげの向き調べ
太陽の向き
かげの向き
南
西
東
北
午前10時
午前10時
1ぱん
方位じしん
記ろく用紙

▶方位じしんの使い方

- はりが自由《じゆう》に動くように、方位じしんを(⑧　　　)に持《も》つ。
- 調べる物の方向《ほうこう》を向き、方位じしんを回して、はりの色のついた方に、「(⑨ 北 ・ 南)」の文字を合わせる。
- 調べる物の(⑩　　　)を読みとる。
- 南を向いたときは、自分の左がわが(⑪ 東 ・ 西)になり、右がわが(⑫ 東 ・ 西)になる。

▶時間がたつと、かげの向きがかわるのは、太陽のいちが(⑬　　　)からである。

▶太陽のいちは、(⑭　　　)から(⑮　　　)、(⑯　　　)へとかわる。

ここが だいじ！
①時間がたつと、かげの向《む》きがかわるのは、太陽《たいよう》のいちがかわるからである。
②太陽のいちは、東から南、西へとかわる。

ぴたトリビア
かげの長さは、太陽《たいよう》が南の高いところにあるときは短《みじか》くなり、西や東のひくいところにあるときは長くなります。

6. 太陽《たいよう》とかげ

①太陽とかげのようす 2

教科書　86〜89ページ　答え　23ページ

1 下の写真《しゃしん》の物《もの》を使《つか》って、太陽の方位《ほうい》を調《しら》べました。

(1) 太陽の方位を調べるのに使った物は何ですか。

（　　　　　　）

北東
東
南東
北西

(2) 方位を読みとる前に、はりの色がついた方に合わせる文字は何ですか。正しいものに〇をつけましょう。

ア（　　）東　　イ（　　）西

ウ（　　）南　　エ（　　）北

(3) 南を向《む》いて立ったとき、自分の左がわと右がわの方位は、それぞれ何ですか。

① 左がわ（　　　　　　）　② 右がわ（　　　　　　）

2 晴れた日に、ストローを立ててできたかげの向きを、午前 10 時、正午、午後 2 時に調べ、記ろくしました。

(1) 図の ①、② は、東、西、南、北のいずれかの方位です。それぞれの方位は何ですか。

①（　　　　）

②（　　　　）

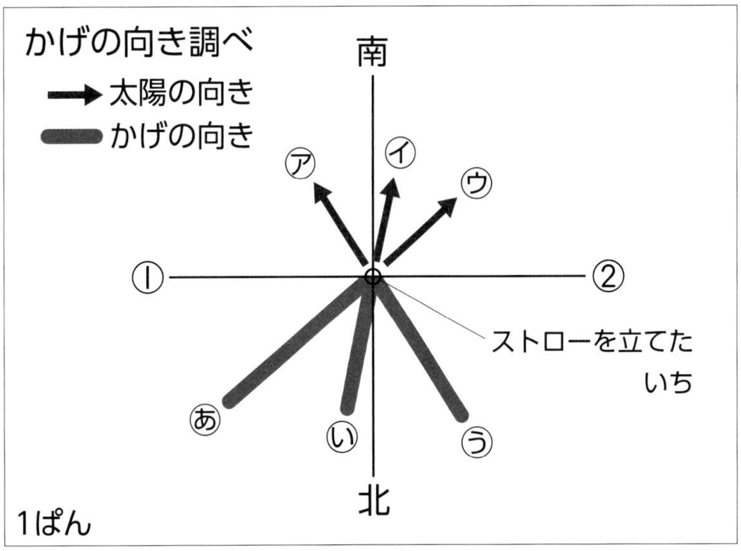
かげの向き調べ
太陽の向き
かげの向き
南
ア
イ
ウ
①
②
ストローを立てたいち
あ
い
う
北
1ぱん

(2) 図のアは、午前 10 時、正午、午後 2 時のうち、いつに記ろくされた、太陽の向きですか。

（　　　　　　）

(3) 図のあ〜うのかげを、向きがかわっていくじゅんにならべましょう。

（　　　）→（　　　）→（　　　）

(4) 時間がたつと、太陽のいちとかげの向きはどのようになりますか。正しいものに〇をつけましょう。

ア（　　）太陽のいちがかわると、かげの向きもかわる。

イ（　　）太陽のいちはかわらないが、かげの向きはかわる。

ウ（　　）太陽のいちはかわるが、かげの向きはかわらない。

エ（　　）太陽のいちもかげの向きもかわらない。

ヒント 2 かげは、日光《にっこう》をさえぎる物があると、太陽の反対《はんたい》がわにできます。

6. 太陽《たいよう》とかげ

②日なたと日かげの地面《じめん》

学習日　　月　　日

めあて
日なたの地面と日かげの地面のあたたかさのちがいをかくにんしよう。

教科書 90〜92ページ　答え 24ページ

次《つぎ》の(　)にあてはまる言葉《ことば》をかくか、あてはまるものを○でかこもう。

1 日なたの地面と日かげの地面では、あたたかさは、どれぐらいちがうだろうか。 教科書 90〜92ページ

▶温度《おんど》をはかるときは、(①　　　　)温度計やぼう温度計を使《つか》う。

▶温度には「(②　　　　)」というたんいを使い、「度」と読む。

▶ぼう温度計の使い方

- 正しい目もりを読みとるために、温度計と目を(③　　　　)にして読む。
- えきの先が(④　近い　・　遠い　)方の目もりを読む。
- えきの先が、目もりと目もりのちょうどまんなかにある場合は、(⑤　上　・　下　)の方の目もりを読む。

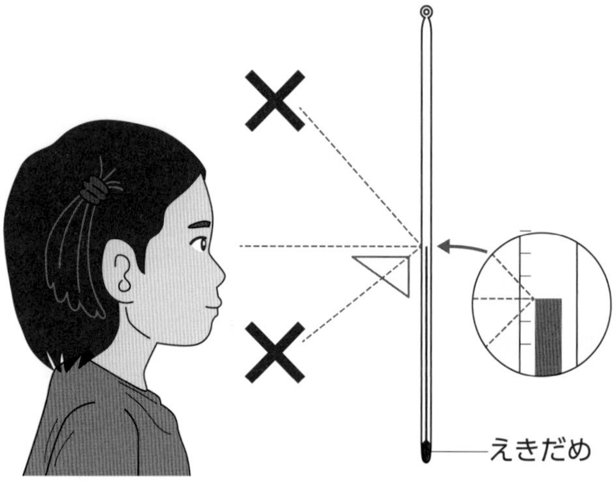

▶日なたの地面と日かげの地面の温度を調《しら》べる。

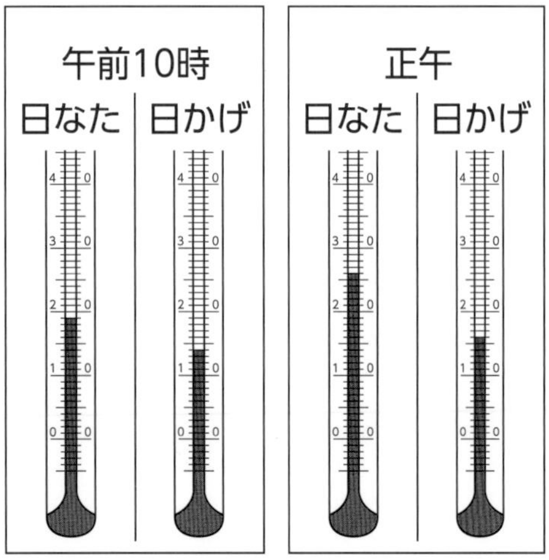

	午前 10 時	正午
日なたの地面の温度	(⑥　　　)	(⑦　　　)
日かげの地面の温度	(⑧　　　)	(⑨　　　)

左のけっかを読みとって、⑥〜⑨に温度をかこう。

▶日なたの地面の温度は、日かげの地面の温度よりも(⑩　高く　・　ひくく　)なる。

▶日なたの地面は、(⑪　　　　)であたためられるので、日かげの地面とくらべて、あたたかく、かわいている。

ここが だいじ!
①日なたの地面《じめん》の温度《おんど》は、日かげの地面の温度よりも高い。
②日なたと日かげで地面の温度がちがうのは、日なたの地面は、日光であたためられるからである。

ぴたトリビア　地面《じめん》にせっしている空気は、あたためられた地面からねつがつたわり温度《おんど》が上がります。

ぴったり2 練習

6. 太陽《たいよう》とかげ

②日なたと日かげの地面《じめん》

学習日　　月　　日

教科書 90～92ページ　答え 24ページ

1 ぼう温度計《おんどけい》の目もりを読みます。

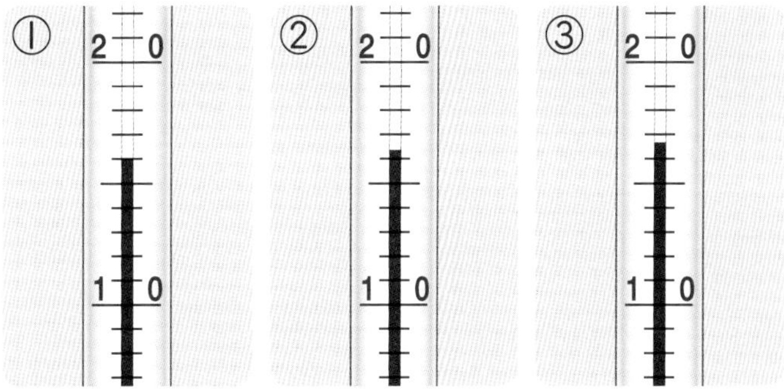

(1) ぼう温度計のえきの先が目もりと目もりのちょうどまんなかにあるときは、どのように読みますか。正しいものに○をつけましょう。

ア(　　)上の方の目もりを読む。

イ(　　)下の方の目もりを読む。

ウ(　　)近い方の目もりを読む。

(2) 図の ①～③ のぼう温度計が表《あらわ》している温度は、それぞれ何度ですか。

①(　　　　　)　②(　　　　　)　③(　　　　　)

2 よく晴れた日の日なたと日かげの地面の温度を、時こくをかえてはかりました。

午前10時	
㋐の地面	㋑の地面
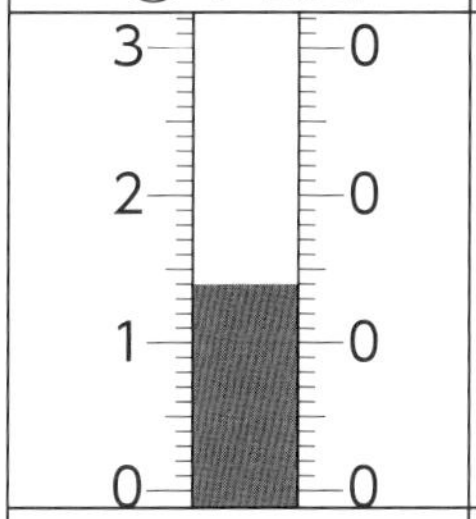	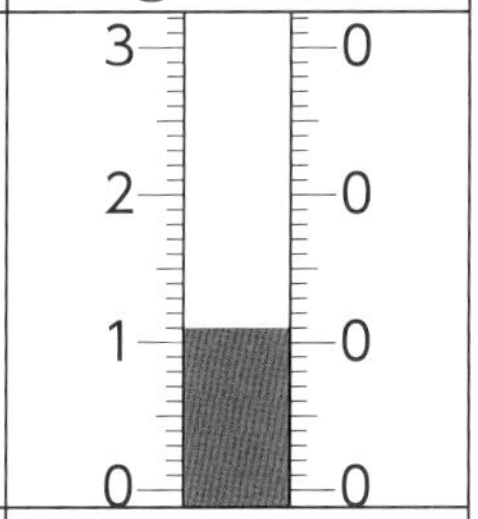
14℃	11℃

正午	
㋐の地面	㋑の地面
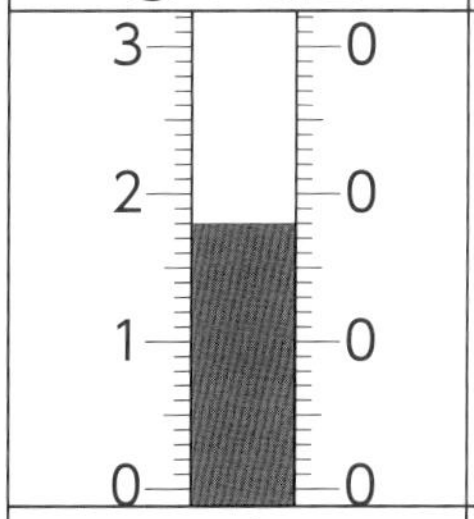	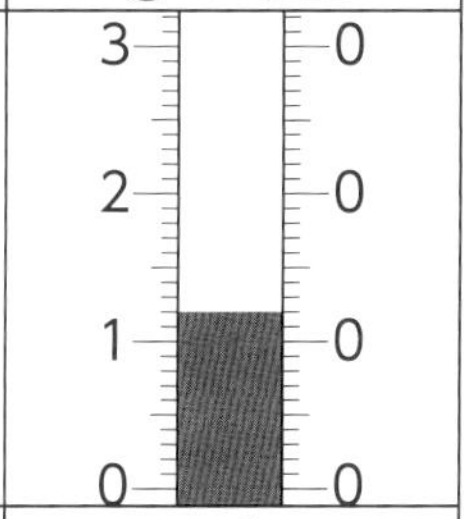
18℃	12℃

(1) 日なたの地面の温度をはかったけっかは、㋐、㋑のどちらですか。　(　　　)

(2) 日なたと日かげの地面の温度をくらべると、どのようなことがわかりますか。正しいものに○をつけましょう。

ア(　　)日なたの地面の温度は、日かげよりも高い。

イ(　　)日なたの地面の温度は、日かげよりもひくい。

ウ(　　)日なたの地面の温度は、日かげとあまりかわらない。

(3) 時こくをかえたときの、日なたと日かげの地面の温度のかわり方をくらべると、どのようなことがわかりますか。正しいものに○をつけましょう。

ア(　　)日なたの地面の温度のかわり方は、日かげよりも小さい。

イ(　　)日なたの地面の温度のかわり方は、日かげよりも大きい。

ウ(　　)日なたの地面の温度のかわり方は、日かげとあまりかわらない。

ヒント ❷ 日なたの地面は、日光によってあたためられます。

ぴったり3

たしかめのテスト

6. 太陽《たいよう》とかげ

時間 30 分

／100

合格 70 点

教科書 82〜95ページ　答え 25ページ

よく出る

1 午後２時に、太陽のいちとかげのでき方を調《しら》べました。

1つ6点(30点)

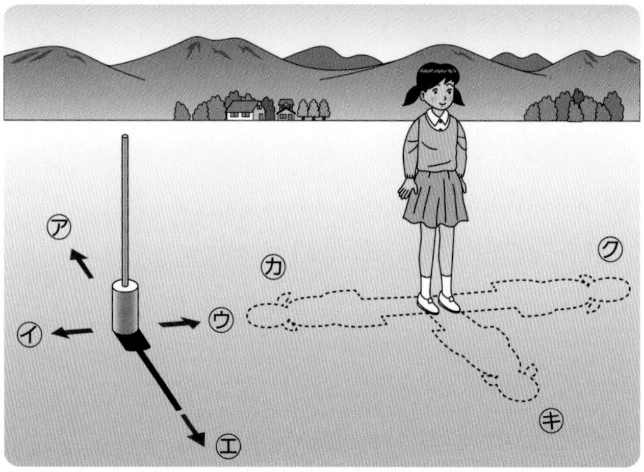

(1) かげができるのは、物《もの》が何をさえぎるからですか。

(　　　　　)

(2) ぼうのかげの向《む》きから考えて、太陽は、㋐〜㋓のどの向きにありますか。

(　　　)

(3) 女の子のかげは、㋕〜㋗のどの向きにできますか。

(　　　)

(4) 午後 2 時から、さらに、かんさつをつづけました。

①かげの向きは、どのようにかわりましたか。正しいものに○をつけましょう。

ア(　　)東の方に動《うご》いた。　イ(　　)西の方に動いた。

ウ(　　)南の方に動いた。　エ(　　)北の方に動いた。

②太陽のいちは、どのようにかわりましたか。正しいものに○をつけましょう。

ア(　　)東の方に動いた。　イ(　　)西の方に動いた。

ウ(　　)南の方に動いた。　エ(　　)北の方に動いた。

2 方位《ほうい》じしんを使《つか》って、太陽の方位を調べました。

技能　1つ4点(12点)

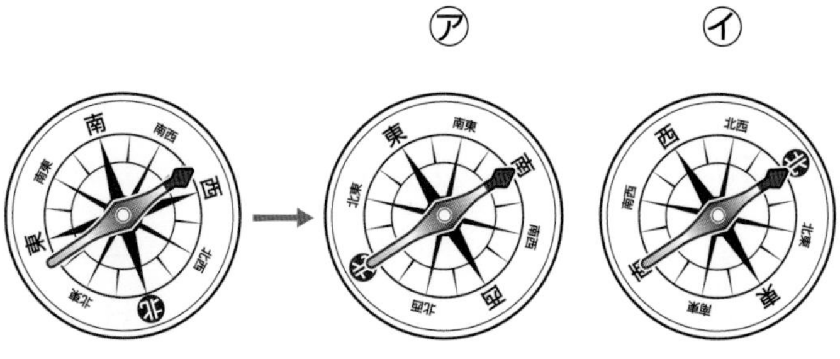

(1) 方位じしんのはりで、色のついた方がさすのは、東西南北のどれですか。

(　　　　　)

(2) 方位じしんの正しい合わせ方は、図の㋐、㋑のどちらですか。

(　　　)

(3) 南に向かって立ったとき、右がわになる方位は何ですか。

(　　　　　)

❸ ある晴れた日の午前 10 時と正午の地面《じめん》の温度《おんど》を調べました。　技能

1つ6点、(3)は全部《ぜんぶ》できて6点(18点)

(1) 午前 10 時の日かげの地面の温度は何度ですか。

(　　　　)

(2) 日なたの地面の温度を、グラフに表《あらわ》しました。このようなグラフを何といいますか。

(　　　　)

(3) 作図 日なたの地面の温度にならって、日かげの地面の温度を、グラフに表しましょう。

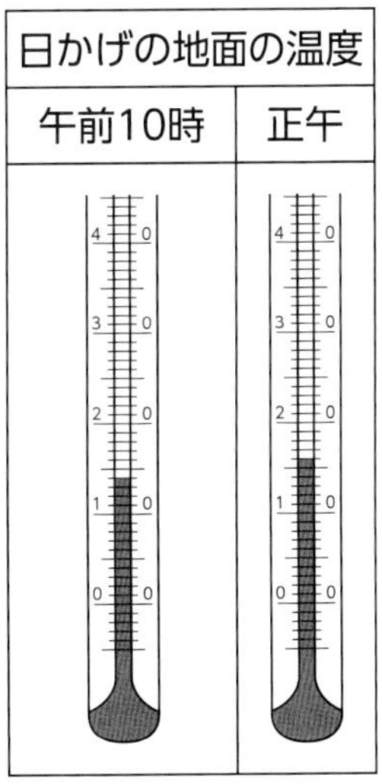

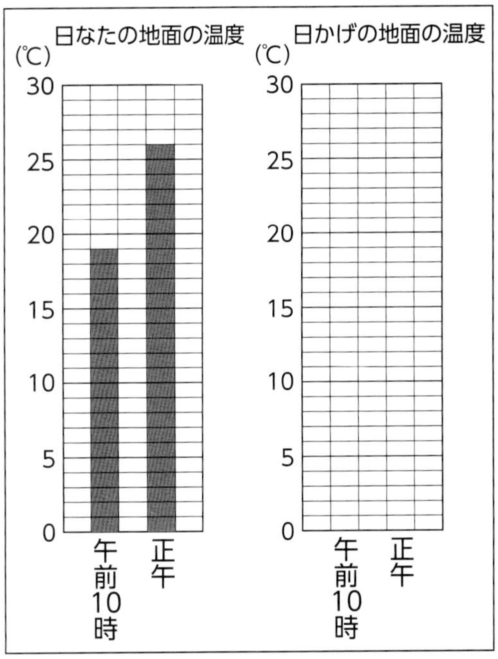

できたらスゴイ!

❹ 太陽によってできるかげの向きがかわることをりようして、日時計《ひどけい》をつくりました。

思考・表現　1つ10点(40点)

(1) 日時計は、どのようなところにおきますか。正しいものに○をつけましょう。

ア(　　)日光が直角に直せつ当たるところ

イ(　　)日光が直せつ当たる、水平《すいへい》なところ

ウ(　　)日光が直せつ当たらない、水平なところ

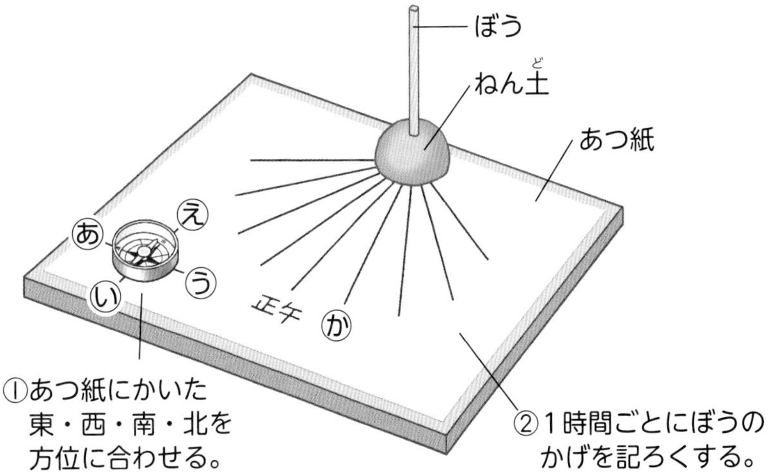

(2) 北は、図の方位じしんのあ～えのどれですか。(　　　　)

(3) 図のかは、午前 11 時、午後 1 時のどちらのかげを記ろくしたものですか。

(　　　　)

(4) 記述 日時計のぼうのかげの向きで、だいたいの時こくがわかるのはなぜですか。

(　　　　)

ふりかえり
❶の問題がわからなかったときは、42 ページの 1 と 44 ページの 1 にもどってたしかめましょう。
❹の問題がわからなかったときは、44 ページの 1 にもどってたしかめましょう。

ぴったり1 じゅんび

3分でまとめ

7. 太陽《たいよう》の光

①はね返《かえ》した日光《にっこう》

学習日　　月　　日

めあて
かがみではね返した日光のようすをかくにんしよう。

教科書 97〜102ページ　答え 26ページ

次《つぎ》の(　　)にあてはまる言葉《ことば》をかこう。

1 かがみではね返した日光は、どのように進《すす》むのだろうか。 教科書 97〜100ページ

▶日光は、(①　　　　　)に当たると、はね返る。

▶はね返した日光の進み方を調《しら》べる。

- かがみではね返した日光を、人の顔に当ててはいけない。

▶はね返した日光は、(②　　　　　　　　)に進む。

▶かがみではね返した日光が日かげに当たると、その部分《ぶぶん》は(③　　　　　)なる。

2 かがみではね返した日光が当たったところは、あたたかくなるのだろうか。 教科書 100〜102ページ

▶はね返した日光が当たったところの温度《おんど》を調べる。

- 放《ほう》しゃ温度計を使《つか》うか、だんボールに(①　　　　　　　)をさしこみ、まとの温度をはかる。
- 1〜3まいのかがみではね返した日光をそれぞれ3分間当てて、温度を調べる。

- かがみのまい数をふやすと、まとの温度はより高く、まとの明るさはより(②　　　　　)なった。

▶かがみではね返した(③　　　　　)が当たったところは、(④　　　　　)、あたたかくなる。

▶はね返した日光を重《かさ》ねて集《あつ》めるほど、日光が当たったところは、明るく、(⑤　　　　　　　)なる。

ここが、だいじ!
①かがみではね返《かえ》した日光は、まっすぐに進《すす》む。
②はね返した日光が当たったところは、明るく、あたたかくなる。

ぴたトリビア 黒いものより、白いもののほうが光をはね返《かえ》しています。

1 かがみを使《つか》って、日光をはね返し、かべに当てました。

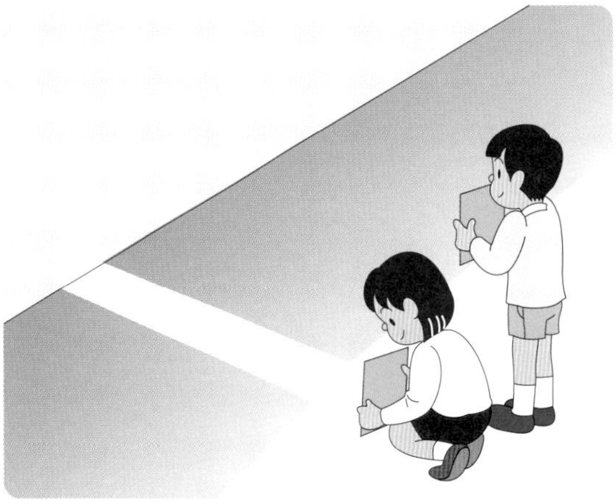

(1) かがみではね返した日光が当たったところの明るさはどうなりますか。正しいものに○をつけましょう。

ア(　　)明るくなる。　イ(　　)暗《くら》くなる。

ウ(　　)かわらない。

(2) かがみではね返した日光が当たったところの温度《おんど》はどうなりますか。正しいものに○をつけましょう。

ア(　　)高くなる。　イ(　　)ひくくなる。　ウ(　　)かわらない。

(3) かがみではね返した日光はどう進《すす》みますか。正しいものに○をつけましょう。

ア(　　)先にいくほど細くなるように進む。

イ(　　)先にいくほど太くなるように進む。

ウ(　　)少しずつ曲《ま》がりながら進む。

エ(　　)まっすぐに進む。

2 かがみで日光をはね返して、だんボールとぼう温度計でつくったまとに当てました。

(1) かがみを1まいにして調《しら》べたときと、かがみを3まいにして調べたときでは、まとの明るさはどうなりますか。正しいものに○をつけましょう。

ア(　　)かがみを1まいにしたときのほうが明るい。

イ(　　)かがみを3まいにしたときのほうが明るい。

ウ(　　)どちらも同じくらいの明るさになる。

(2) かがみを1まいにして調べたときと、かがみを3まいにして調べたときでは、まとの温度はどうなりますか。正しいものに○をつけましょう。

ア(　　)かがみを1まいにしたときのほうが、温度が高くなる。

イ(　　)かがみを3まいにしたときのほうが、温度が高くなる。

ウ(　　)どちらも同じくらいの温度になる。

7. 太陽《たいよう》の光

②集《あつ》めた日光《にっこう》

学習日　　月　　日

めあて
虫めがねで日光を集めたところの明るさやあたたかさをかくにんしよう。

教科書 103〜104ページ　答え 27ページ

次《つぎ》の(　)にあてはまる言葉《ことば》をかくか、あてはまるものを○でかこもう。

1 虫めがねで日光を集めたところの、明るさやあたたかさは、どうなるのだろうか。

教科書 103〜104ページ

▶虫めがねを使《つか》うと、日光を(①　　　　　)ことができる。

- 目をいためるので、ぜったいに、虫めがねで(②　　　　　)を見てはいけない。
- やけどをしたり、こげたりするので、虫めがねを通した(③　　　　　)を、ぜったいに、人のからだや服《ふく》などに当ててはいけない。
- 目をいためるので、日光が集まっているところを、(④　　　　　)時間見つめてはいけない。

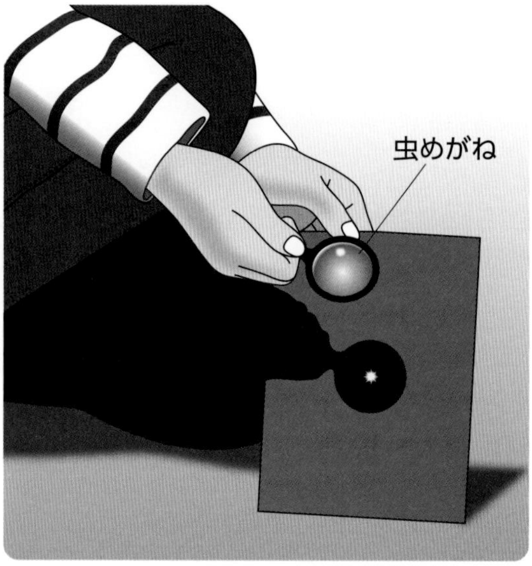
虫めがね

▶虫めがねで日光を集める。

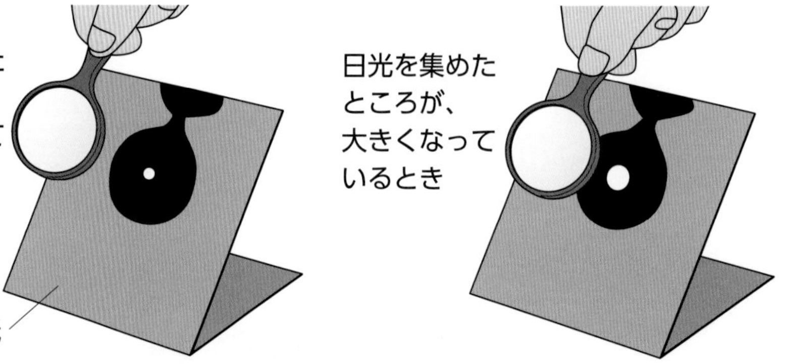
日光を集めたところが、小さくなっているとき
色のこい紙
日光を集めたところが、大きくなっているとき

▶虫めがねで日光を集めたところを(⑤　小さく　・　大きく　)するほど、(⑥　　　　　)、あたたかく(あつく)なる。

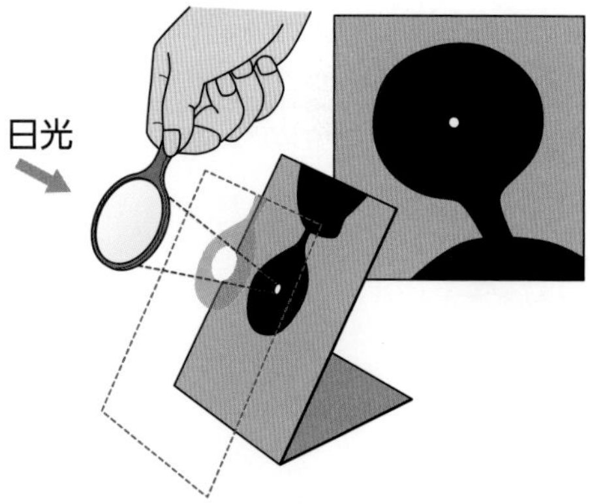
日光

ここが、だいじ！

①虫めがねを使《つか》うと、日光を集《あつ》めることができる。

②虫めがねで日光を集めたところを小さくするほど、明るく、あたたかく(あつく)なる。

ぴたトリビア 日なたに水を入れたペットボトルをおいておくと、水によって集《あつ》まった日光による火事《かじ》(しゅうれん火さい)が起《お》こることがあるので、注意《ちゅうい》がひつようです。

1 虫めがねで日光を集めました。

(1) 目をいためるので、ぜったいに、虫めがねで見てはいけない物《もの》は何ですか。（　　　　　）

(2) 虫めがねを通した日光を当てると、やけどをしたり、こげたりすることがあるのは、当たったところがどうなるからですか。正しいものに○をつけましょう。

ア（　　）つめたくなるから。
イ（　　）あつくなるから。
ウ（　　）明るくなるから。
エ（　　）暗《くら》くなるから。

(3) 日光が集まっているところをかんさつするときに、どのようなことに気をつけますか。正しいほうに○をつけましょう。

ア（　　）長い時間をかけて、じっくりかんさつする。
イ（　　）できるだけ短《みじか》い時間でかんさつする。

2 虫めがねで集めた日光を、紙に当てました。このとき、日光が集まっているところを図の ①〜③ のようにかえました。

①　②　③

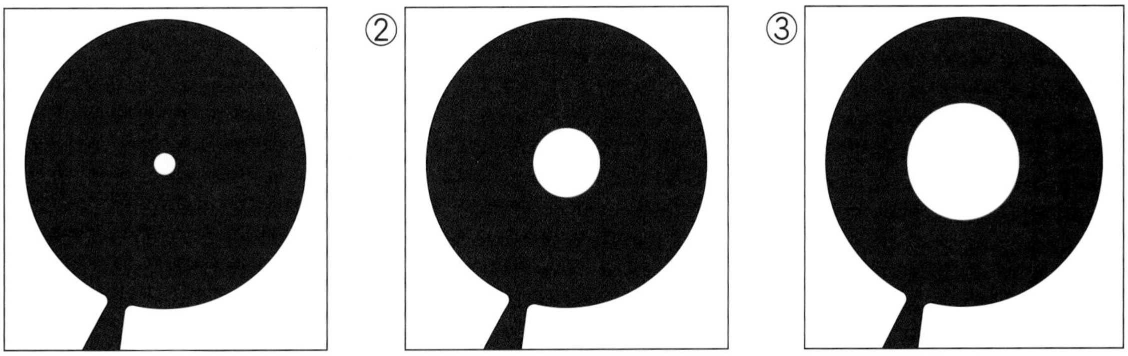

(1) このじっけんでは、どのような紙を使《つか》いますか。正しいものに○をつけましょう。

ア（　　）あつさがあつい紙　　イ（　　）あつさがうすい紙
ウ（　　）色のこい紙　　エ（　　）色のうすい紙

(2) 集めた日光が当たったところが、いちばん明るくなったのは、①〜③ のどれですか。（　　　）

(3) 集めた日光が当たったところが、いちばんあつくなったのは、①〜③ のどれですか。（　　　）

7. 太陽《たいよう》の光

時間 30 分
／100
合格 70 点

教科書 96～107ページ　答え 28ページ

1 かがみを使《つか》って、日光をはね返《かえ》し、かべに当てました。

1つ8点(24点)

(1) かがみではね返した日光は、どのように進《すす》みますか。次《つぎ》の文の（　　）にあてはまる言《こと》葉《ば》をかきましょう。

○ かがみではね返した日光は、（　　　　　　）に進む。

(2) かがみではね返した日光を当てたとき、当てたところの明るさやあたたかさはどうなりますか。

明るさ（　　　　　　）
あたたかさ（　　　　　　）

2 3まいのかがみで日光をはね返してかべに当てて、図のように重《かさ》ねました。

1つ8点(24点)

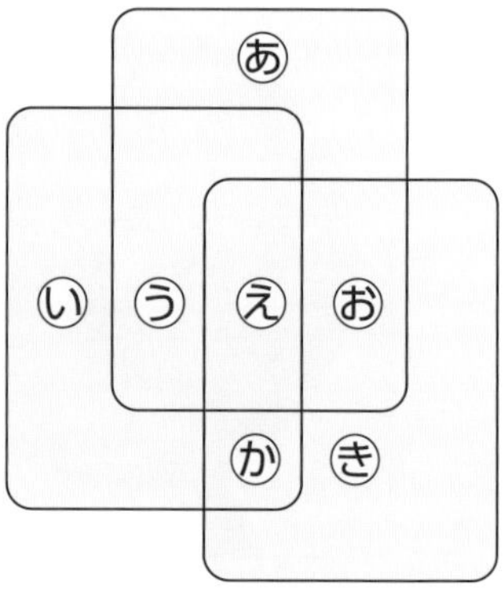

(1) かがみではね返した日光が、2つだけ重なっているところはどこですか。図の(あ)～(き)からすべてえらびましょう。

（　　　　　　）

(2) (あ)と同じ明るさに見えるところはどこですか。図の(い)～(き)から2つえらびましょう。

（　　　と　　　）

(3) いちばんあたたかくなるところは、図の(あ)～(き)のどこですか。

（　　　）

よく出る

3 虫めがねで集《あつ》めた日光を、紙に当ててこがします。

1つ8点(16点)

(1) 虫めがねで日光を集めたところを小さくすると、日光が当たったところの明るさはどうなりますか。正しいものに○をつけましょう。

ア（　　）暗《くら》くなる。　イ（　　）明るくなる。　ウ（　　）かわらない。

(2) 虫めがねで日光を集めたところの大きさをかえて、紙のこげ方をくらべました。このじっけんで、紙がいちばん早くこげ始《はじ》めたのはどれですか。正しいものに○をつけましょう。

ア（　　）　イ（　　）　ウ（　　）

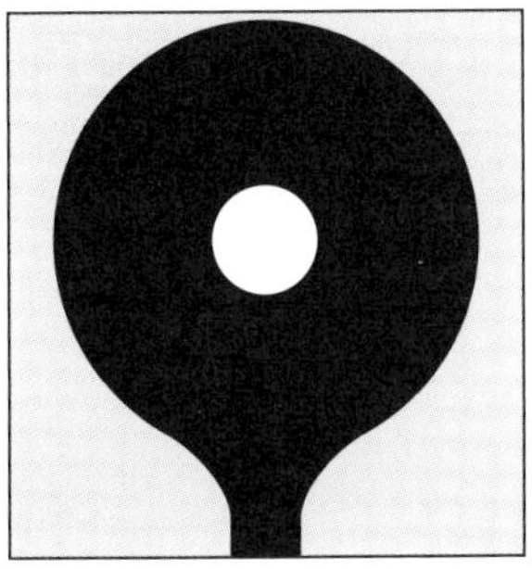
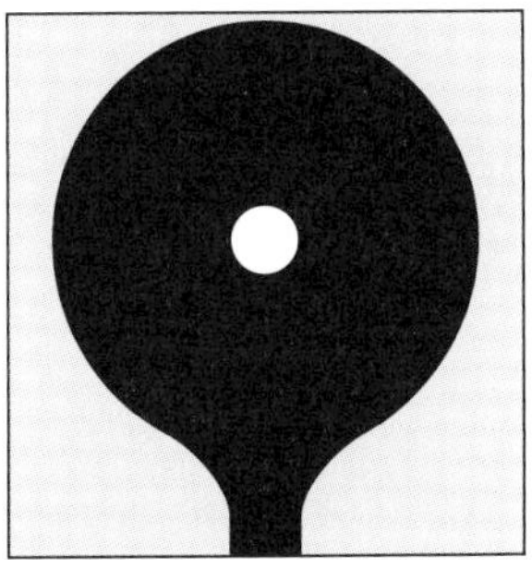
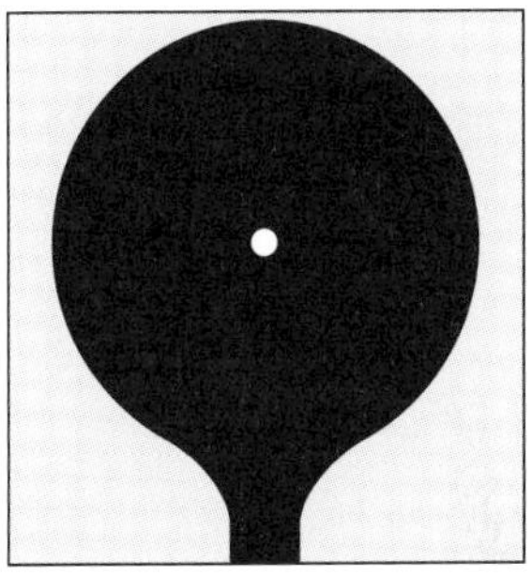

できたらスゴイ!

4 虫めがねを通った日光がどのように集まるかを調《しら》べます。

1つ12点(36点)

(1) 記述 虫めがねを通した日光を紙に当てて、その紙を上下に動《うご》かしました。このとき、虫めがねのかげの大きさはかわりませんでした。これは、日光がどのように進むからですか。

（　　　　　　　　）

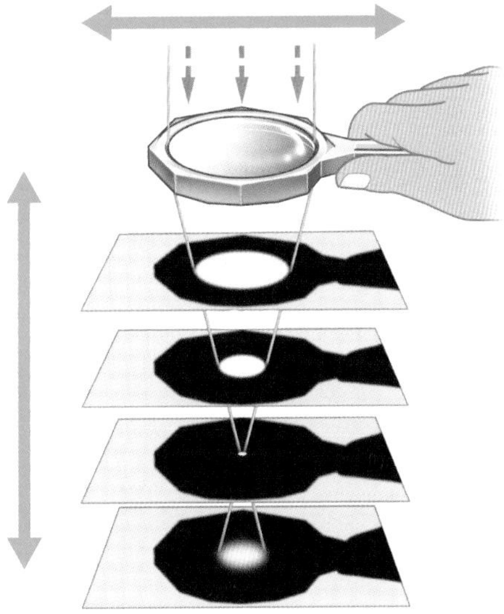

(2) 日光を当てる紙を動かさず、虫めがねを上下または左右に動かしました。このとき、紙のこげるはやさはかわりましたか。

① 記述 上下に動かしたとき

（　　　　　　　　）

② 記述 左右に動かしたとき

（　　　　　　　　）

ふりかえり
3の問題がわからなかったときは、52ページの1にもどってたしかめましょう。
4の問題がわからなかったときは、52ページの1にもどってたしかめましょう。

8. 音のせいしつ

3分でまとめ

①音が出るとき
②音のつたわり

学習日　　月　　日

めあて
音が出ているとき、つたわるときの物のようすをかくにんしよう。

教科書 109〜114ページ　答え 29ページ

次《つぎ》の(　　)にあてはまる言葉《ことば》をかくか、あてはまるものを○でかこもう。

1 音が出ているとき、物《もの》のようすはどのようになっているのだろうか。

教科書 109〜112ページ

▶音を出して、トライアングルはどのようにふるえているか、調《しら》べる。
- 音が出ているときは、トライアングルにはったふせんが(①　　　　　　)いた。
- 音が出ているトライアングルを手でにぎり音を止めると、ふせんのふるえが(②　　　　　　)。
- トライアングルを弱くたたき、小さい音を出したときのふせんのふるえ方は(③　小さかった　・　大きかった　)。
- トライアングルを強くたたき、大きい音を出したときのふせんのふるえ方は(④　小さかった　・　大きかった　)。

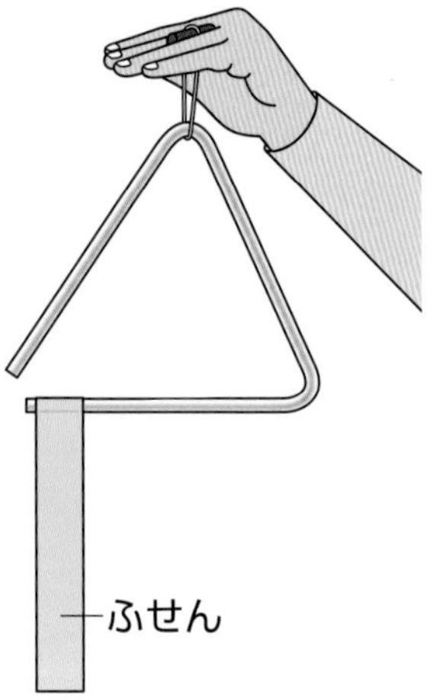

▶音が出ているとき、物は(⑤　　　　　　)いる。
▶音が大きいときは、物のふるえ方は(⑥　大きく　・　小さく　)、音が小さいときは、物のふるえ方は(⑦　大きい　・　小さい　)。

2 音がつたわるとき、音をつたえる物は、ふるえているのだろうか。

教科書 113〜114ページ

▶音がつたわるとき、音をつたえる物がふるえているか調べる。
- トライアングルと紙コップを糸でつなぎ、糸をしっかりとはってトライアングルをたたくと、紙コップから音が(①　聞こえた　・　聞こえなかった　)。糸を指《ゆび》でつまむと、音は(②　聞こえたままだった　・　聞こえなくなった　)。

- トライアングルの音が出ているときに、糸にふれると、糸は(③　　　　　　)いた。

▶音がつたわるとき、音をつたえる物は、(④　　　　　　)いる。

ここが、だいじ!
①音が出ているとき、物《もの》はふるえている。
②音が大きいときは、物のふるえ方は大きく、音が小さいときは、物のふるえ方は小さい。
③音がつたわるとき、音をつたえる物は、ふるえている。

ぴたトリビア　ふだんは空気が音(声)をつたえますが、うちゅうでは空気がないので音がつたわりません。

ぴったり2 練習

8. 音のせいしつ

①音が出るとき

②音のつたわり

学習日　　月　　日

教科書 109〜114ページ　答え 29ページ

1 トライアングルにふせんをはって、音が出ている物《もの》のようすを調《しら》べました。

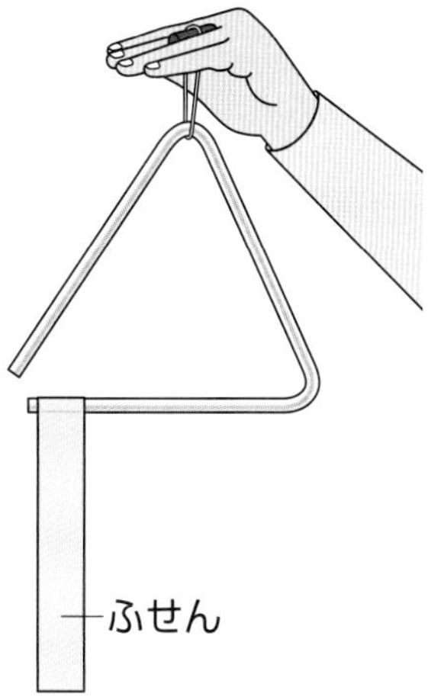
ふせん

(1) トライアングルをたたいて、音を出すと、ふせんはどうなりますか。正しいほうに○をつけましょう。

ア（　　）ふるえる。

イ（　　）止まったまま。

(2) 音が出ているときに、トライアングルを手でにぎり音を止めると、ふせんのふるえ方はどうなりますか。

（　　　　　　）

2 トライアングルにふせんをはって、音の大きさをかえてみたら、表《ひょう》のようになりました。①、②にあてはまるものを、それぞれア〜ウからえらびましょう。

ア　ふせんが大きくふるえていた。

イ　ふせんが小さくふるえていた。

ウ　ふせんは止まったままだった。

音の大きさ	ふせんのようす
大きいとき	（①　　　）
小さいとき	（②　　　）

3 トライアングルと紙コップを糸でむすんで、紙コップに耳を当ててみました。

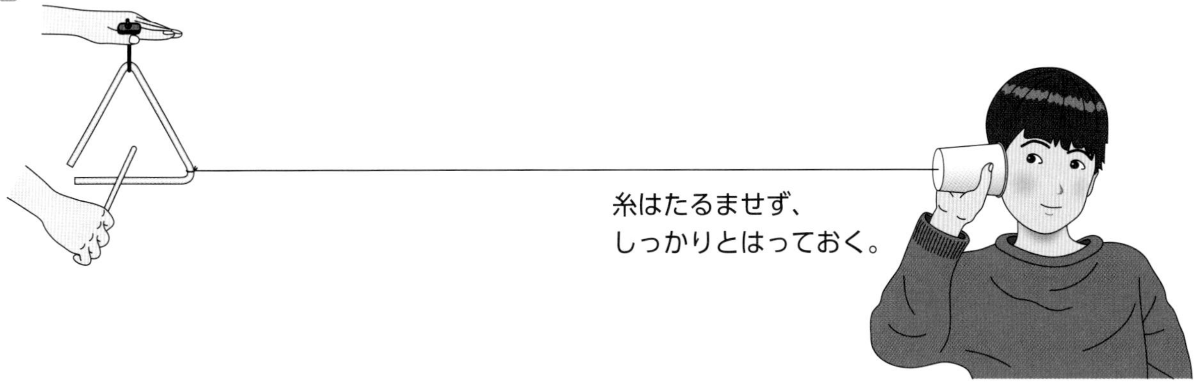
糸はたるませず、
しっかりとはっておく。

(1) トライアングルをそっとたたくと、紙コップからは音が聞こえますか。

（　　　　　　）

(2) (1)のあと、糸を指《ゆび》でつまむと、音はどうなりますか。

（　　　　　　）

(3) トライアングルの音が出ているときに、糸にふれると、糸はどうなっていますか。

（　　　　　　）

ヒント ❸ 音をつたえる物がふるえていないとき、音はつたわりません。

8. 音のせいしつ

時間 30分
/100
合格 70点

教科書 108〜117ページ　答え 30ページ

よく出る

1 トライアングルにふせんをはって、音が出ている物《もの》のようすを調《しら》べました。

1つ8点、(1)は全部《ぜんぶ》できて8点(24点)

(1) トライアングルをたたいて、音を出すと、トライアングルとふせんはどうなりますか。正しいもの２つに○をつけましょう。

ア(　　)トライアングルがふるえる。
イ(　　)トライアングルは止まったまま。
ウ(　　)ふせんがふるえる。
エ(　　)ふせんは止まったまま。

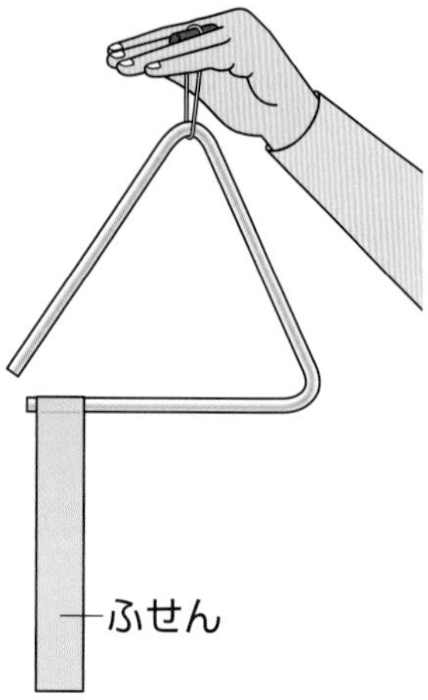
ふせん

(2) トライアングルにふせんをはったのは、なぜですか。(　　)にあてはまる言葉《ことば》を、下の[　　]からえらびましょう。

> 音を出したとき、トライアングルが(①　　　　　　)いるかどうか、(②　　　　　　)やすくするため。

[止まって　ふるえて　見　聞き]

2 わゴムギターを使《つか》って、小さい音と大きい音を出したら、わゴムのようすはア、イのように、ちがいがありました。

1つ7点(28点)

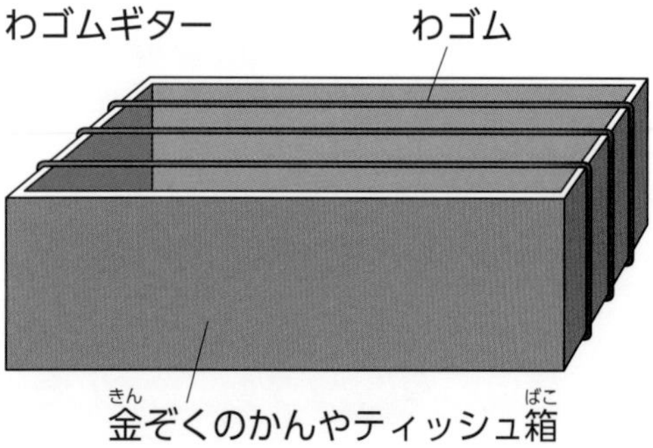
わゴムギター
わゴム
金《きん》ぞくのかんやティッシュ箱《ばこ》

ア

イ
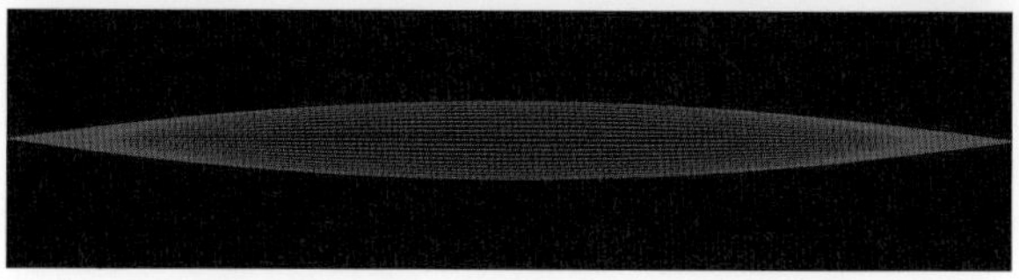

(1) 小さい音と大きい音を出したときのようすを、ア、イからえらびましょう。
①小さい音を出したとき(　　　)　②大きい音を出したとき(　　　)

(2) 音の大きさと、物のふるえ方について、(　　)にあてはまる言葉をかきましょう。

> 音が小さいときは、物のふるえ方は(①　　　　　　)、音が大きいときは、物のふるえ方は(②　　　　　　)。

3 紙コップで糸電話をつくって、はなれた場所《ばしょ》で、１人が声を出して、もう１人が声を聞きました。

1つ7点(28点)

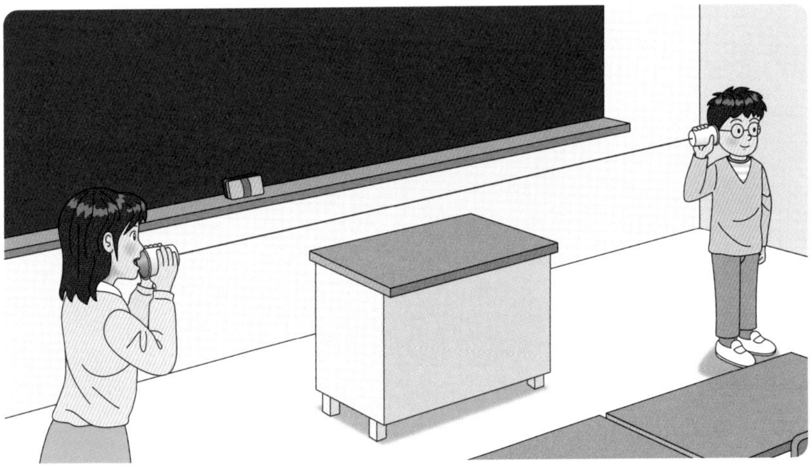

(1) 声を出しているとき、糸はどうなっていますか。正しいほうに○をつけましょう。

ア(　　)ふるえている。

イ(　　)止まったまま。

(2) 糸を指《ゆび》でつまむと、どうなりますか。正しいほうに○をつけましょう。

ア(　　)声が聞こえる。

イ(　　)声が聞こえなくなる。

(3) (2)の理由《りゆう》について、(　　)にあてはまる言葉をかきましょう。

糸を指でつまむと、音を(①　　　　　　)ている糸の(②　　　　　　)が止まるから。

できたらスゴイ！

4 音のせいしつについて、調べる方ほうを考えました。

(1)、(2)それぞれ全部できて10点(20点)

(1) 音が出ているとき、物がふるえているかを調べる方ほうとして、正しいもの２つに○をつけましょう。

ア(　　)たいこをたたいて、音が出ているときに、たいこに指先で軽《かる》くふれる。

イ(　　)シンバルを手でつかんだまま、たたいてみる。

ウ(　　)トライアングルにふせんをはり、たたいて音を出して、ふせんのようすを見る。

(2) 音の大きさと物のふるえ方について調べる方ほうとして、正しいもの２つに○をつけましょう。

ア(　　)シンバルをたたいて、大きい音と小さい音を出し、シンバルに指先で軽くふれて、シンバルのふるえ方をくらべる。

イ(　　)トライアングルにふせんをはり、たたいて大きい音と小さい音を出し、ふせんのふるえ方をくらべる。

ウ(　　)２つの大だいこをいっしょにたたいて、小さい音を出し、指先で軽くふれて、２つの大だいこのふるえ方をくらべる。

ふりかえり
❶の問題がわからなかったときは、56ページの❶にもどってたしかめましょう。
❹の問題がわからなかったときは、56ページの❶にもどってたしかめましょう。

ぴったり1 じゅんび
3分でまとめ

9. 物《もの》の重《おも》さ

①物の形と重さ
②物による重さのちがい

学習日　　月　　日

めあて
形をかえたときの物の重さや、体積が同じ物の重さをかくにんしよう。

教科書 119〜126ページ　答え 31ページ

次《つぎ》の(　)にあてはまる言葉《ことば》をかくか、あてはまるものを○でかこもう。

1 物は、形をかえると、重さがかわるのだろうか。

教科書 119〜122ページ

▶ねん土《ど》やアルミニウムはくの形をかえて、重さがかわるか調《しら》べる。

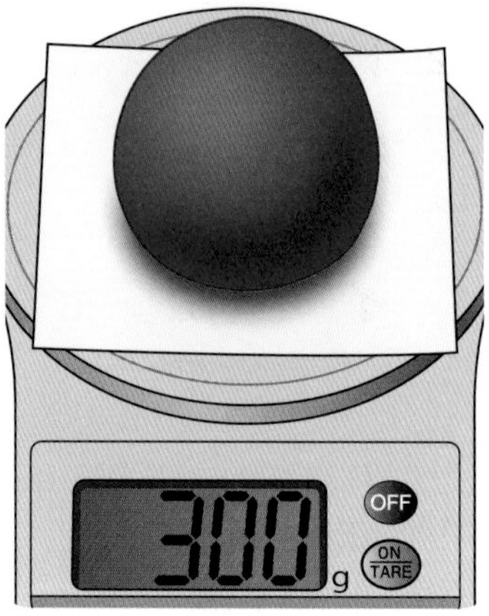

300 g
OFF
ON TARE

- 重さのたんいには「グラム」や「キログラム」などがあり、それぞれ(①　　　　)、(②　　　　)とかく。
- 1000 g は(③　　　　)kg である。
- 形をかえる前、平《たい》らにしたとき、細かく分けたとき、まるめたときのねん土の重さを電子《でんし》てんびんではかると、重さは(④　かわる　・　かわらない　)。
- 形をかえる前、細長くしたとき、細かく分けたとき、まるめたときのアルミニウムはくの重さを電子てんびんではかると、重さは(⑤　かわる　・　かわらない　)。

▶物は、形をかえても、重さは(⑥　かわる　・　かわらない　)。

2 体積《たいせき》が同じでも、物によって、重さはちがうのだろうか。

教科書 123〜126ページ

▶しおとさとうの体積を同じにして、重さをくらべる。

- 体積を同じにする方ほう

①調べる物を、山もりになるまで、入れ物に入れる。
②つぶの間のすきまをなくしてから、もういちど、山もりにする。
③山になった部分《ぶぶん》をわりばしなどですり切って、体積を同じにする。

調べる物
大きい紙をしいておく。
入れ物(プリンカップなど)
トントン

- 同じ体積でくらべると、しおとさとうの重さは(①　同じ　・　ちがう　)。

▶体積が同じでも、物によって、重さは(②　同じ　・　ちがう　)。

ここが だいじ!
①物《もの》は、形をかえても、重《おも》さはかわらない。
②体積《たいせき》が同じでも、物によって、重さはちがう。

ぴたトリビア
体重計《たいじゅうけい》にのるとき、立ったりすわったり、のり方をかえたりしても、体重計がしめすあたいはかわりません。

9. 物《もの》の重《おも》さ

①物の形と重さ
②物による重さのちがい

教科書　119〜126ページ　答え　31ページ

1 物の重さについて、調《しら》べました。

(1) 物の重さをはかる、右のはかりを何といいますか。

（　　　　　　　）

(2) ねん土《ど》の形を、下のようにかえて、重さをはかりました。
正しいほうに○をつけましょう。

ア（　）形がちがうので、重さはちがう。
イ（　）形をかえても、重さはかわらない。

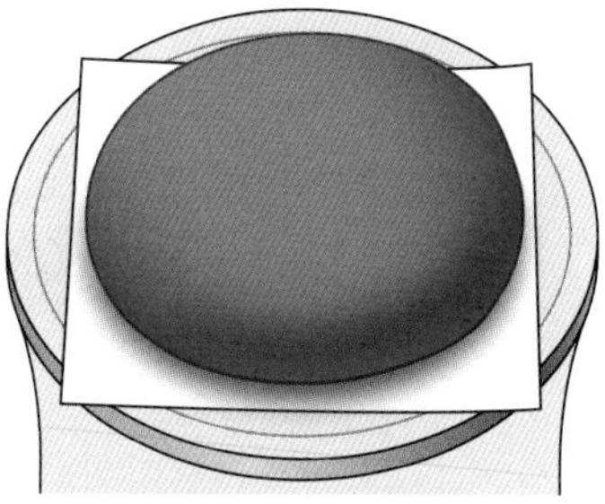
平《たい》らにする。

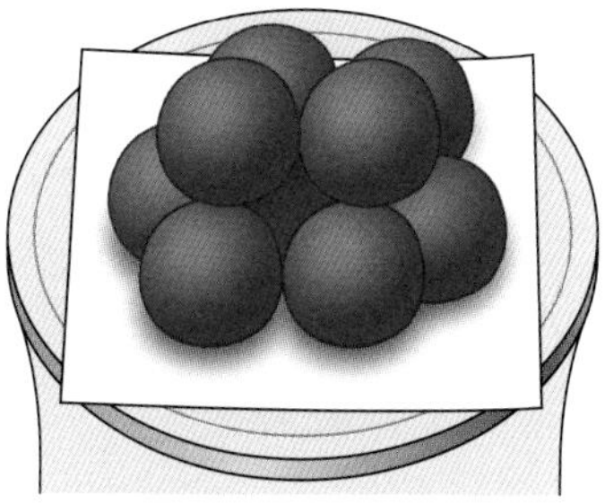
細かく分ける。

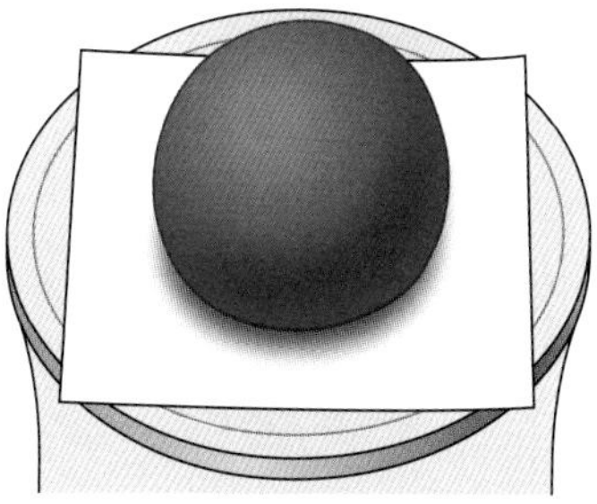
まるめる。

(3) 重さのたんいについて、（　）にあてはまる数字をかきましょう。

1 kg＝（　　　　）g

2 しおとさとうの体積《たいせき》を同じにして、重さをくらべました。

(1) しおとさとうをすり切る前に、山もりにした物を、右のようにするのはなぜですか。正しいものに○をつけましょう。

ア（　）表面《ひょうめん》を平らにするため。
イ（　）つぶの大きさをそろえるため。
ウ（　）つぶの間のすきまをなくすため。

(2) 正かくな重さのくらべ方で、まちがっているものに○をつけましょう。

ア（　）しおとさとうが、まざらないようにしてくらべる。
イ（　）しおとさとうを、手で持《も》ったときに感《かん》じた重さでくらべる。
ウ（　）しおとさとうを、こぼさないようにしてくらべる。

(3) しおとさとうの重さをはかったら、しおは 140 g、さとうは 89 g でした。このことからわかることに○をつけましょう。

ア（　）体積が同じなら、物の重さも同じになる。
イ（　）体積が同じでも、物によって、重さはちがう。

9. 物《もの》の重《おも》さ

時間 30 分

／100

合格 70 点

教科書 118〜129ページ　答え 32ページ

よく出る

1 ねん土《ど》を使《つか》って、物の重さを調《しら》べました。

1つ10点(30点)

(1) ねん土の形を ①〜③ のようにかえて、重さをはかりました。正しいほうに○をつけましょう。

ア(　　)重さはどれも同じだった。

イ(　　)重さはどれもちがっていた。

①　②　③

(2) ねん土の形をかえずに、おき方をかえて、重さをはかりました。正しいものに○をつけましょう。

ア(　　)たてにおいたときのほうが重い。

イ(　　)横《よこ》においたときのほうが重い。

ウ(　　)どちらも重さは同じ。

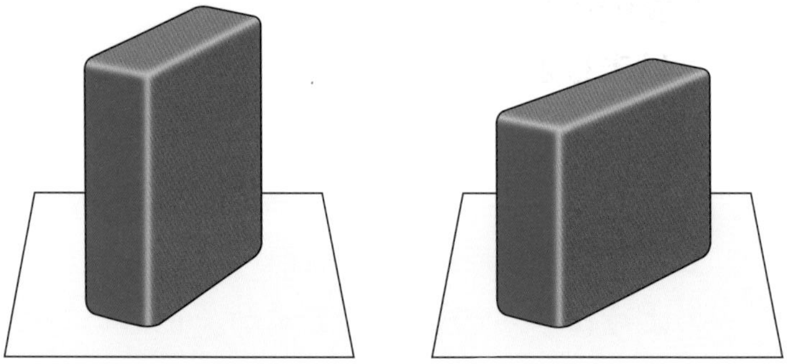

たてにおく。　横におく。

(3) 物の重さは、形やおき方をかえると、かわりますか、かわりませんか。

(　　　　　　)

2 30 g のアルミニウムはくが 2 まいあります。平《たい》らにしたものを ①、いくつかにやぶってまとめたものを ② とします。

1つ10点(20点)

(1) ① と ② の重さについて、正しいものに○をつけましょう。

ア(　　) ① のほうが重い。

イ(　　) ② のほうが重い。

ウ(　　) ① と ② の重さはかわらない。

(2) ① を小さくまるめました。重さは何 g になりますか。

(　　　　　　)

3 **同じ体積《たいせき》で、ゴム、木、鉄《てつ》、アルミニウム、プラスチックでできた物があります。**

1つ15点(30点)

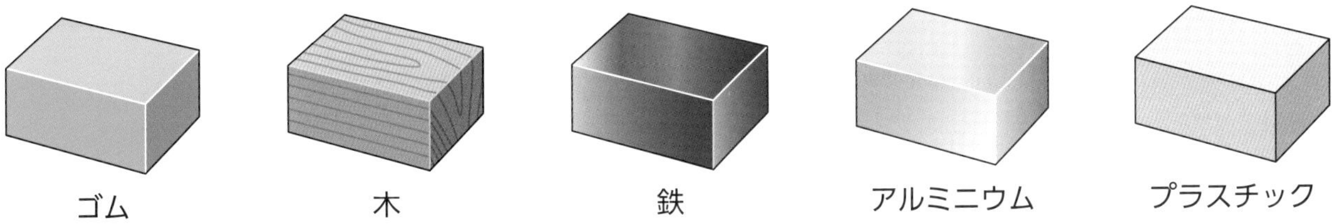

(1) これらの重さをくらべました。正しいほうに○をつけましょう。

ア(　　)体積が同じなので、重さは同じ。

イ(　　)体積は同じだが、ちがう物なので、重さはちがう。

(2) 電子《でんし》てんびんで重さをはかると、ゴムでできた物は480g、プラスチックでできた物は510gでした。手で持《も》ってくらべたら、ゴムでできた物のほうが重く感《かん》じました。2つの物の重さについて、正しいほうに○をつけましょう。

ア(　　)手で持ってくらべてよい。

イ(　　)電子てんびんではからないと、正しくくらべることはできない。

できたらスゴイ！

4 **物の形や体積と重さについて、正しいものには○を、正しくないものには×をつけましょう。**

思考・表現　1つ5点(20点)

|つ10gのブロックが3つ集《あつ》まったら、30gになるよね。

①(　　)

アルミニウムはくをまるめると、まるめる前より軽《かる》くなるね。

②(　　)

2つの金ぞくのブロックがあるよ。体積は同じなので、重さが同じなら、同じしゅるいの金ぞくだとわかるね。

③(　　)

わたより鉄のほうが重く見えるから、5gの鉄のおもりと、5gのわたでは、鉄のほうが重いよね。

④(　　)

この本の終わりにある「冬のチャレンジテスト」をやってみよう！

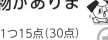

ぴったり1 じゅんび

3分でまとめ

学習日　　月　　日

10. 電気の通り道

①明かりがつくつなぎ方

めあて

明かりがつく豆電球とかん電池のつなぎ方をかくにんしよう。

教科書 131～135ページ　答え 33ページ

次《つぎ》の(　)にあてはまる言葉《ことば》をかくか、あてはまるものを○でかこもう。

1 豆電球《まめでんきゅう》とかん電池をどのようにつなぐと明かりがつくのだろうか。

教科書 131～135ページ

▶明かりをつけるために、下の道具《どうぐ》を使《つか》う。

(①　　　　)

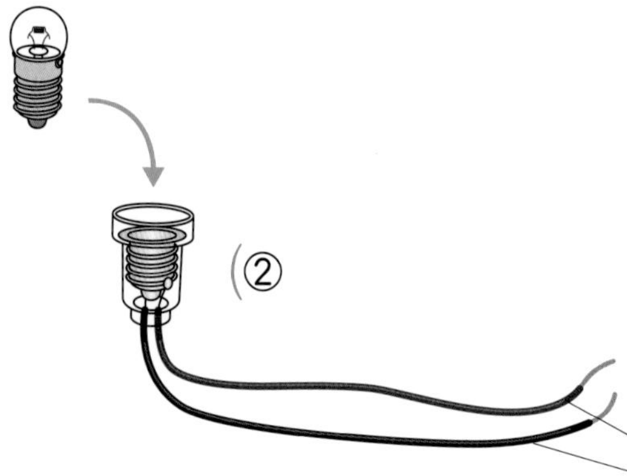

(②　　　　)

(③　　　　)

(④　　　　)

(⑤　　　　)極《きょく》

(⑥　　　　)極

▶(⑦　　　　)の＋《プラス》極、豆電球、(⑦)の－《マイナス》極が、１つのわのように、(⑧　　　　)でつながっているとき、(⑨　　　　)が通って、豆電球に明かりがつく。

▶電気の通り道のことを(⑩　　　　)という。

▶(⑩)が１か所《しょ》でも切れていると、明かりは(⑪　つく　・　つかない　)。

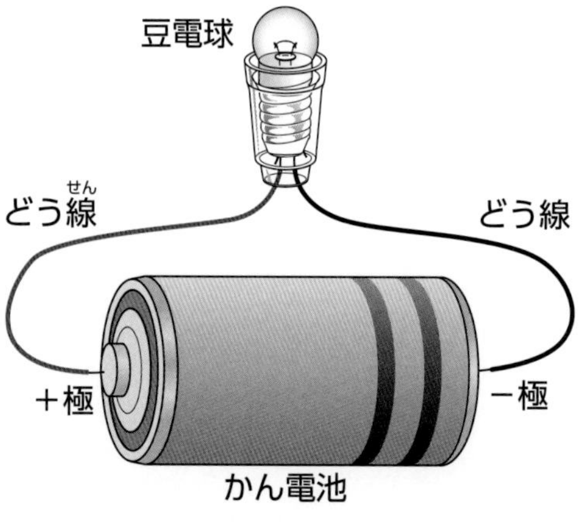

ここが だいじ!

①電気の通り道のことを回路《かいろ》という。

②回路が１か所《しょ》でも切れていると、明かりはつかない。

ぴたトリビア

豆電球《まめでんきゅう》とかん電池をつないだ回路《かいろ》は、どう線が長くなっても電気の通り道ができているので明かりがつきます。

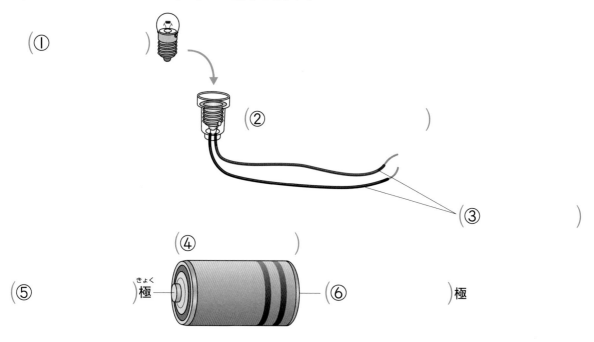

10. 電気の通り道

①明かりがつくつなぎ方

教科書 131～135ページ　答え 33ページ

1 明かりをつけるじっけんをしました。

(1) 図の ①～⑥ の名前をかきましょう。

①(　　　　　)
②(　　　　　　　　　　　　)
③(　　　　　)　④(　　　　　)
⑤(　　　　　)　⑥(　　　　　)

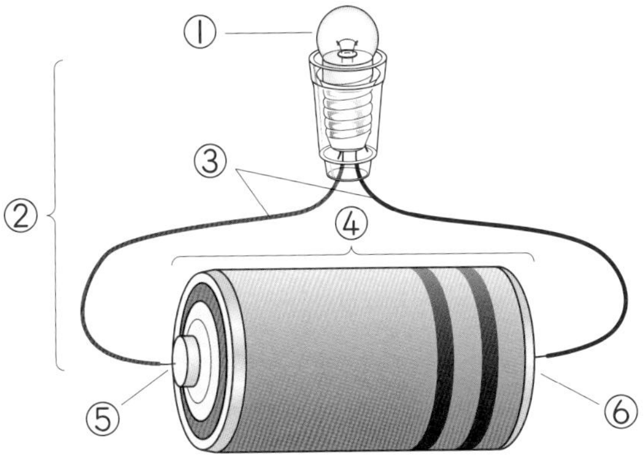

(2) ① に明かりがつくのは、どんなときですか。正しいほうに○をつけましょう。

ア(　　) ⑤ → ④ → ⑥ のじゅんに、１つのわのように、どう線でつながっているとき。

イ(　　) ⑤ → ① → ⑥ のじゅんに、１つのわのように、どう線でつながっているとき。

(3) 次《つぎ》の文の(　　)にあてはまる言葉《ことば》をかきましょう。

① に明かりがつくとき、(⑦　　　　　　　)が通っている。(⑦)の通り道のことを(⑧　　　　　　)という。
(⑧)が１か所《しょ》でも(⑨　　　　　　　)いると、明かりはつかない。

2 いろいろなつなぎ方で、豆電球《まめでんきゅう》とかん電池をつないで明かりがつくか調《しら》べました。

(1) 明かりがつくつなぎ方には○、明かりがつかないつなぎ方には×を(　　)にかきましょう。

①(　　)　②(　　)　③(　　)　④(　　)　⑤(　　)

(2) 次の文の(　　)にあてはまる言葉をかきましょう。

明かりがつかないときは、(　　　　　　)が切れている。

ヒント
2 (1) かん電池の＋極《プラスきょく》→豆電球→かん電池の－《マイナス》極のじゅんに指《ゆび》でなぞって、１つのわのようになっていれば、明かりがつきます。

10. 電気の通り道

②電気を通す物《もの》と通さない物

学習日　　月　　日

めあて
どんな物が、電気を通すのかをかくにんしよう。

教科書 136～138ページ　答え 34ページ

次《つぎ》の(　　)にあてはまる言葉《ことば》をかくか、あてはまるものを○でかこもう。

1 どんな物が、電気を通すのだろうか。

教科書 136～138ページ

▶電気を通す物に○、通さない物に×をつけると、次《つぎ》のようになる。

(①　　) アルミニウムはく

(②　　) 紙

(③　　) ガラスのコップ

(④　　) 紙のコップ

(⑤　　) プラスチックのじょうぎ

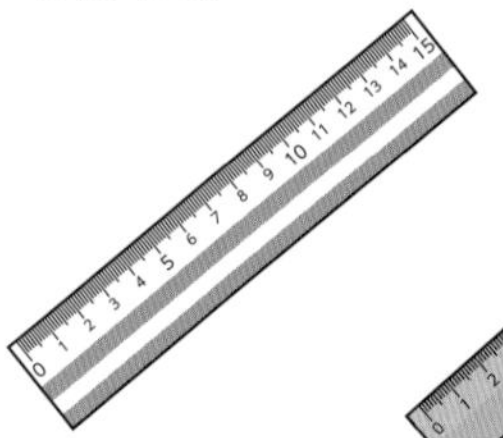

(⑥　　) 木のじょうぎ

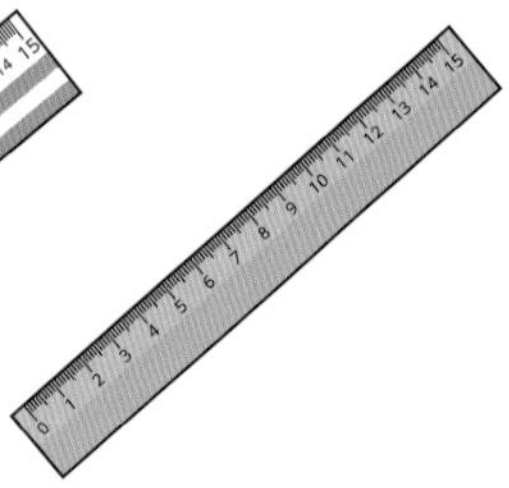

(⑦　　) 切るところ(鉄《てつ》)

(⑧　　) 持《も》つところ(プラスチック)

はさみ

(⑨　　) 1円玉(アルミニウム)

(⑩　　) 10円玉(どう)

(⑪　　) 鉄のかん(色がぬってある部分《ぶぶん》)

(⑫　　) アルミニウムのかん(色がぬってある部分)

(⑬　　) 表面《ひょうめん》をけずった鉄のかん

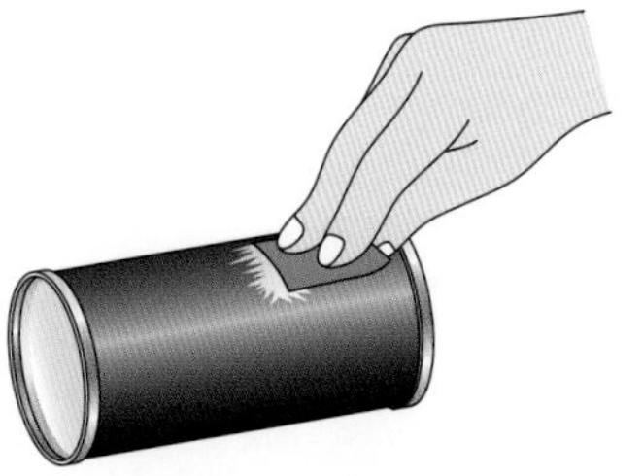

(⑭　　) 鉄のゼムクリップ

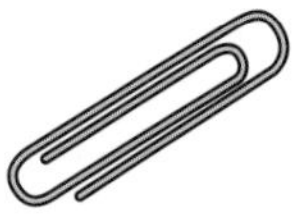

▶鉄、アルミニウム、どうなどは、電気を(⑮　通す　・　通さない　)。

▶紙、ガラス、プラスチック、木などは、電気を(⑯　通す　・　通さない　)。

▶鉄、アルミニウム、どうなどを、(⑰　　　　　)といい、(⑰)には、電気を通すせいしつがある。

ここがだいじ!
①鉄《てつ》、アルミニウム、どうなどの金ぞくは、電気を通すせいしつがある。
②紙、ガラス、プラスチック、木などは、電気を通さない。

ぴたトリビア　電気を通しやすい金ぞくのベスト3は銀《ぎん》、どう、金です。

10. 電気の通り道

②電気を通す物《もの》と通さない物

教科書 136～138ページ　答え 34ページ

1 どんな物が電気を通すか、右の道具《どうぐ》で調《しら》べました。

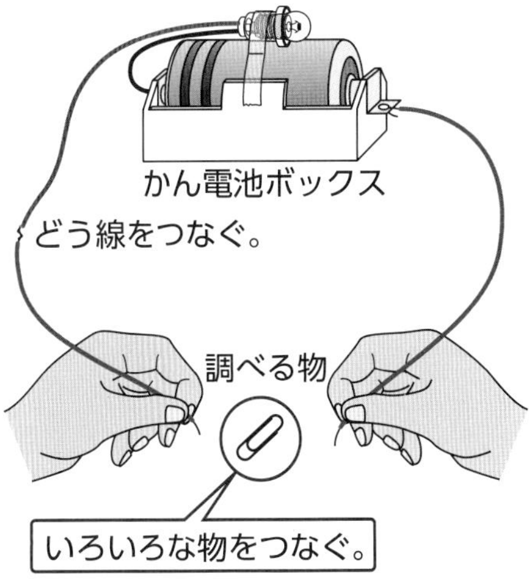
かん電池ボックス
どう線をつなぐ。
調べる物
いろいろな物をつなぐ。

(1) 電気を通す物に○、電気を通さない物に×をつけましょう。

①(　　)鉄《てつ》のゼムクリップ
②(　　)はさみの切るところ(鉄)
③(　　)はさみの持《も》つところ(プラスチック)
④(　　)アルミニウムはく
⑤(　　)紙
⑥(　　)1円玉(アルミニウム)
⑦(　　)10円玉(どう)
⑧(　　)鉄のかん(色がぬってある部分《ぶぶん》)
⑨(　　)アルミニウムのかん(色がぬってある部分)
⑩(　　)プラスチックのじょうぎ　⑪(　　)木のじょうぎ
⑫(　　)紙のコップ　⑬(　　)ガラスのコップ

(2) 金ぞくに○、金ぞくでない物に×をつけましょう。

①(　　)アルミニウム　②(　　)木
③(　　)どう　④(　　)プラスチック
⑤(　　)鉄　⑥(　　)紙
⑦(　　)ガラス

2 かんの表面《ひょうめん》をけずり、豆電球《まめでんきゅう》に明かりがつくかどうかを調べました。

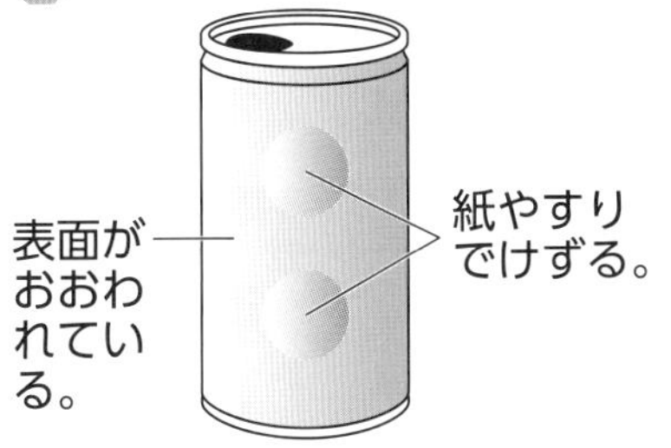
表面がおおわれている。
紙やすりでけずる。

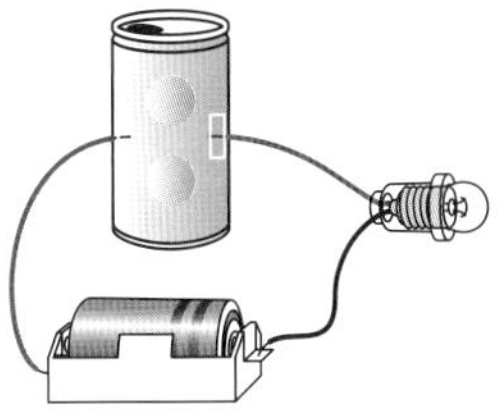

①(　　)

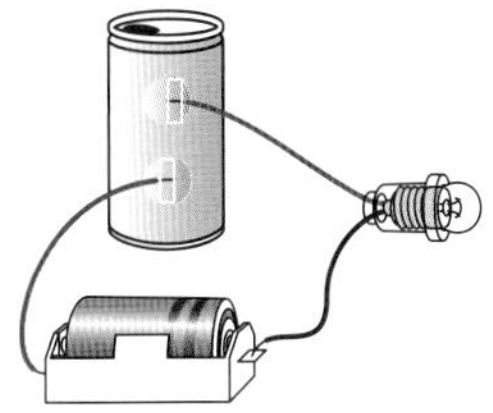

②(　　)

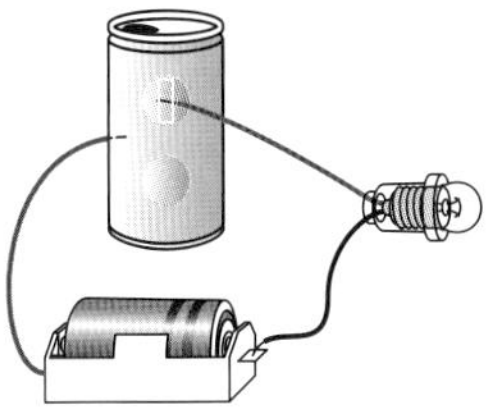

③(　　)

(1) 図の①～③のうち、明かりがつくものに○、つかないものに×をつけましょう。

(2) 次《つぎ》のうち、正しいものに○、まちがっているものに×をつけましょう。

ア(　　)かんの表面をおおっている物は、電気を通さない。
イ(　　)かんの表面を紙やすりでけずったところは、電気を通す。
ウ(　　)かんは電気を通すので、表面をおおわれていても、電気を通す。

ヒント ❷ (2) かんの表面は、金ぞくでない物でおおわれています。

10. 電気の通り道

時間 30 分

／100

合格 70 点

教科書 130〜141ページ　答え 35ページ

よく出る

1 **かん電池と豆電球《まめでんきゅう》を使《つか》って、明かりをつけます。**　1つ5点(30点)

(1) 図のかん電池の両《りょう》はしのあといをそれぞれ何といいますか。

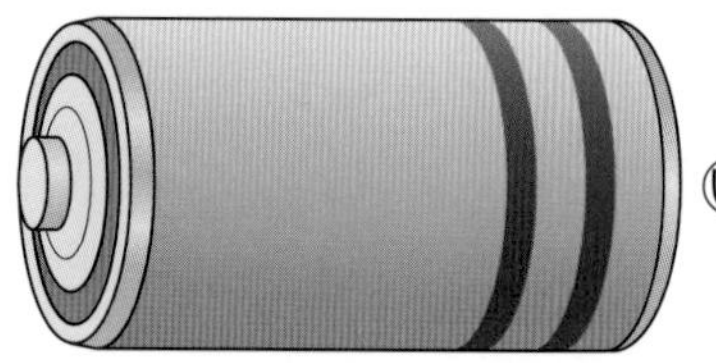

あ(　　　　　　　　　)

い(　　　　　　　　　)

(2) 電気の通り道を何といいますか。

(　　　　　　　　　)

(3) 明かりがつくつなぎ方に○、つかないつなぎ方に×をつけましょう。

①(　　)

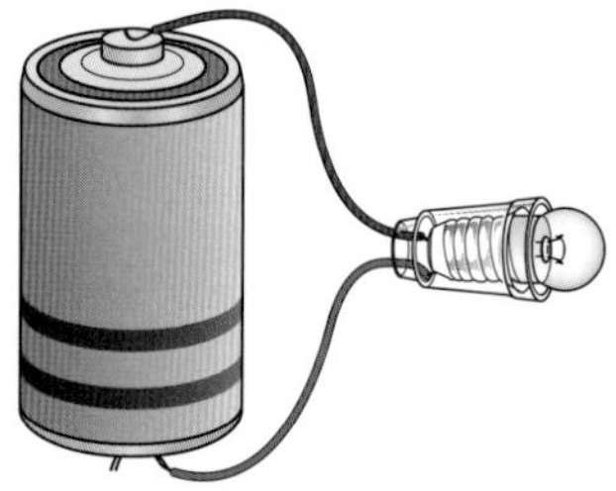

②(　　)

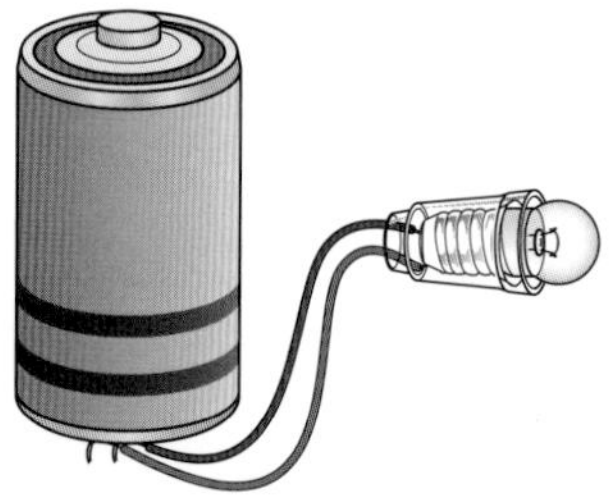

③(　　)

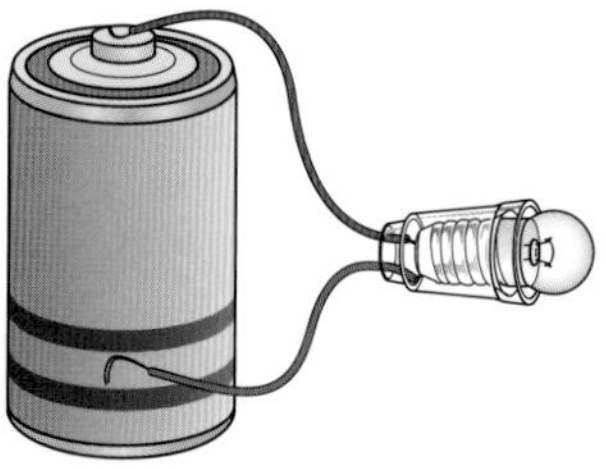

2 **豆電球とかん電池をつなごうとしたら、どう線が短《みじか》くて、つながりませんでした。そこで、2本のどう線をつないで、長くすることにしました。**　1つ10点(20点)

(1) どう線をつなげて長くして、右のように豆電球とかん電池をつなぎました。明かりはつきますか、つきませんか。

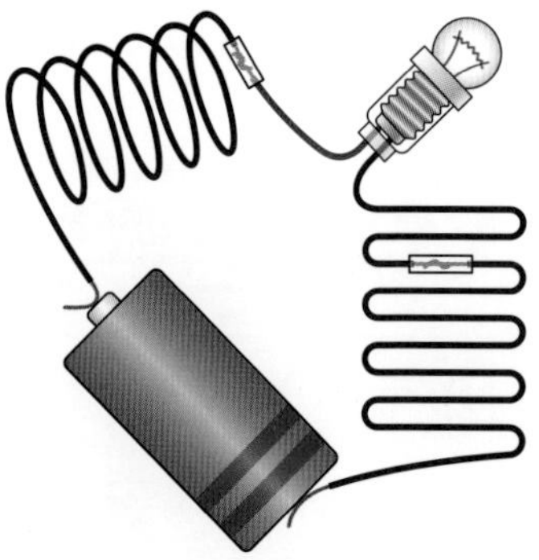

(　　　　　　　　　)

(2) (1)の理由《りゆう》として、正しいほうに○をつけましょう。

ア(　　)どう線を長くすると、電気の通り道が切れるから。

イ(　　)どう線を長くしても、電気の通り道は切れていないから。

学習日　　月　　日

3 電気を通す物《もの》と、通さない物を調《しら》べます。

1つ5点(30点)

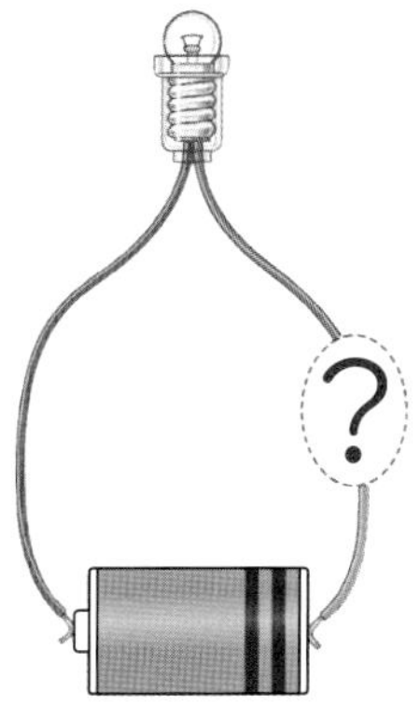

(1) 電気を通す物を、右の？にはさむと、豆電球に明かりはつきますか、つきませんか。

(　　　　)

(2) 右の？に ①～④ をはさんだとき、豆電球に明かりがつく物に○を、つかない物に×をつけましょう。

①(　　)　②(　　)　③(　　)　④(　　)

アルミニウムはく

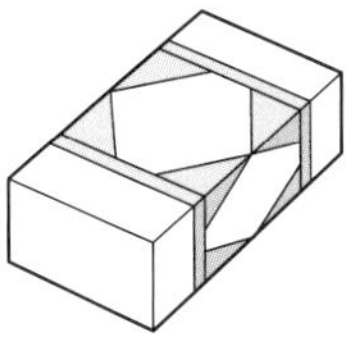

消《け》しゴム

鉄《てつ》のくぎ

ガラスのコップ

(3) 豆電球に明かりがついたとき、はさんだ物は何でできていますか。

(　　　　　　)

できたらスゴイ!

4 いろいろな物が、電気を通すか調べました。

思考・表現　1つ10点(20点)

(1) 下の ① は豆電球に明かりがつきませんでしたが、② は明かりがつきました。その理由について、下の文の(　　)にあてはまる言葉《ことば》をかきましょう。

①

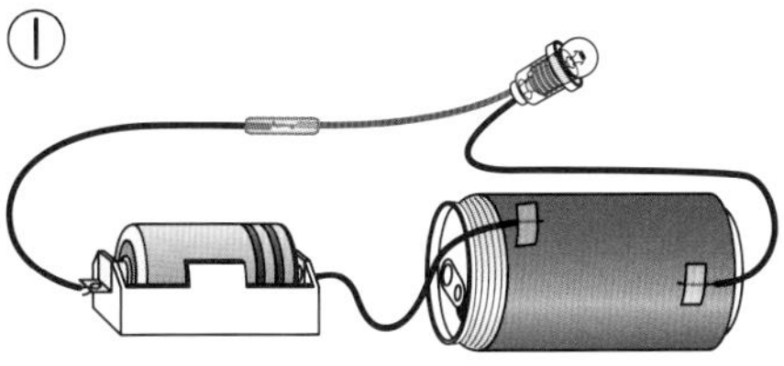

②

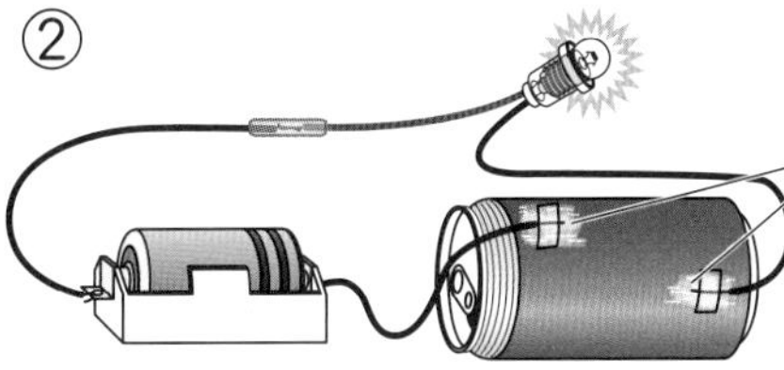

鉄のかんの表面が、(　　　　　　　　　　)物でおおわれているから。

(2) 下の ①、② は、豆電球に明かりがつきますか。正しいものに○をつけましょう。

①

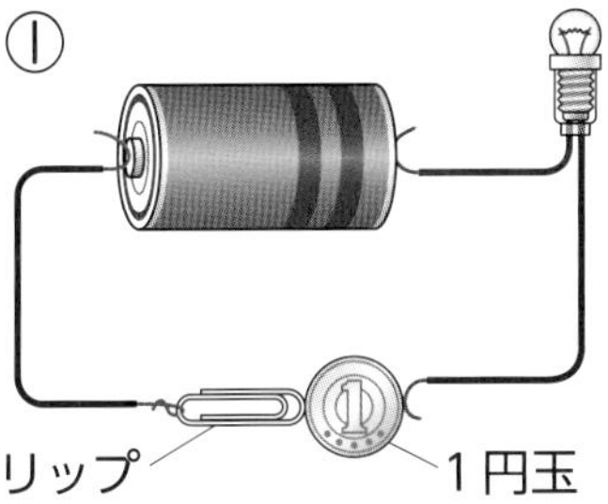

②

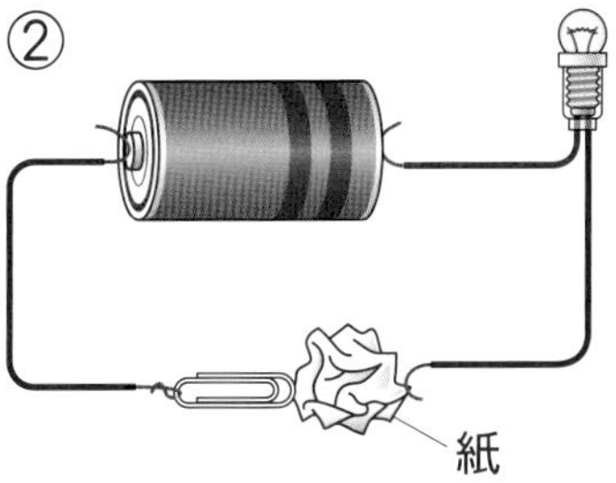

ア(　　)どちらも明かりがつく。　**イ**(　　)どちらも明かりがつかない。

ウ(　　) ① は明かりがつくが、② は明かりがつかない。

エ(　　) ① は明かりがつかないが、② は明かりがつく。

ふりかえり
1 の問題がわからなかったときは、64 ページの 1 にもどってたしかめましょう。
4 の問題がわからなかったときは、66 ページの 1 にもどってたしかめましょう。

11. じしゃくのせいしつ

①じしゃくにつく物《もの》1

学習日　　月　　日

めあて どんな物が、じしゃくにつくのかをかくにんしよう。

教科書 143〜147ページ　答え 36ページ

次《つぎ》の(　　)にあてはまる言葉《ことば》をかくか、あてはまるものを○でかこもう。

1 どんな物が、じしゃくにつくのだろうか。

教科書 143〜147ページ

▶じしゃくにつく物に○、つかない物に×をつけると、次《つぎ》のようになる。

(①　　) アルミニウムはく

(②　　) 紙

(③　　) ガラスのコップ

(④　　) 紙のコップ

(⑤　　) プラスチックのじょうぎ

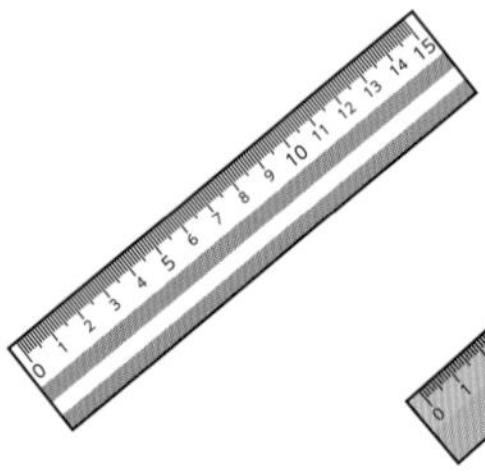

(⑥　　) 木のじょうぎ

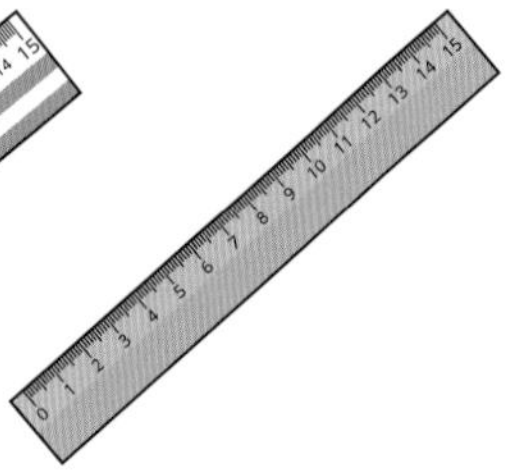

(⑦　　) 切るところ(鉄《てつ》)

(⑧　　) 持《も》つところ(プラスチック)

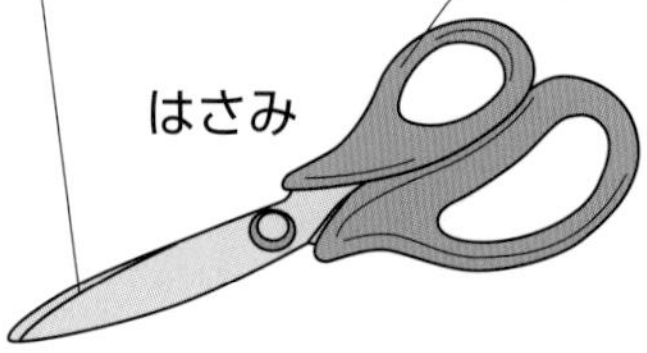

(⑨　　) 1円玉(アルミニウム)

(⑩　　) 10円玉(どう)

(⑪　　) 鉄のかん

(⑫　　) アルミニウムのかん

(⑬　　) 鉄のゼムクリップ

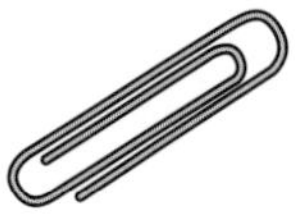

電気を通す物と、じしゃくにつく物を、まちがえないようにしよう。

▶(⑭　　　　　　)は、じしゃくにつく。

▶(⑮　　　　　　)でも、アルミニウムやどうは、じしゃくにつかない。

▶紙、ガラス、プラスチック、木などは、じしゃくに(⑯　つく　・　つかない　)。

ここが だいじ!

①鉄《てつ》は、じしゃくにつく。

②アルミニウムやどう、紙、ガラス、プラスチック、木などは、じしゃくにつかない。

ぴたトリビア ステンレスのはさみはじしゃくにつきますが、これはステンレスに鉄《てつ》がふくまれているからです。

11. じしゃくのせいしつ

①じしゃくにつく物《もの》1

学習日　　月　　日

教科書　143〜147ページ　答え　36ページ

1 じしゃくにつく物を調《しら》べました。

(1) 次《つぎ》のうち、じしゃくにつく物に○、つかない物に×をつけましょう。

①(　　)

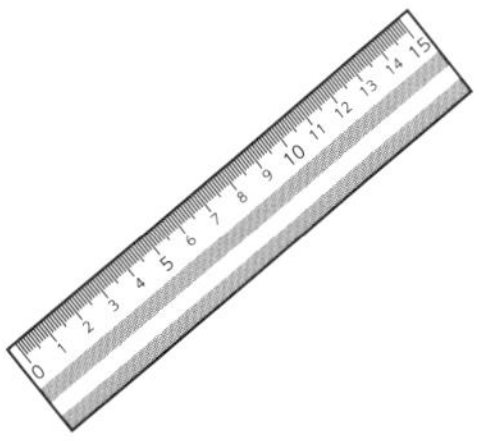

プラスチックのじょうぎ

②(　　)

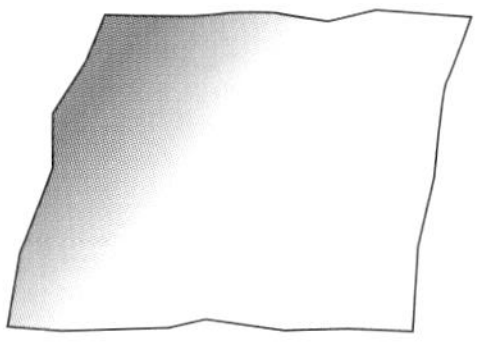

アルミニウムはく

③(　　)

ガラスのコップ

④(　　)

鉄《てつ》のゼムクリップ

⑤(　　)

10円玉(どう)

⑥(　　)

木のじょうぎ

⑦(　　)

鉄のかん

⑧(　　)

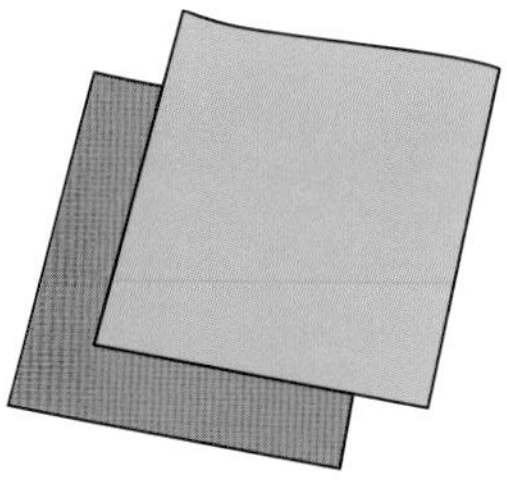

紙

⑨(　　)

アルミニウムのかん

⑩(　　)

1円玉(アルミニウム)

⑪(　　)

紙のコップ

(2) じしゃくにつく物は、何でできていますか。

(　　　　　　　　)

(3) 電気を通す物と、通さない物について、じしゃくにつくか調べました。正しいほうに○をつけましょう。

ア(　　)電気を通す物は、じしゃくにつく。

イ(　　)電気を通す物でも、じしゃくにつかない物がある。

ヒント **1** (3) 金ぞくでも、アルミニウムやどうは、じしゃくにつきません。

ぴったり1
じゅんび

11. じしゃくのせいしつ

①じしゃくにつく物《もの》2

学習日　月　日

めあて
じしゃくは、はなれていても鉄を引きつけることをかくにんしよう。

教科書 148ページ　答え 37ページ

次《つぎ》の（　）にあてはまるものを○でかこもう。

1 じしゃくは、はなれていても、鉄《てつ》を引きつけるのだろうか。　教科書 148ページ

▶ じしゃくが、はなれている鉄を引きつけることを調《しら》べる。

- じしゃくと鉄の間のきょりをかえて調べる。
- じしゃくと鉄の間に物をはさんで調べる。

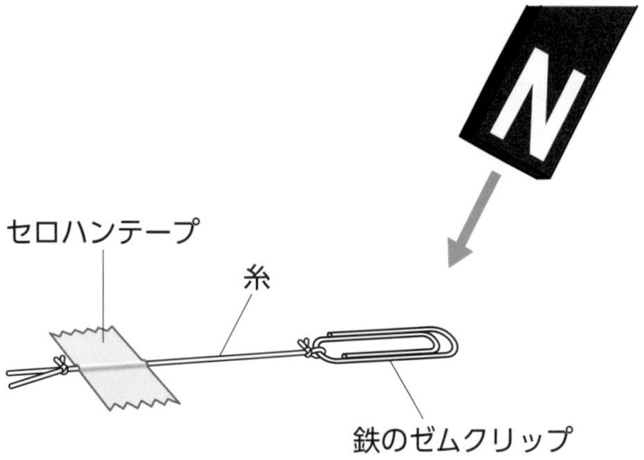

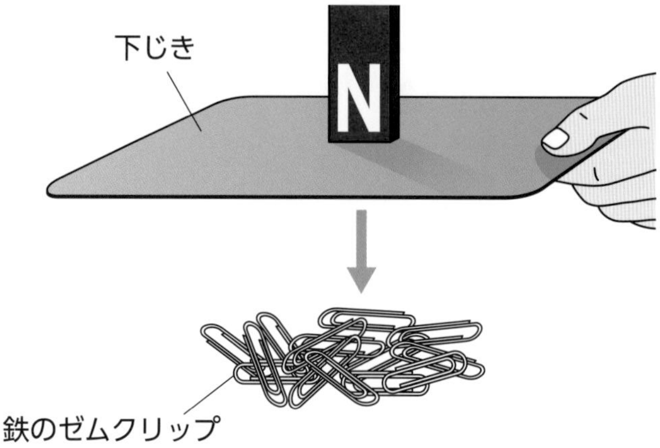

- じしゃくは、鉄にじかにふれていなくても、鉄を（① 引きつける ・ 引きつけない ）。
- じしゃくを鉄のゼムクリップから（② 近づける ・ 遠ざける ）と、ゼムクリップは引きつけられなくなった。
- じしゃくと鉄のゼムクリップの間にはさむ下じきのまい数がふえると、じしゃくがゼムクリップを（③ 引きつける ・ 引きつけない ）ようになった。

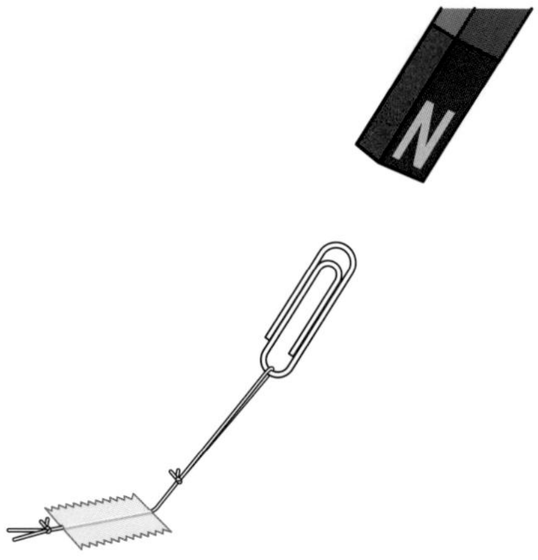

▶ じしゃくと鉄の間に、じしゃくにつかない物があるとき、じしゃくは鉄を（④ 引きつける ・ 引きつけない ）。

▶ じしゃくが鉄を引きつける力は、じしゃくと鉄とのきょりが近いほど（⑤ 強く ・ 弱く ）、遠いほど（⑥ 強く ・ 弱く ）なる。

ここが、だいじ！
①じしゃくは、鉄《てつ》にじかにふれていなくても、鉄を引きつける。
②じしゃくが鉄を引きつける力は、じしゃくと鉄とのきょりが近いほど強く、遠いほど弱くなる。

ぴたトリビア すな場のすなの上にじしゃくをおいたときに、細かい黒いすな（さ鉄《てつ》）がつくことがあります。

11. じしゃくのせいしつ

①じしゃくにつく物《もの》2

教科書 148ページ　答え 37ページ

1 糸をつけたゼムクリップに、ななめ上からゆっくりと、じしゃくを近づけて、どうなるかを調《しら》べました。

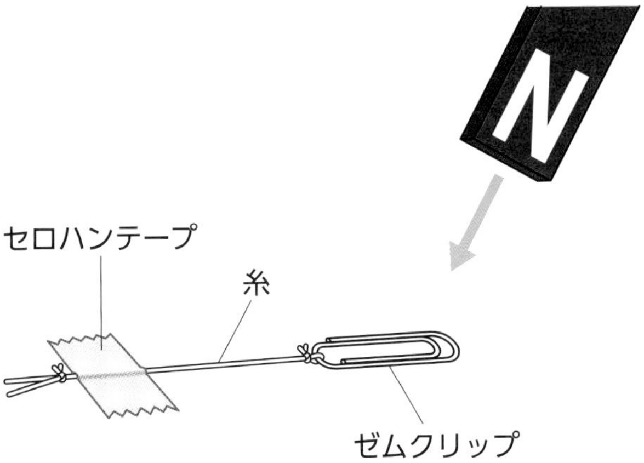

(1) ゼムクリップは、じしゃくにつきました。ゼムクリップは、何でできていますか。

(　　　　　)

(2) ゼムクリップとじしゃくの間をはなしたところから、じしゃくを近づけると、ゼムクリップはどうなりますか。正しいものに○をつけましょう。

ア(　　)じしゃくに引きつけられて持《も》ち上げられる。
イ(　　)じしゃくからはなれるように動《うご》く。
ウ(　　)動かない。

(3) (2)のけっかから、どんなことがいえますか。正しいほうに○をつけましょう。

ア(　　)じしゃくは、はなれていると、鉄《てつ》を引きつけない。
イ(　　)じしゃくは、はなれていても、鉄を引きつける。

2 じしゃくと鉄のゼムクリップの間に下じきをはさみ、ゆっくりとじしゃくを鉄のゼムクリップに近づけて、どうなるかを調べました。

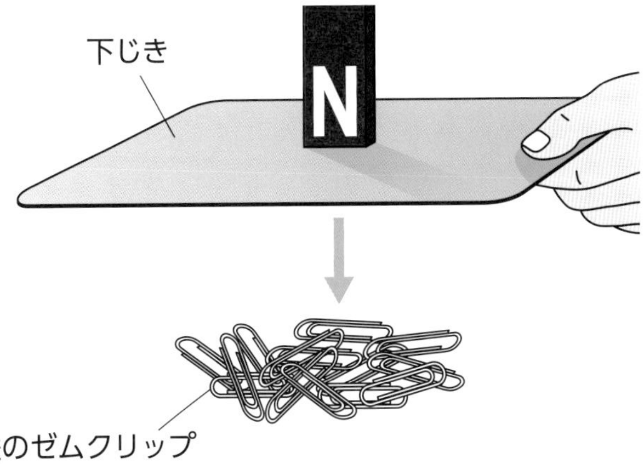

(1) 下じきは、プラスチックでできています。下じきは、じしゃくにつきますか。

(　　　　　)

(2) じしゃくをゼムクリップに近づけていくと、ゼムクリップはどうなりますか。正しいほうに○をつけましょう。

ア(　　)じしゃくに引きつけられて、下じきにくっつく。
イ(　　)動かない。

(3) じしゃくが鉄を引きつける力は、じしゃくと鉄とのきょりでかわりますか、かわりませんか。

(　　　　　)

ヒント ② (2) じしゃくと鉄の間に、じしゃくにつかない物があっても、じしゃくは鉄を引きつけます。

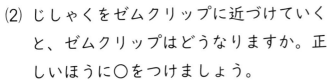

学習日　　月　　日

11. じしゃくのせいしつ

②極《きょく》のせいしつ

めあて
じしゃくの極には、どんなせいしつがあるのかをかくにんしよう。

教科書 149～151ページ　答え 38ページ

次《つぎ》の（　）にあてはまる言葉《ことば》をかくか、あてはまるものを○でかこもう。

1 じしゃくの極には、どんなせいしつがあるのだろうか。

教科書 149～151ページ

▶じしゃくのはしのほうの、鉄《てつ》を強く引きつける部分《ぶぶん》を（①　　　　）という。

▶極には、（②　　　　）と（③　　　　）がある。

（④　　　　）極　　（⑤　　　　）極

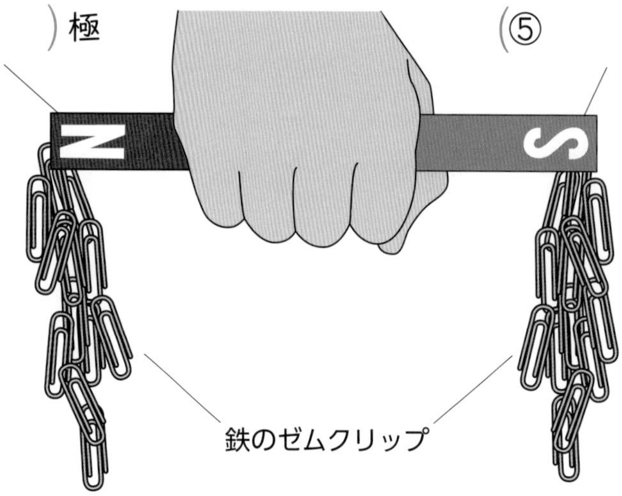

▶じしゃくの極のせいしつを調《しら》べる。

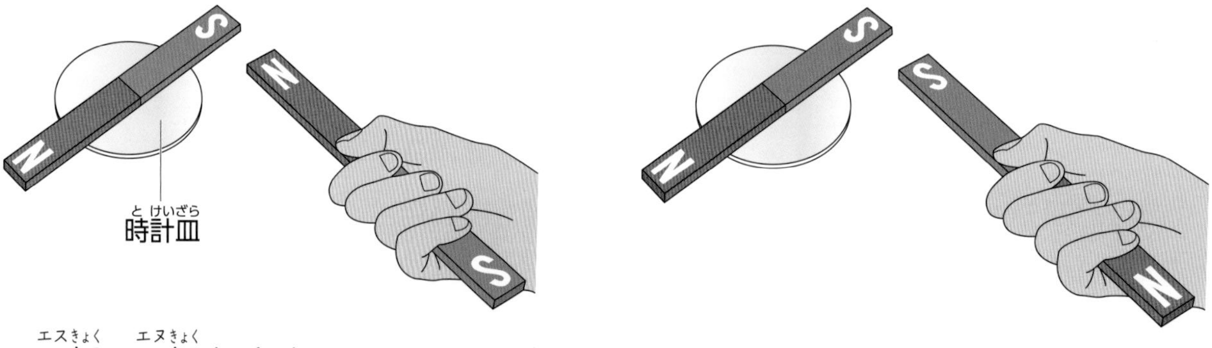

- S極《エスきょく》にN極《エヌきょく》を近づけたときと、N極にS極を近づけたときは、
（⑥　引き合う　・　しりぞけ合う　）。
- S極にS極を近づけたときと、N極にN極を近づけたときは、
（⑦　引き合う　・　しりぞけ合う　）。

▶２つのじしゃくの、ちがう極どうしを近づけると、じしゃくは（⑧　引き合う　・　しりぞけ合う　）。また、２つのじしゃくの、同じ極どうしを近づけると、じしゃくは（⑨　引き合う　・　しりぞけ合う　）。

ここが、だいじ！
①じしゃくのはしのほうの、鉄《てつ》を強く引きつける部分《ぶぶん》を極《きょく》という。
②じしゃくの極には、N極《エヌきょく》とS極《エスきょく》がある。
③じしゃくのちがう極どうしは引き合い、同じ極どうしはしりぞけ合う。

ぴたトリビア　じしゃくを切ると、一方のはしがN極《エヌきょく》に、もう一方のはしがS極《エスきょく》になります。

11. じしゃくのせいしつ

②極《きょく》のせいしつ

学習日　　月　　日

教科書　149〜151ページ　　答え　38ページ

1 鉄《てつ》のゼムクリップをつくえの上に広げ、じしゃくをおいて持《も》ち上げました。

(1) 右の図は、このときのけっかを記ろくしたものです。じしゃくの両《りょう》はしの、ゼムクリップがたくさんついた部《ぶ》分《ぶん》を何といいますか。

（　　　　　　）

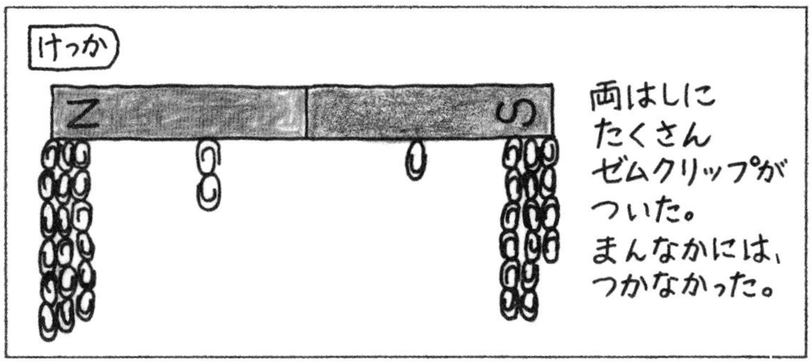
けっか
N
S
両はしにたくさんゼムクリップがついた。
まんなかには、つかなかった。

(2) 図のじしゃくの、「N」とかかれた赤くぬられた方のはしを何といいますか。ひらがなでかきましょう。（　　　　　　）

(3) 図のじしゃくの、「S」とかかれた黒くぬられた方のはしを何といいますか。ひらがなでかきましょう。（　　　　　　）

2 2つのじしゃくを近づけました。引き合うもの2つに○をつけましょう。

ア（　　）

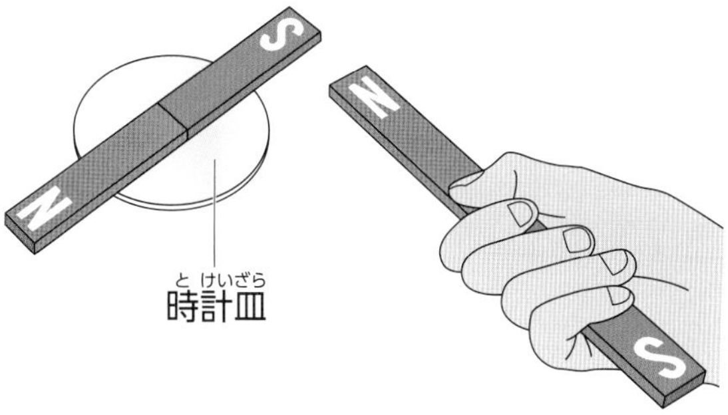
S
N
N
S
時計皿《とけいざら》

イ（　　）

S
N
S
N

ウ（　　）

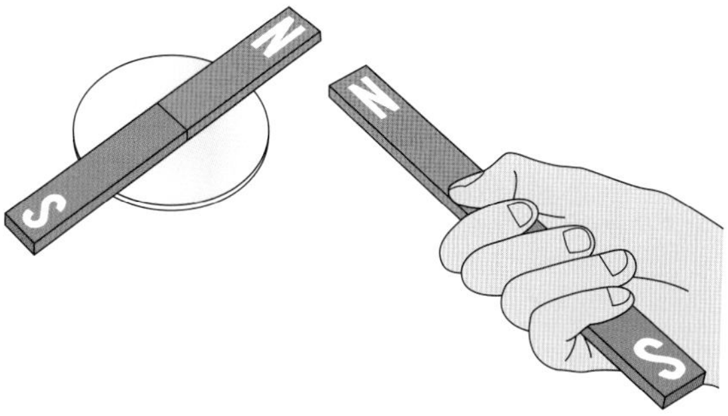
N
S
N
S

エ（　　）

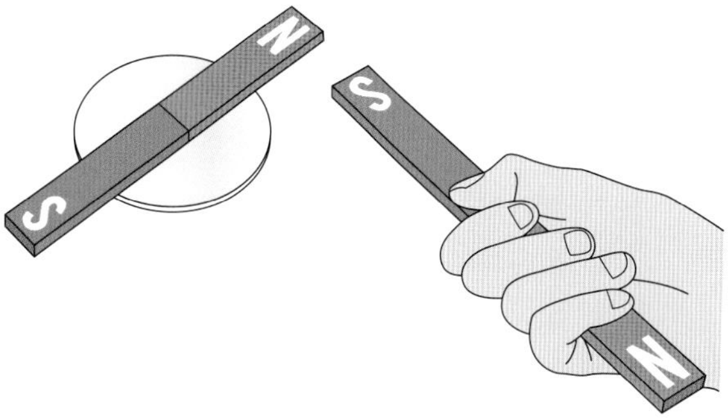
N
S
S
N

学習日　　月　　日

11. じしゃくのせいしつ

③じしゃくにつけた鉄《てつ》

めあて
鉄は、じしゃくにつけるとじしゃくになるのかをかくにんしよう。

教科書 152～154ページ　答え 39ページ

次《つぎ》の(　)にあてはまる言葉《ことば》をかくか、あてはまるものを○でかこもう。

1 鉄は、じしゃくにつけると、じしゃくになるのだろうか。 教科書 152～154ページ

▶右の図のように、強いじしゃくに、２本の鉄のくぎをつないでつけて、それらをじしゃくからはなしてみると、くぎは(①　　　　　)ままで、はなれない。

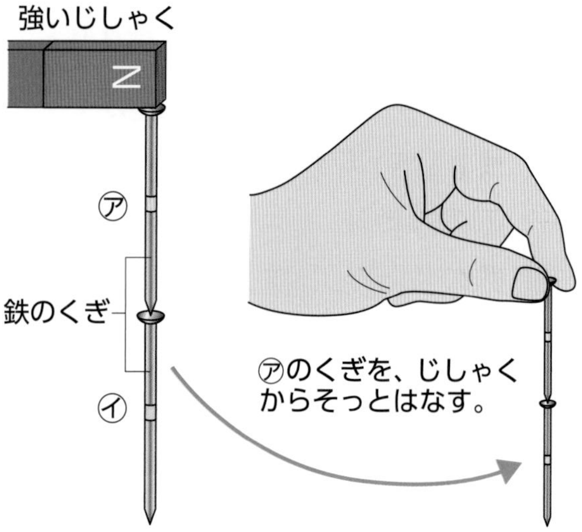
強いじしゃく
N
ア
鉄のくぎ
イ
アのくぎを、じしゃくからそっとはなす。

▶じしゃくにつけた鉄がじしゃくになっているか調《しら》べる。
- アのくぎを、じしゃくからはなす。
- アのくぎを、小さい鉄のくぎに近づけると、くぎを(② 引きつける ・ 引きつけない)。
- アのくぎを、方位《ほうい》じしんに近づけると、近づけるくぎの向《む》きによって、方位じしんのはりのふれる向きは(③ かわる ・ かわらない)。

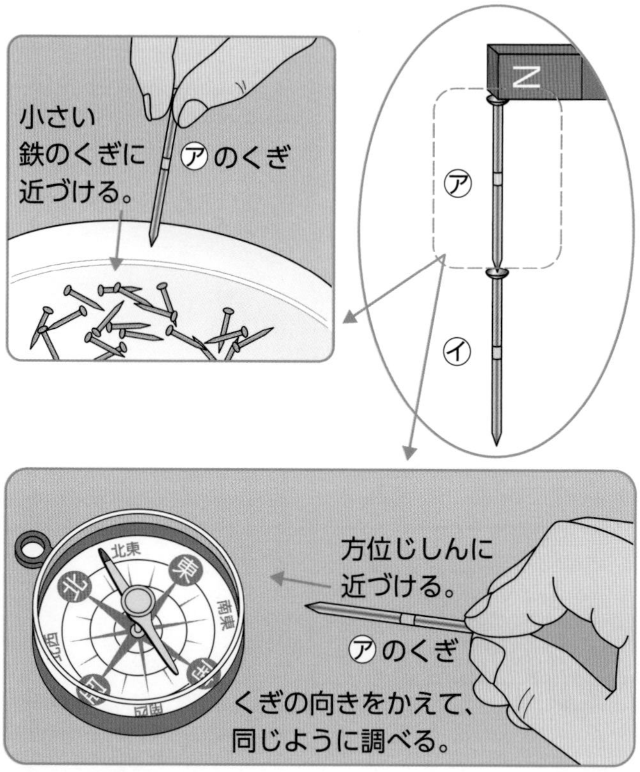
小さい鉄のくぎに近づける。
アのくぎ
N
ア
イ
方位じしんに近づける。
アのくぎ
くぎの向きをかえて、同じように調べる。
北東
北
東
南東

▶じしゃくにつけた鉄は、鉄を(④ 引きつける ・ 引きつけない)。

▶じしゃくにつけた鉄には、(⑤　　　　)極《きょく》と(⑥　　　　)極がある。

▶鉄は、じしゃくにつけると、(⑦　　　　　)になる。

ここが だいじ!
①じしゃくにつけた鉄《てつ》は、鉄を引きつける。
②じしゃくにつけた鉄には、N《エヌ》極《きょく》とS《エス》極《きょく》がある。
③鉄は、じしゃくにつけると、じしゃくになる。

ぴたトリビア　N極《エヌきょく》だけやS極《エスきょく》だけしかないじしゃくは、今のところ見つかっていません。

ぴったり2 練習

11. じしゃくのせいしつ

③じしゃくにつけた鉄《てつ》

学習日　月　日

教科書 152〜154ページ　答え 39ページ

1 図のように、強いじしゃくに、2本の鉄のくぎ㋐と㋑をつないでつけました。

(1) ㋐のくぎを、じしゃくからそっとはなしました。㋑のくぎは、どうなりますか。正しいほうに○をつけましょう。

ア（　　）㋐のくぎからはなれて落《お》ちる。

イ（　　）㋐のくぎについたまま落ちない。

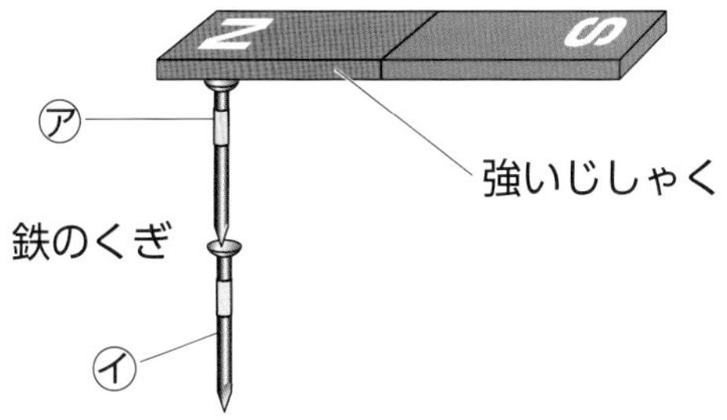

(2) ㋐のくぎを、じしゃくからはなして、小さい鉄のくぎに近づけると、どうなりますか。正しいほうに○をつけましょう。

ア（　　）㋐のくぎが、小さい鉄のくぎを引きつける。

イ（　　）㋐のくぎは、小さい鉄のくぎを引きつけない。

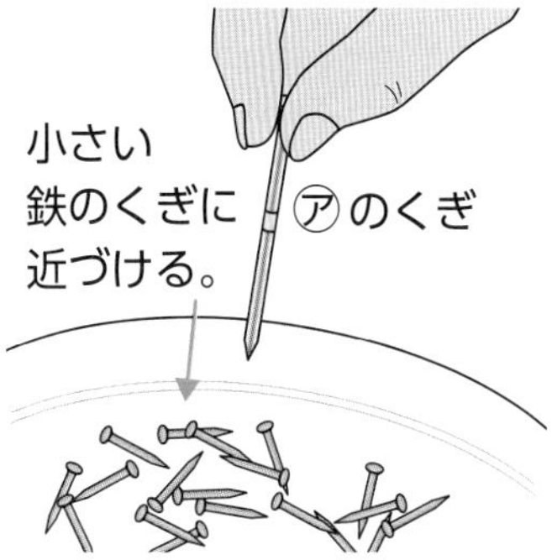

(3) じしゃくからはなした㋐のくぎのとがったほう(あ)を、方位《ほうい》じしんに近づけると、はりのS《エス》極《きょく》が引きつけられました。(あ)の反対《はんたい》がわの(い)を近づけると、どうなりますか。正しいものに○をつけましょう。

ア（　　）はりのS極が引きつけられる。

イ（　　）はりのN極《エヌきょく》が引きつけられる。

ウ（　　）はりは動《うご》かない。

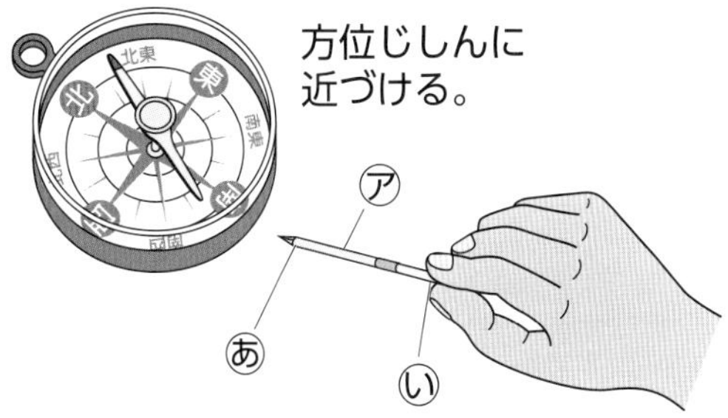

(4) (3)から、どんなことがわかりますか。正しいものに○をつけましょう。

ア（　　）㋐のくぎの、(あ)がN極、(い)がS極になっている。

イ（　　）㋐のくぎの、(あ)がS極、(い)がN極になっている。

ウ（　　）㋐のくぎの、(あ)がN極、(い)がN極になっている。

エ（　　）㋐のくぎの、(あ)がS極、(い)がS極になっている。

(5) じしゃくにつけた鉄は、じしゃくになるといえますか、いえませんか。

（　　　　　　　　）

ヒント **1** (3) ちがう極どうしは引き合い、同じ極どうしはしりぞけ合います。

ぴったり3 たしかめのテスト

11. じしゃくのせいしつ

時間 30 分

/100

合格 70 点

教科書 142〜157ページ　答え 40ページ

よく出る

1 じしゃくにつく物《もの》について調《しら》べました。

1つ8点、(1)は全部《ぜんぶ》できて8点(16点)

(1) ①〜⑤のうち、じしゃくにつく物2つに○をつけましょう。

①(　　)ガラスのコップ

②(　　)鉄《てつ》のゼムクリップ

③(　　)10円玉(どう)

④(　　)鉄のかん

⑤(　　)アルミニウムのかん

(2) じしゃくにつく物について、正しいものに○をつけましょう。

ア(　　)金ぞくは、じしゃくにつく。

イ(　　)鉄は、じしゃくにつく。

ウ(　　)電気を通す物は、じしゃくにつく。

2 図のように、じしゃくで糸のついたゼムクリップを持《も》ち上げました。

1つ9点(27点)

(1) このゼムクリップは、何でできていますか。

(　　　　　　)

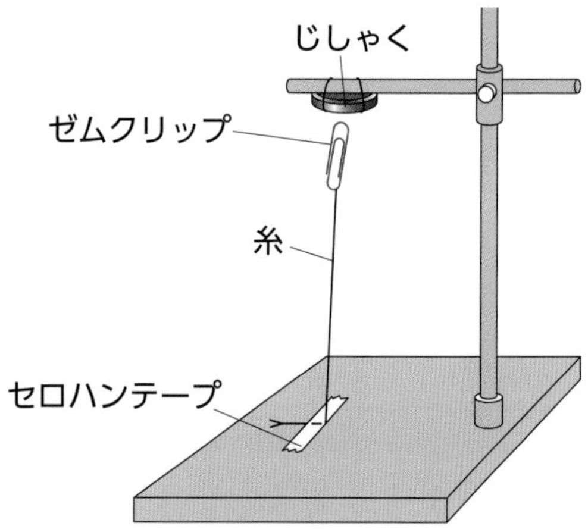

(2) じしゃくとゼムクリップの間に、プラスチックの下じきを1まい入れました。ゼムクリップはどうなりますか。正しいほうに○をつけましょう。

ア(　　)すぐに下に落《お》ちる。

イ(　　)引きつけられたまま動《うご》かない。

(3) じしゃくを、ゆっくりと上へ動かしていくと、ゼムクリップはどうなりますか。正しいほうに○をつけましょう。

ア(　　)ずっとじしゃくに引きつけられる。

イ(　　)とちゅうで、じしゃくに引きつけられなくなり、下に落ちる。

❸ じしゃくの力について調べます。

1つ9点(27点)

(1) 小さな鉄のくぎをテーブルに広げ、横《よこ》向《む》きにしたじしゃくを近づけ、ゆっくりと持ち上げました。くぎは、どのようにつきましたか。正しいものに○をつけましょう。

ア(　　)　イ(　　)　ウ(　　)　エ(　　)

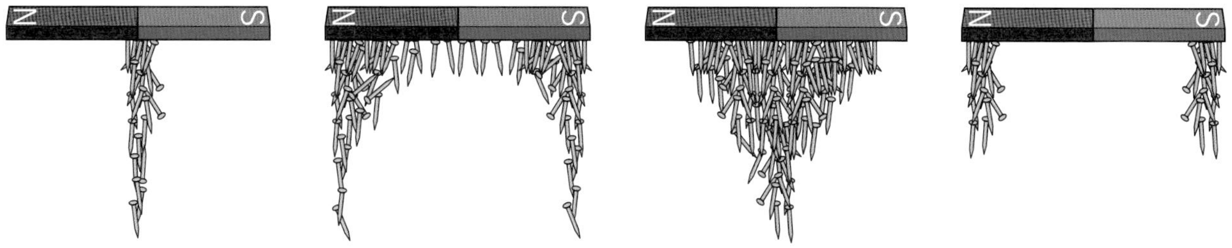

(2) 右の図のように、極《きょく》のわからないじしゃくに、べつのじしゃくのN《エヌ》極《きょく》を近づけると、2つのじしゃくはしりぞけ合いました。じしゃくのあといは、それぞれ何極ですか。

あ(　　　　　)　い(　　　　　)

できたらスゴイ!

❹ 強いじしゃくに、2本の鉄のくぎアとイをつないでつけて、アのくぎを、じしゃくからそっとはなしました。

1つ10点(30点)

(1) 図のアのくぎはどうなりましたか。正しいほうに○をつけましょう。

ア(　　)じしゃくになった。

イ(　　)じしゃくにならなかった。

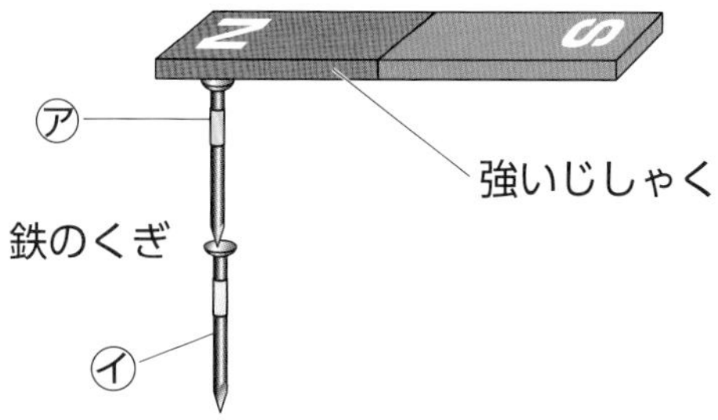

(2) (1)をたしかめるには、どうすればよいですか。正しいほうに○をつけましょう。

ア(　　)アのくぎが、鉄のゼムクリップを引きつけるか調べる。

イ(　　)アのくぎが、10円玉を引きつけるか調べる。

(3) アのくぎのとがったほうあを、方《ほう》位《い》じしんに近づけると、はりの色のついていないほうが引きつけられました。はりの色のついたほうがN極のとき、あについて、どんなことがいえますか。　思考・表現

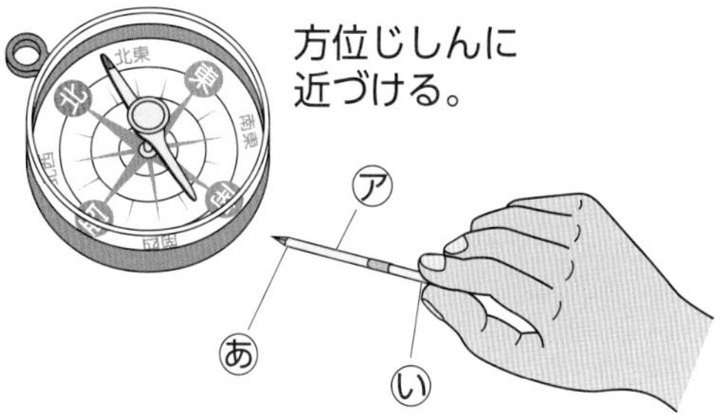

あは、じしゃくの(　　　　　)である。

ふりかえり　❶の問題がわからなかったときは、70ページの❶にもどってたしかめましょう。
❹の問題がわからなかったときは、76ページの❶にもどってたしかめましょう。

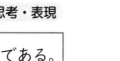

★つくってあそぼう

学習日　　月　　日

◎めあて
これまで学んだことをどんなことにりようできるのかをかくにんしよう。

教科書　158〜161ページ　答え　41ページ

次《つぎ》の（　）にあてはまる言葉《ことば》をかくか、あてはまるものを○でかこもう。

1 これまでに学んだことを、どんなことにりようできるだろうか。 教科書 159〜161ページ

▶風やゴムのはたらき
- 風には、物《もの》を動《うご》かすはたらきがある。
- 風が強いほうが、物を動かすはたらきは、（①　　　　　）なる。
- ゴムには、物を動かすはたらきがある。
- ゴムを長くのばすほど、物を動かすはたらきは、（②　　　　　）なる。

▶音のせいしつ
- 音が出ているとき、物は（③　　　　　）いる。
- 音が大きいときは、物のふるえ方は（④　大きく　・　小さく　）、音が小さいときは、物のふるえ方は（⑤　大きい　・　小さい　）。

▶電気のせいしつ
- かん電池の＋極《プラスきょく》、豆電球《まめでんきゅう》、かん電池の－極《マイナスきょく》が、１つの（⑥　　　　　）のように、どう線でつながっているとき、電気が通って、豆電球に明かりがつく。（⑦　　　　　）が１か所《しょ》でも切れていると、明かりはつかない。
- （⑧　　　　　）には、電気を通すせいしつがある。
- 紙、ガラス、プラスチック、木などは、電気を（⑨　通す　・　通さない　）。

▶じしゃくのせいしつ
- （⑩　　　　　）は、じしゃくにつく。じしゃくとはなれているとき、（⑩）はじしゃくに（⑪　引きつけられる　・　引きつけられない　）。
- じしゃくの（⑫　同じ　・　ちがう　）極どうしは引き合い、（⑬　同じ　・　ちがう　）極どうしはしりぞけ合う。

▶おもちゃのれい
- プロペラロープウェー
プロペラをまいて手をはなすと、ゴムの力でプロペラが回り、プロペラが起《お》こす風の力で、ロープウェーが動く。

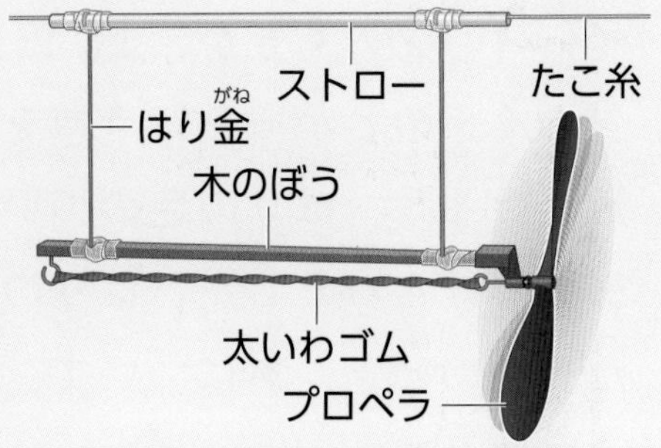
ストロー
たこ糸
はり金《がね》
木のぼう
太いわゴム
プロペラ

ここが、だいじ！　①風やゴム、音、電気やじしゃくなどのせいしつをりようして、おもちゃをつくることができる。

この本の終わりにある「春のチャレンジテスト」をやってみよう！
この本の終わりにある「学力しんだんテスト」をやってみよう！

3年 理科のまとめ	学力しんだんテスト	月　日　名前	時間 40分	ごうかく80点　／100

答え 48ページ

1 アゲハの育《そだ》つようすを調《しら》べました。

(1)、(4)は1つ4点、(2)、(3)はそれぞれ全部《ぜんぶ》できて4点(16点)

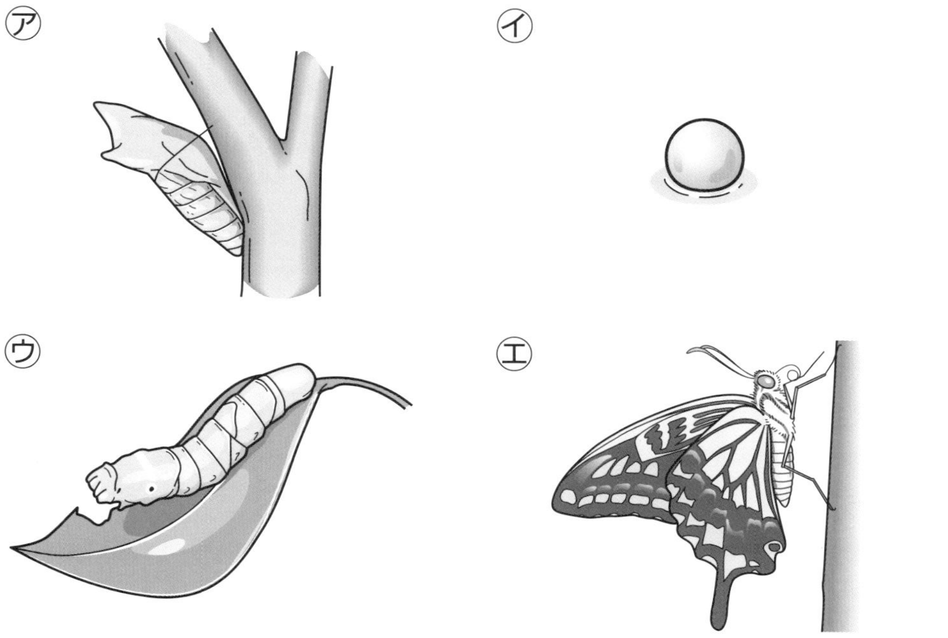

㋐
㋑
㋒
㋓

(1) ㋐のころのすがたを、何といいますか。

(　　　　　　　)

(2) ㋐〜㋓を、育つじゅんにならべましょう。

(　　　)→(　　　)→(　　　)→(　　　)

(3) アゲハの成虫《せいちゅう》のあしは、どこに何本ついていますか。

(　　　　　)に(　　　)本ついている。

(4) アゲハの成虫のようなからだのつくりをした動物《どうぶつ》を、何といいますか。

(　　　　　　　)

2 ゴムのはたらきで、車を動《うご》かしました。

1つ4点(8点)

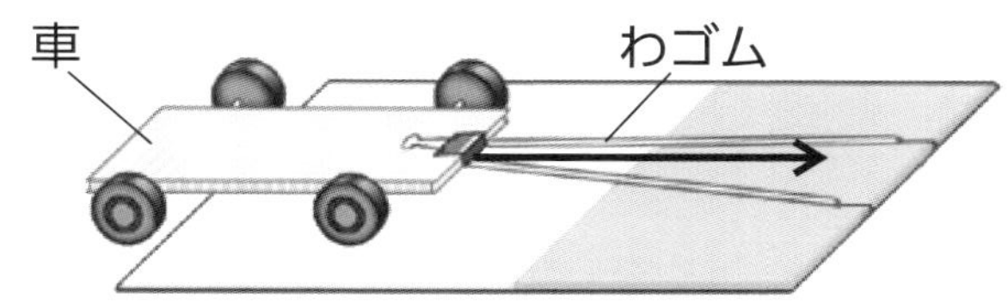

車
わゴム

(1) わゴムをのばす長さを長くしました。車の進《すす》むきょりはどうなりますか。正しいほうに○をつけましょう。

①(　　　)長くなる。　②(　　　)短《みじか》くなる。

(2) 車が進むのは、ゴムのどのようなはたらきによるものですか。

(　　　　　　　　　　　　　　)

3 ホウセンカの育ち方をまとめました。

1つ4点(12点)

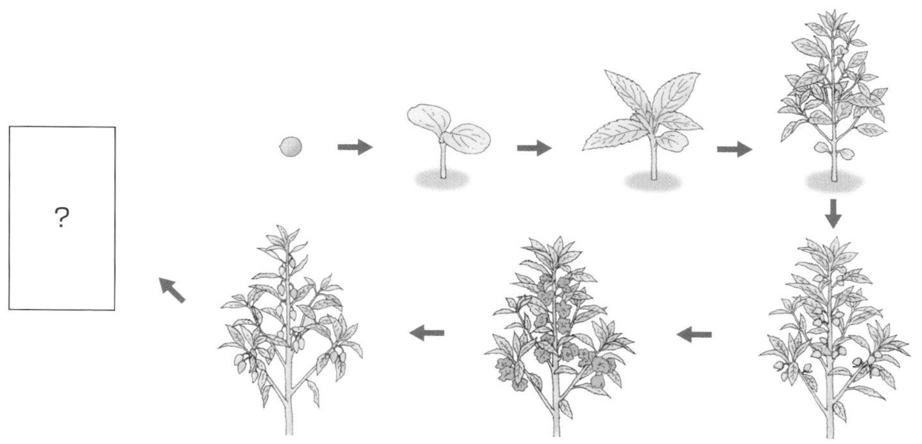

?

(1) 図の？に入るホウセンカのようすについて、正しいことを言っているほうに○をつけましょう。

草たけが大きくなって、花がさきます。
実《み》をのこして、かれてしまいます。

①(　　　)　②(　　　)

(2) ホウセンカの実の中には、何が入っていますか。

(　　　　　)

(3) ホウセンカの実は、何があったところにできますか。正しいものに○をつけましょう。

①(　　)子葉《しよう》　②(　　)葉《は》　③(　　)花

4 午前9時と午後3時に、太陽《たいよう》によってできるぼうのかげの向《む》きを調べました。

1つ4点(12点)

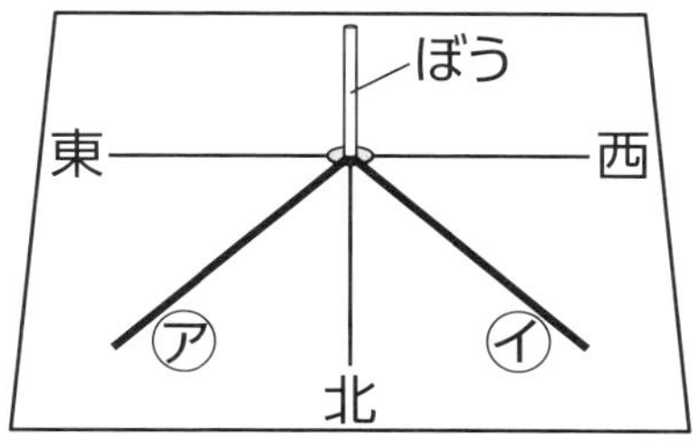

ぼう
東
西
㋐
㋑
北

(1) 午後3時のかげの向きは、㋐、㋑のどちらですか。

(　　　)

(2) 時間がたつと、かげはどの方向《ほうこう》に動きますか。正しいほうに○をつけましょう。

①(　　　)㋐→㋑　②(　　　)㋑→㋐

(3) 時間がたつと、かげの向きがかわるのはなぜですか。

(　　　　　　　　　　　　　　)

うらにも問題があります。

5 虫めがねを使《つか》って、日光を集《あつ》めました。

1つ4点(8点)

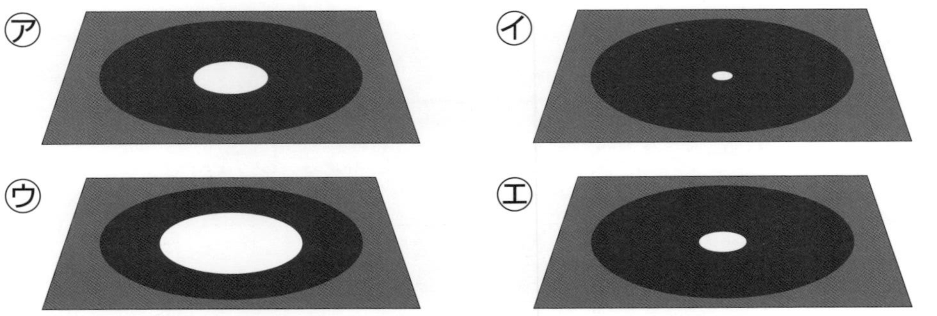

(1) ㋐～㋓のうち、日光が集まっている部分《ぶぶん》が、いちばん明るいのはどれですか。

( )

(2) ㋐～㋓のうち、日光が集まっている部分が、いちばんあついのはどれですか。

( )

6 電気を通す物《もの》と通さない物を調《しら》べました。

1つ4点(12点)

(1) 電気を通す物はどれですか。2つえらんで、○をつけましょう。

アルミニウムはく　消《け》しゴム　鉄《てつ》のくぎ　ガラスのコップ

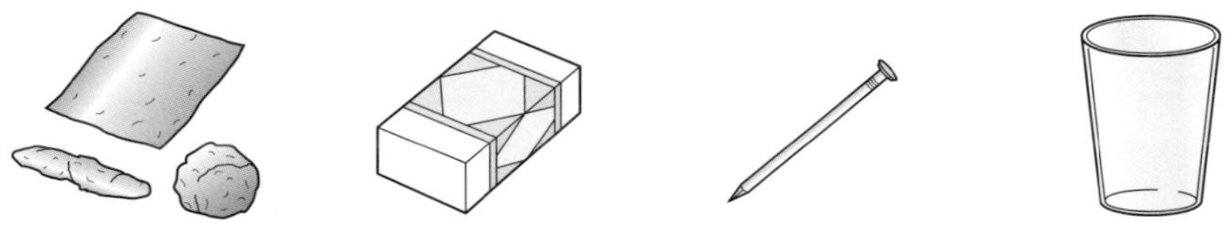

①( ) ②( ) ③( ) ④( )

(2) (1)のことから、電気を通す物は何でできていることがわかりますか。

( )

7 トライアングルをたたいて音を出して、音が出ている物のようすを調べました。

1つ4点(12点)

(1) 音の大きさと、トライアングルのふるえについて調べました。①、②にあてはまる言葉《ことば》をかきましょう。

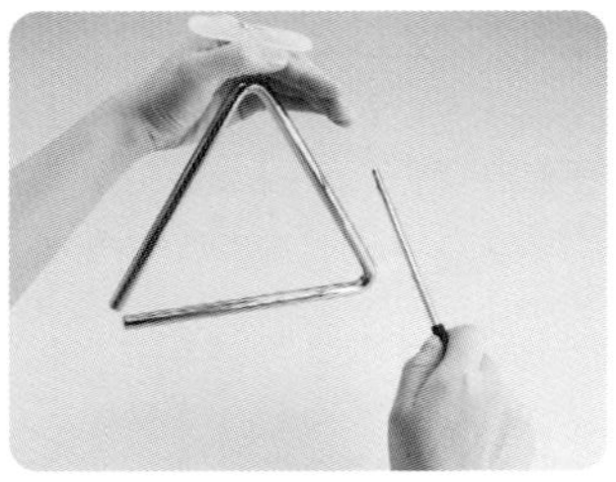

音の大きさ	トライアングルのふるえ
大きい音	ふるえが(①)。
小さい音	ふるえが(②)。

①( ) ②( )

(2) 音が出ているトライアングルのふるえを止めると、音はどうなりますか。

( )

活用力をみる

8 おもちゃをつくって遊《あそ》びました。

1つ4点(20点)

(1) じしゃくのつりざおを使って、魚をつります。

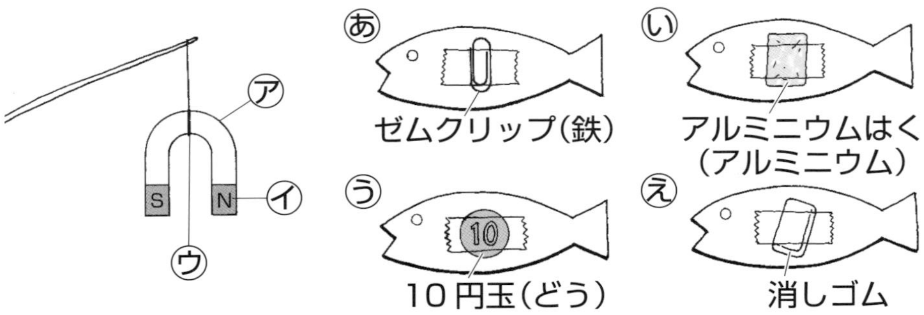

①つれるのは、あ～えのどれですか。

( )

②じしゃくの㋐～㋒のうち、魚をいちばん強く引きつける部分はどれですか。

( )

(2) シーソーのおもちゃで遊びました。シーソーは、重《おも》い物をのせたほうが下がります。

①同じりょうのねん土から、リンゴ、バナナ、ブドウの形をつくり、シーソーにのせました。**ア～ウ**のうち、正しいものに○をつけましょう。

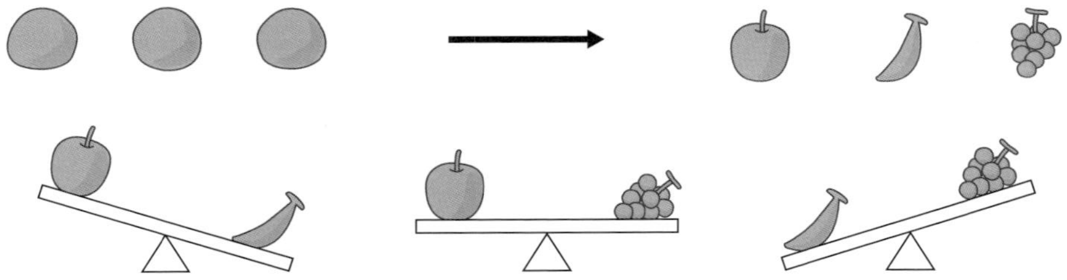

ア( ) **イ**( ) **ウ**( )

②同じ体積《たいせき》のまま、物のしゅるいをかえて、シーソーにのせました。リンゴ、バナナ、ブドウの中で、いちばん重い物はどれですか。

リンゴ(ゴム)　バナナ(鉄)　ブドウ(プラスチック)

( )

③同じ体積でも、物によって重さはかわりますか。かわりませんか。

( )

5 図のように、1つのねん土《ど》のおき方や形をかえて、重《おも》さをはかりました。　1つ5点(10点)

①たてにおいた　②横《よこ》においた　③細かく分けた

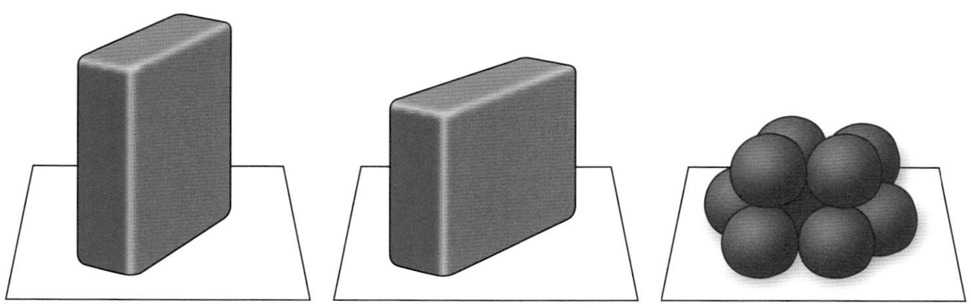

(1) 重さをはかる、右の道具《どうぐ》を何といいますか。

(　　　　)

(2) ①～③の重さはどうなりますか。正しいものに○をつけましょう。

ア(　)①がいちばん重い。

イ(　)②がいちばん重い。

ウ(　)③がいちばん重い。

エ(　)重さはどれも同じ。

思考・判断・表現

6 ショウリョウバッタのすみかと、からだのつくりを調《しら》べました。　1つ4点(16点)

(1) ショウリョウバッタのすみかは、どんなところですか。正しいものに○をつけましょう。

ア(　)草むら

イ(　)落《お》ち葉《ば》の下

ウ(　)池の水の中

エ(　)森の木の上

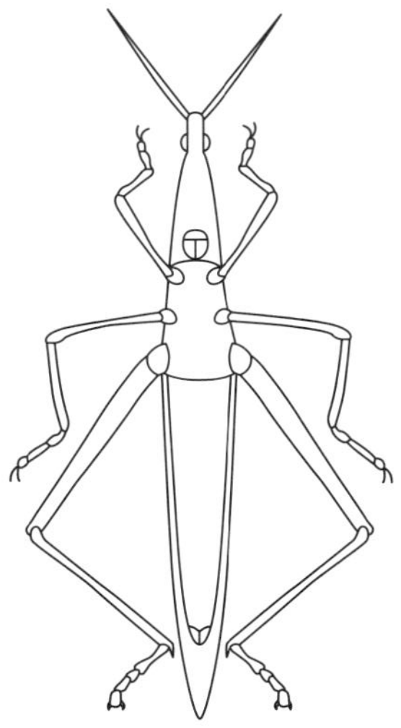

(2) 作図 ショウリョウバッタのむねを、黒くぬりましょう。

(3) 記述 ショウリョウバッタのすみかから考えて、からだが緑《みどり》色のためつごうがよい理由《りゆう》をかきましょう。

(　　　　)

(4) 記述 ショウリョウバッタは、こん虫《ちゅう》といえますか。その理由もかきましょう。

(　　　　)

7 図のように、かげの向《む》きを記ろくして、太陽《たいよう》の向きを調べました。　1つ4点(12点)

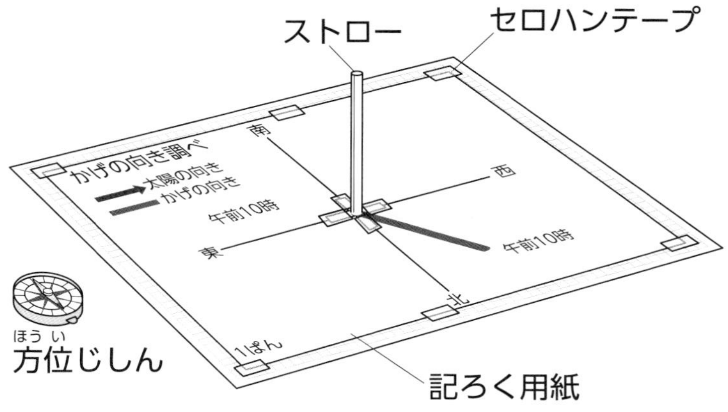

(1) 記述 ストローのかげは、どの向きにできますか。「太陽」という言葉《ことば》を使《つか》ってかきましょう。

(　　　　)

(2) 作図 図のようなかげができたとき、➡を使って太陽の向きを、図にかき入れましょう。

(3) この後も記ろくをつづけると、かげの動《うご》きはどうなりますか。正しいものに○をつけましょう。

ア(　)北を通って、東へ動いていく。

イ(　)西を通って、南へ動いていく。

ウ(　)かげは、その場所《ばしょ》から動かない。

8 紙コップと糸で糸電話をつくり、1人が声を出して、もう1人が声を聞きました。　1つ3点(12点)

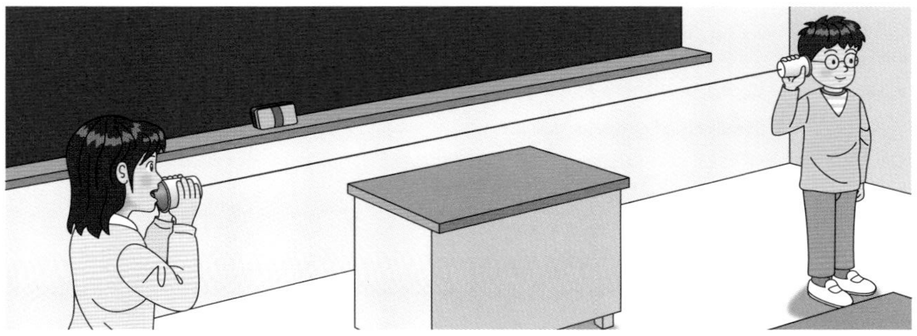

(1) 声が聞こえているとき、糸はどうなっていますか。

(　　　　)

(2) 糸を指《ゆび》でつまんだら、声が聞こえなくなりました。その理由として、正しいほうに○をつけましょう。

ア(　)音が糸から指につたわったから。

イ(　)糸のふるえが止まったから。

(3) 音について、正しいもの2つに○をつけましょう。

ア(　)音が出るとき、物《もの》はふるえている。

イ(　)音が出るとき、物はふるえていない。

ウ(　)音がつたわるとき、音をつたえる物は、ふるえている。

エ(　)音がつたわるとき、音をつたえる物は、ふるえていない。

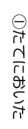

冬のチャレンジテスト

教科書 60~129ページ

月　日

名前

時間 40分

知識・技能	思考・判断・表現	ごうかく80点
/60	/40	/100

答え 44ページ

知識・技能

1 ホウセンカの実《み》をかんさつしました。

1つ5点、(3)は全部《ぜんぶ》できて5点(15点)

(1) ホウセンカの実はどれですか。正しいものに○をつけましょう。

(2) ホウセンカの実の中にできる物《もの》は何ですか。

(　　　　)

(3) ホウセンカは、どのように育《そだ》ちますか。次《つぎ》のアをはじめ(1)として、イ~エを育つじゅんに、数字(2~4)をかきましょう。

ア(1)子葉《しよう》が出た。　イ(　)実ができた。

ウ(　)つぼみができた。　エ(　)花がさいた。

2 トンボやチョウのからだのつくりを調《しら》べました。

1つ5点、(1)は全部《ぜんぶ》できて5点(10点)

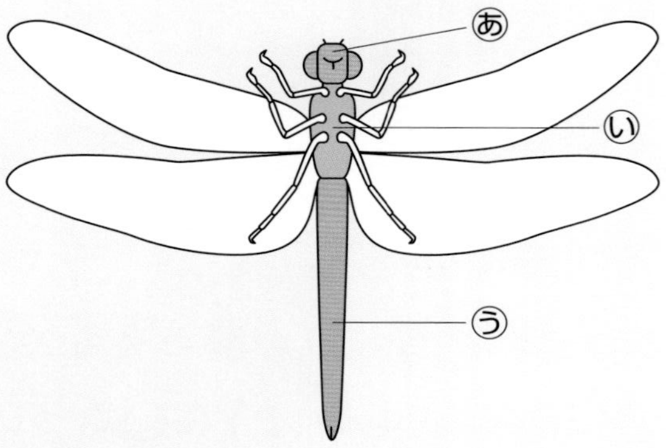

(1) 図のあ~うは、それぞれ頭《あたま》、むね、はらのどれですか。

あ(　　　　)

い(　　　　)　う(　　　　)

(2) トンボとチョウは、こん虫《ちゅう》だといえますか。正しいものに○をつけましょう。

ア(　)トンボだけがこん虫だといえる。

イ(　)チョウだけがこん虫だといえる。

ウ(　)どちらもこん虫だといえる。

エ(　)どちらもこん虫だとはいえない。

3 正午に、日なたと日かげの地面《じめん》の温度《おんど》を調べたところ、図のようになりました。

1つ5点(15点)

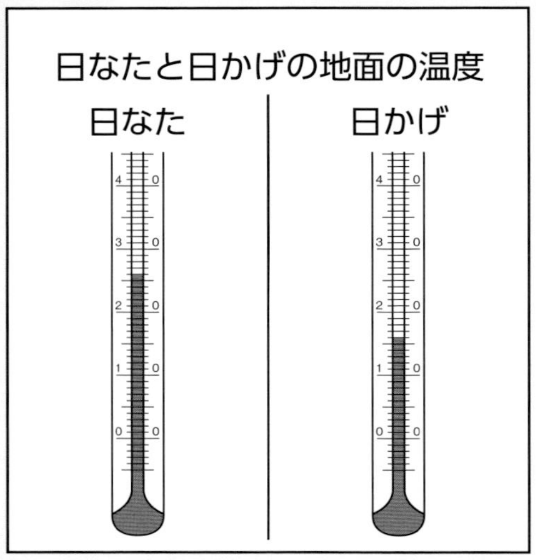

(1) 日なたの地面の温度は何℃ですか。

(　　　　)

(2) このけっかを、せつめいしたものはどれですか。正しいものに○をつけましょう。

ア(　)朝より正午のほうの温度が高い。

イ(　)朝より正午のほうの温度がひくい。

ウ(　)日なたより日かげのほうの温度が高い。

エ(　)日なたより日かげのほうの温度がひくい。

(3) 図のようなけっかになったのは、日なたと日かげで、あることがちがうからです。日なたと日かげでちがうことは何ですか。(　　　　)

4 トライアングルにふせんをはって、音が出ている物のようすを調べました。

1つ5点(10点)

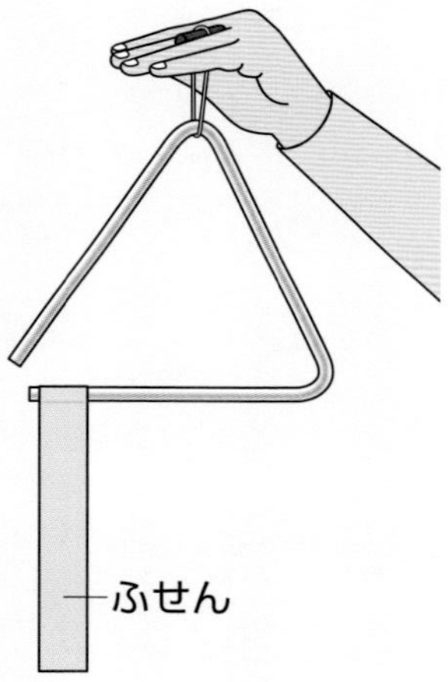

(1) トライアングルをたたいて、音を出すと、トライアングルとふせんはどうなりますか。正しいものに○をつけましょう。

ア(　)どちらもふるえる。

イ(　)どちらもふるえない。

ウ(　)トライアングルはふるえて、ふせんはふるえない。

エ(　)トライアングルはふるえないが、ふせんはふるえる。

(2) トライアングルを強くたたくと、ふせんはどうなりますか。正しいものに○をつけましょう。

ア(　)ふるえ方が小さくなる。

イ(　)ふるえ方が大きくなる。

ウ(　)ふるえ方はかわらない。

うらにも問題があります。

4 じしゃくの極《きょく》のせいしつを調《しら》べました。

1つ3点(9点)

(1) 2つのじしゃくの極を近づけたとき、引き合う組み合わせはどれですか。正しいものに○をつけましょう。

ア(　　)

イ(　　)
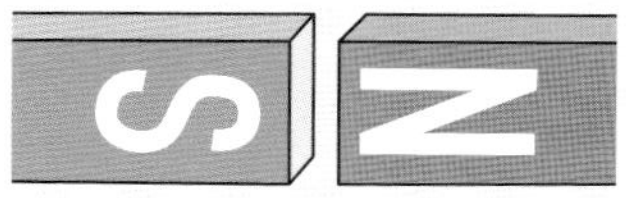

ウ(　　)
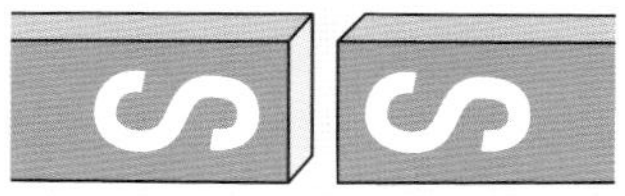

(2) じしゃくの極について正しいもの2つに○をつけましょう。

ア(　　)N極《エヌきょく》でもS極《エスきょく》でもない極がある。

イ(　　)N極またはS極だけのじしゃくがある。

ウ(　　)じしゃくには、いつもN極とS極がある。

エ(　　)自由《じゆう》に動《うご》くようにすると、同じ極はいつも決《き》まった方向《ほうこう》をさす。

5 じしゃくと鉄《てつ》のゼムクリップの間に、プラスチックの下じきをはさみました。

1つ5点(20点)

(1) じしゃくを鉄のゼムクリップに近づけていくと、ゼムクリップがプラスチックの下じきにくっつきました。その理由として正しいもの2つに、○をつけましょう。

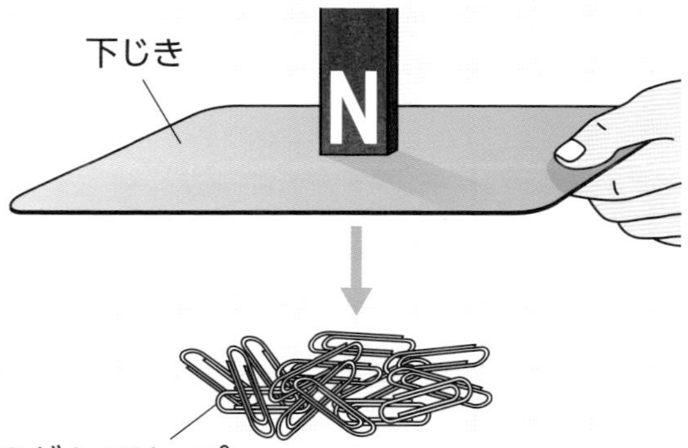

ア(　　)じしゃくは、はなれていても鉄を引きつけるから。

イ(　　)下じきがじしゃくになるから。

ウ(　　)じしゃくと鉄の間に、じしゃくにつかない物《もの》があっても、鉄を引きつけるから。

(2) ゼムクリップが下じきにくっつかないようにするには、どうしたらよいですか。正しいもの2つに、○をつけましょう。

ア(　　)じしゃくのちがう極を近づける。

イ(　　)下じきのまい数をふやす。

ウ(　　)ゼムクリップを、プラスチックの物にかえる。

思考・判断・表現

6 電気を通す物を調べました。

1つ5点(20点)

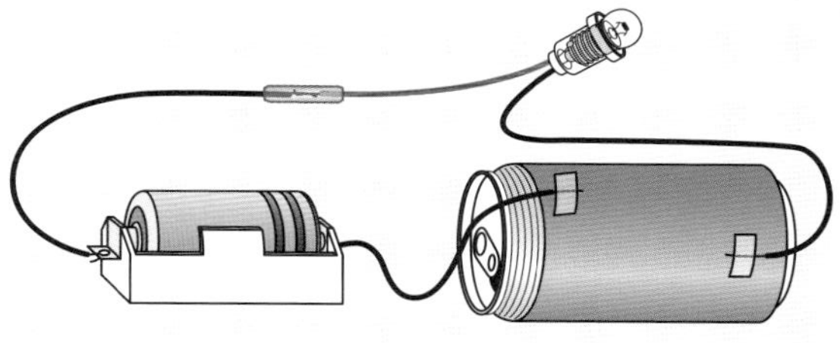

(1) 上の図のようにして、豆電球《まめでんきゅう》とかん電池と鉄のかんをどう線でつないだら、豆電球に明かりはつきませんでした。それは、どうしてですか。次《つぎ》の文の(　　)にあてはまる言葉《ことば》をかきましょう。

・かんの(①　　　　)が、(②　　　　)でない物でおおわれているから。

(2) 豆電球に明かりをつけるには、どうすればよいですか。次の文の(　　)にあてはまる言葉をかきましょう。

・かんの(①　　　　)を、紙やすりなどでけずり、けずった部分《ぶぶん》に(②　　　　)をつなぐ。

7 方位《ほうい》じしんのはりは、じしゃくになっています。

1つ5点(20点)

(1) 方位じしんのはりの色のついた方がさすのは、どの方位ですか。(　　　)

(2) 右のように、強いじしゃくにつけた鉄くぎのあの方を、方位じしんに近づけました。

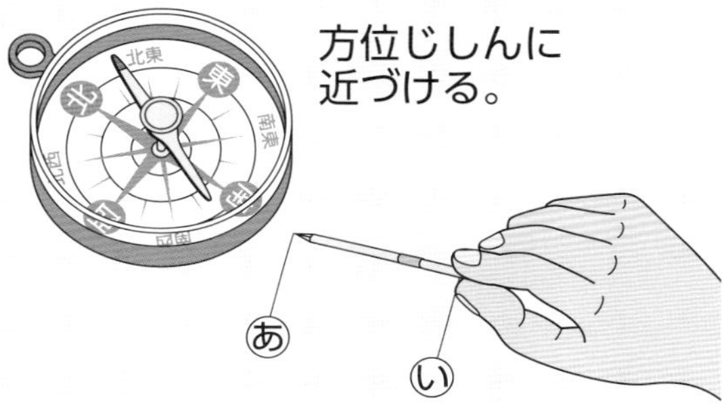

①このとき、はりの色のついていない方が、引きつけられました。鉄くぎのあは、じしゃくのN極とS極のどちらですか。(　　　)

②鉄くぎのいは、じしゃくのN極とS極のどちらですか。(　　　)

③強いじしゃくに鉄くぎをどのようにつけると、上のようになりますか。正しいほうに○をつけましょう。

ア(　　)
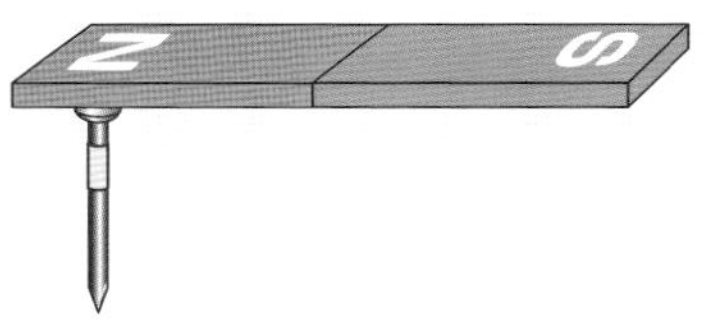

イ(　　)
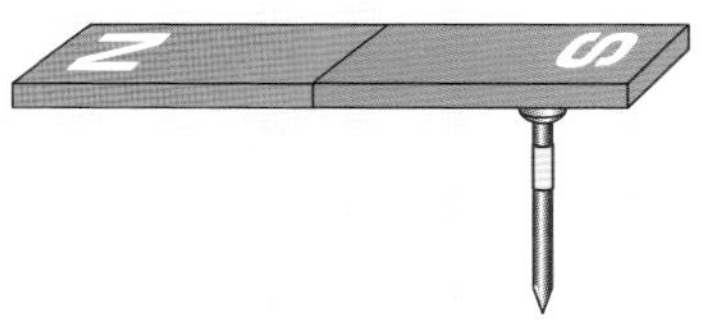

春のチャレンジテスト

教科書 130〜161ページ

月　日

名前

時間 40分

知識・技能	思考・判断・表現	ごうかく80点
／60	／40	／100

答え 46ページ

知識・技能

1 かん電池と豆電球《まめでんきゅう》を、どう線でつなぎました。

1つ3点、(4)は全部《ぜんぶ》できて3点(12点)

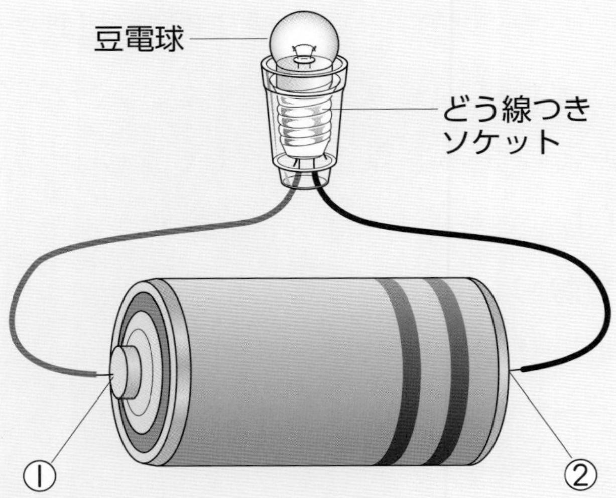

(1) かん電池の＋極《プラスきょく》は、①、②のどちらですか。

(　　　　)

(2) 電気の通り道を何といいますか。

(　　　　)

(3) 上の図のどう線の長さを、長くしました。豆電球の明かりはつきますか、つきませんか。

(　　　　)

(4) 次《つぎ》のうち、明かりがつくものに○、つかないものに×をつけましょう。

ア(　　)

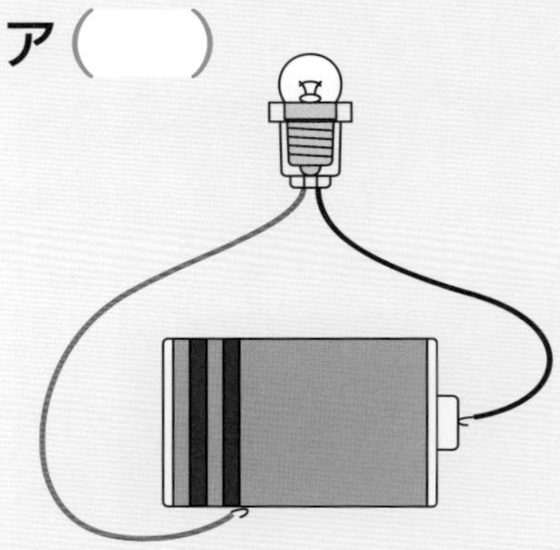

イ(　　)

ウ(　　)

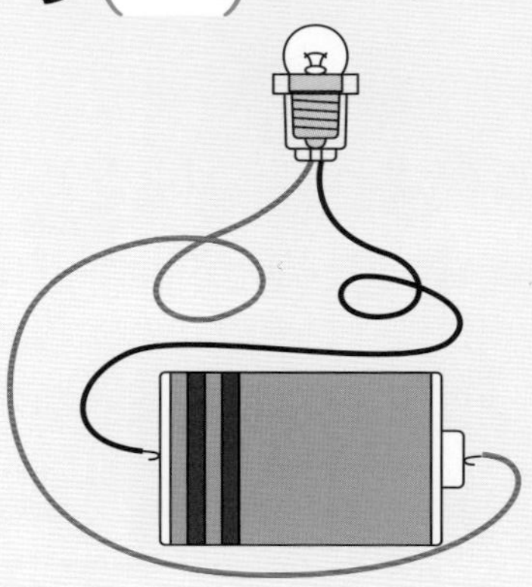

エ(　　)

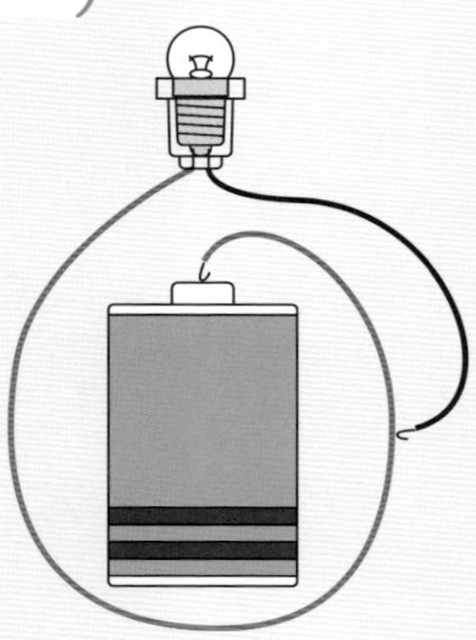

2 どう線を長くして、豆電球とかん電池をつなぎました。

1つ5点(10点)

(1) どう線のつなぎ方で、正しいものに○をつけましょう。

ア(　　)　イ(　　)　ウ(　　)

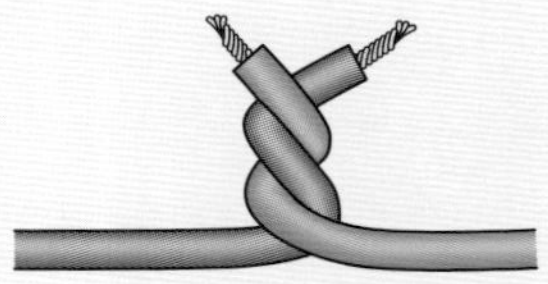

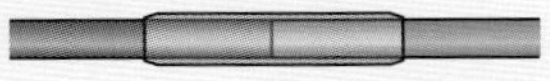

(2) (1)のどう線の正しいつなぎ方の理由《りゆう》として、正しいものに○をつけましょう。

ア(　　)電気は、どう線のビニルのおおいを通っているから。

イ(　　)電気は、どう線のビニルのおおいを通っていないから。

ウ(　　)どう線を近づけると、電気が通るから。

3 じしゃくにつく物《もの》を調《しら》べました。

1つ3点(9点)

(1) じしゃくにつく物2つに○をつけましょう。

ア(　　)

ガラスのコップ

イ(　　)

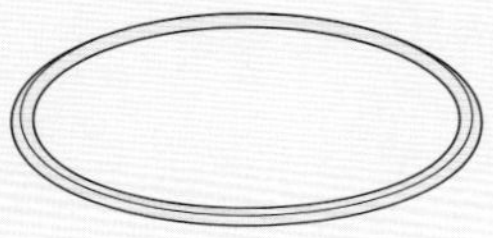

わゴム

ウ(　　)

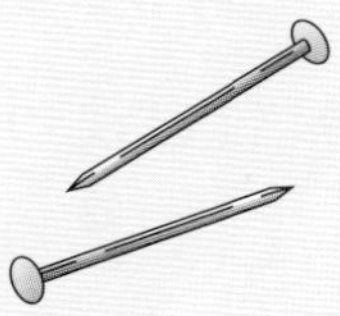

鉄《てつ》のくぎ

エ(　　)

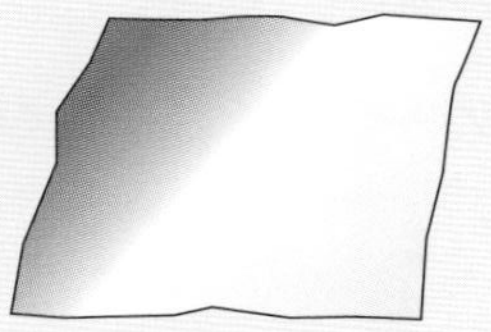

アルミニウムはく

オ(　　)

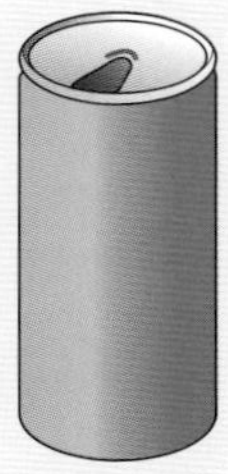

鉄のかん

(2) じしゃくに引きつけられるのは、どのような物ですか。正しいものに○をつけましょう。

ア(　　)金ぞくでない物は、どれも引きつけられる。

イ(　　)金ぞくは、どれも引きつけられる。

ウ(　　)鉄は、引きつけられる。

うらにも問題があります。

5 ヒマワリとホウセンカの、花がさくようすをかんさつしました。

1つ4点(8点)

(1) つぼみができるのは、花がさく前とさいた後のどちらですか。　(　　　　　　)

(2) ヒマワリとホウセンカの花をくらべました。正しいものに○をつけましょう。

ア(　　)どちらも、花の色が同じだった。

イ(　　)どちらも、花の形が同じだった。

ウ(　　)花の色も形も、まったくちがっていた。

思考・判断・表現

6 モンシロチョウの育《そだ》ち方を調《しら》べました。

1つ4点、(1)、(2)はそれぞれ全部《ぜんぶ》できて4点(12点)

①
②
③
④

(1) ①をはじめにして、モンシロチョウの育つじゅんに、②〜④をならべかえましょう。

①→(　　　)→(　　　)→(　　　)

(2) 動《うご》かないのは、①〜④のうちどれとどれですか。

(　　　と　　　)

(3) ④は何を食べますか。正しいものに○をつけましょう。

ア(　　)キャベツの葉《は》

イ(　　)木のしる　　ウ(　　)何も食べない

7 ホウセンカの育ち方をぼうグラフにまとめました。①〜④に入るホウセンカのようすを、それぞれア〜エからえらびましょう。

1つ4点(16点)

①(　　　　　)

②(　　　　　)

③(　　　　　)

④(　　　　　)

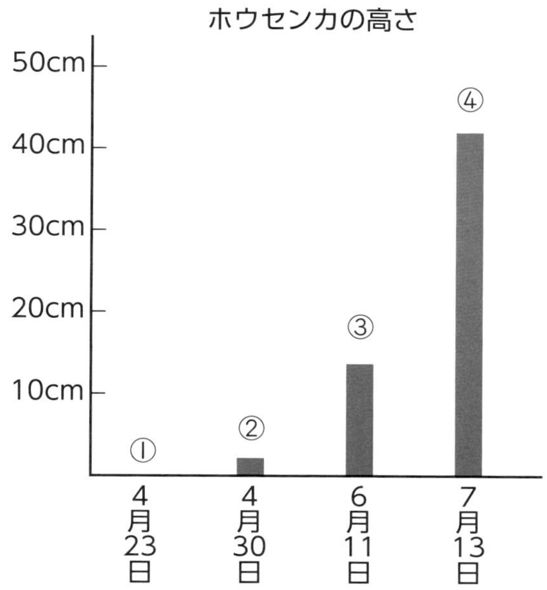

ホウセンカの高さ
50cm
40cm
30cm
20cm
10cm
①
②
③
④
4月23日
4月30日
6月11日
7月13日

ア 子葉《しよう》が出た

イ 花がさいた

ウ たねまき

エ 葉が6まい出ていた

8 風で動く車と、ゴムで動く車をつくって、動かしました。

1つ4点(12点)

(1) 風で動く車に当たる風を弱くすると、車が動くきょりはどうなりますか。正しいものに○をつけましょう。

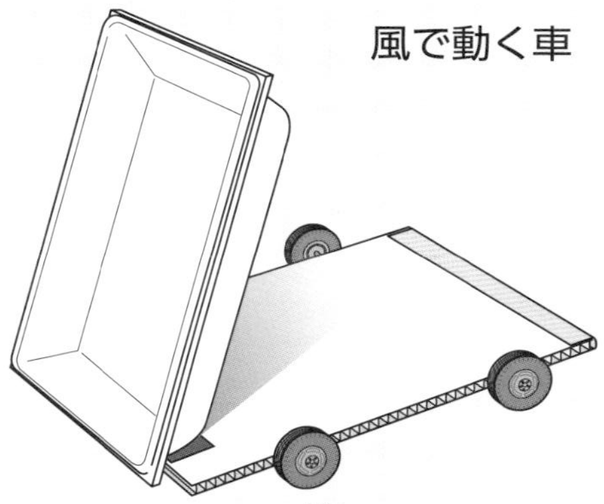

風で動く車

ア(　　)長くなる。　イ(　　)短《みじか》くなる。

ウ(　　)かわらない。

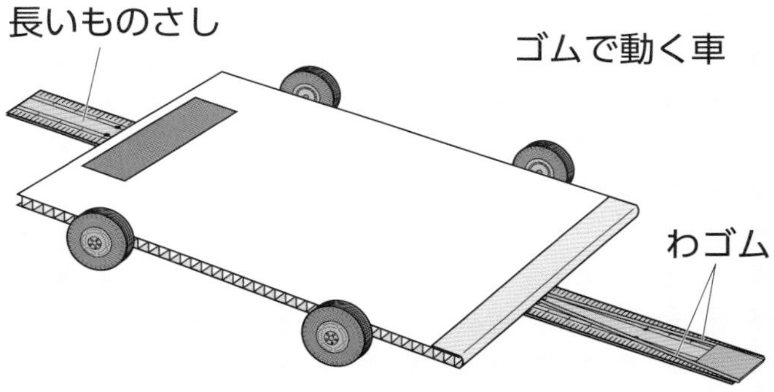

長いものさし
ゴムで動く車
わゴム

(2) 記述 ゴムで動く車が動くのは、ゴムにどのようなせいしつがあるからですか。

(　　　　　　　　　　　　　　　　)

(3) 記述 ゴムで動く車を遠《とお》くまで動かすには、どうすればよいですか。

(　　　　　　　　　　　　　　　　)

夏のチャレンジテスト

教科書 6〜57ページ

名前　　　　　　月　　日

時間 40分

知識・技能	思考・判断・表現	ごうかく80点
/60	/40	/100

答え 42ページ

知識・技能

1 春のしぜんをかんさつしました。

1つ4点(8点)

(1) しぜんかんさつをするときに、気をつけることは何ですか。正しいものに○をつけましょう。

ア(　)半そでの服《ふく》を着《き》る。

イ(　)生《い》き物《もの》の絵は、小さくかく。

ウ(　)たくさんの虫をつかまえる。

エ(　)動《うご》かした石は、もとにもどしておく。

(2) 虫めがねを使《つか》って、生き物をかんさつしました。かんさつする物が動かせないときは、どのように虫めがねを使いますか。正しいものに○をつけましょう。

ア(　)虫めがねを目に近づけて、頭を動かす。

イ(　)頭は動かさずに、虫めがねを動かす。

ウ(　)頭と虫めがねの両方《りょうほう》を動かす。

2 ヒマワリのたねをまきました。

1つ4点(12点)

(1) ヒマワリのたねはどれですか。正しいものに○をつけましょう。

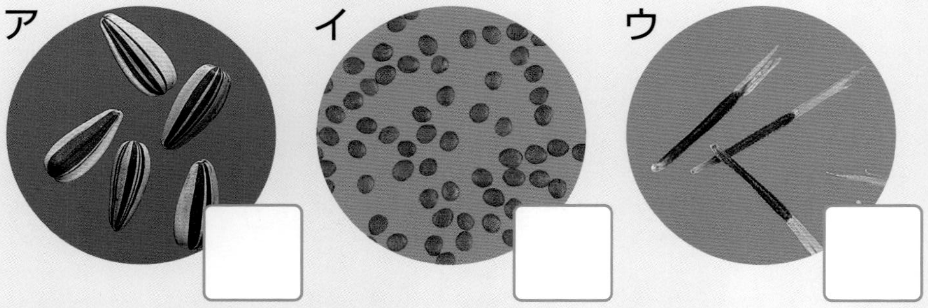

(2) たねをまいてから土をかけました。土がかわかないように、やる物は何ですか。

(　　　　)

(3) たねから出てくる子葉《しよう》は何まいありますか。正しいほうに○をつけましょう。

ア(　)2まい　　イ(　)2まいより多い

3 植物《しょくぶつ》のからだは、どれも、3つの部分《ぶぶん》からできています。あ〜うの部分の名前をかきましょう。

1つ4点(12点)

あ(　　　　)

い(　　　　)

う(　　　　)

4 チョウの成虫《せいちゅう》のからだのつくりを調《しら》べました。

1つ5点(20点)

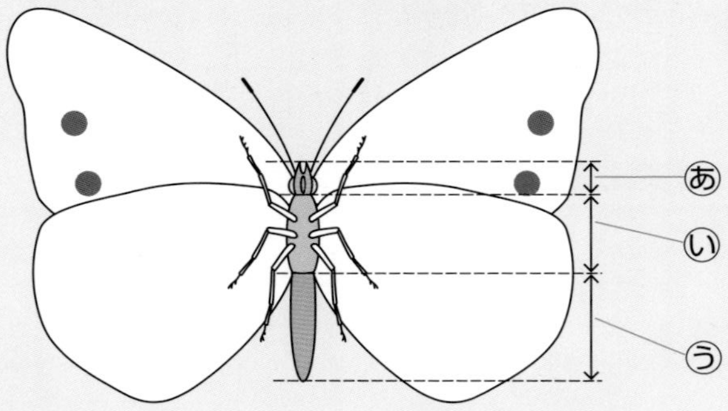

(1) あ〜うの部分の名前をかきましょう。

あ(　　　)　い(　　　)　う(　　　)

(2) 記述 こん虫《ちゅう》とはどのようなからだのつくりをした動物《どうぶつ》のなかまのことか、せつめいしましょう。

(　　　　)

うらにも問題があります。

教科書ぴったりトレーニング

丸つけラクラクかいとう

この「丸つけラクラクかいとう」は
とりはずしてお使《つか》いください。

東京書籍版
理科３年

「丸つけラクラクかいとう」では問題《もんだい》と同じ紙面《しめん》に、赤字で答えを書いています。

①問題がとけたら、まずは答え合わせをしましょう。

②まちがえた問題やわからなかった問題は、てびきを読んだり、教科書を読み返したりしてもう一度《いちど》見直しましょう。

おうちのかたへ では、次のようなものを示しています。

- 学習のねらいやポイント
- 他の学年や他の単元の学習内容とのつながり
- まちがいやすいことやつまずきやすいところ

お子様への説明や、学習内容の把握などにご活用ください。

見やすい答え

ぴったり１ じゅんび

6. かげと太陽《たいよう》

①かげのでき方と太陽
②かげの向《む》きと太陽のいち(1)

38ページ

かげのでき方と太陽のいちがどうなっているか、かくにんしよう。

教科書 92〜97ページ　答え 20ページ

下の(　)にあてはまる言葉《ことば》をかくか、あてはまるものを〇でかこもう。

1 かげは、どんなところにできるのだろうか。　教科書 92〜94ページ

▶太陽の光のことを(① **日光**)といいます。
▶(①)をさえぎるものがあると、(② **かげ**)ができます。
▶かげは、太陽の(③ 同じ ・(反対《はんたい》))がわにできます。
▶もののかげは、どれも(④(同じ)・ ちがう)向きにできます。
▶太陽を見るときは、(⑤ **しゃ光板**)を使《つか》います。

2 ほういじしんはどう使えばよいのだろうか。　教科書 95〜97ページ

▶ほういを調《しら》べるときは、(① **ほういじしん**)を使います。
▶ほういじしんのはりは、北と南を指して止まり、はりの色がついたほうが(② **北**)を指します。
▶ほういじしんは、(③ **水平**)に持《も》ちます。
▶はりの動《うご》きが止まったら、文字ばんを回して、(④ **北**)の文字をはりの色のついたほうに合わせ、ほういを読みます。

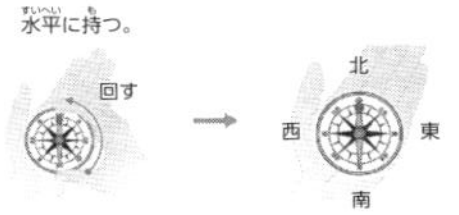

ここがだいじ！
①太陽の光(日光)をさえぎるものがあると、かげは太陽の反対がわに、どれも同じ向きにできます。
②ほういじしんを使うと、ほういを調べることができます。

ぴたトリビア　かげの長さは、太陽が南の高いところにあるときは短《みじか》くなり、西や東のひくいところにあるときは長くなります。

38

ぴったり２ 練習

6. かげと太陽《たいよう》

①かげのでき方と太陽
②かげの向《む》きと太陽のいち(1)

39ページ

教科書 92〜97ページ　答え 20ページ

1 晴れた日に、木のかげができるようすを調《しら》べました。
(1) 日光が木に当たると、木のかげは太陽のどちらがわにできますか。
(**反対がわ**)
(2) 太陽が雲にかくれると、できていた木のかげはどうなりますか。
(**見えなくなる。**)

2 日光が当たってできた木のかげの向きと人のかげの向きを調べました。
(1) 人のかげは、①〜③のどの向きにできていると考えられますか。　(②)
(2) 太陽を見るときに使《つか》う道具《どうぐ》を、何といいますか。
(**しゃ光板**)

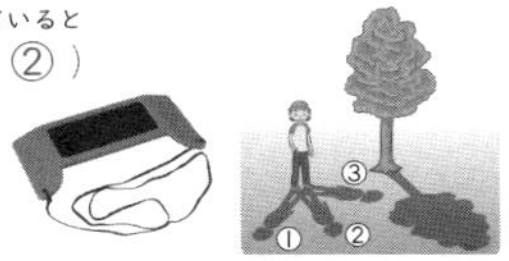

3 ほういじしんの使い方を調べました。
(1) ほういじしんのはりの色がついたほうは、東西南北のどのほういを指しますか。
(**北**)
(2) ほういじしんのはりの動《うご》きが止まった後、文字ばんの合わせ方で正しいのは、①と②のどちらですか。

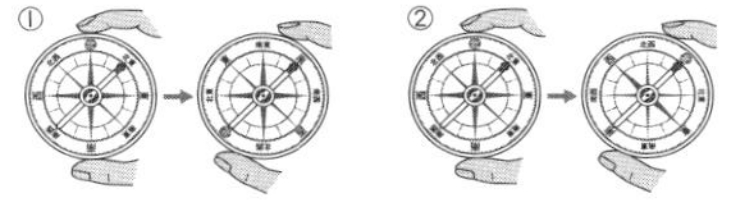

(②)

ヒント　3 (2)はりの色のついたほうに文字ばんの「北」の文字が合うように、文字ばんを回します。

39

39ページ　てびき

1 (1)かげは太陽《たいよう》の反対《はんたい》がわにできます。
(2)日光をさえぎるものがあると、かげができます。日光が当たらなければ、かげはできません。

2 (1)かげはどれも同じ向《む》きにできるため、人のかげは木のかげと同じ向きにできます。
(2)目をいためるので、ぜったいに太陽をちょくせつ見てはいけません。

3 (1)ほういじしんのはりの色がついたほうは、北を向いて止まります。
(2)ほういじしんのはりの動きが止まってから、文字ばんを回して、「北」の文字をはりの色のついたほうに合わせます。

くわしいてびき

おうちのかたへ　6. かげと太陽
日光により影ができること、太陽が動くと影も動くこと、日なたと日かげではようすが違うことを学習します。太陽と影(日かげ)との関係が考えられるか、日なたと日かげの違いについて考えることができるか、などがポイントです。

おうちのかたへ

※紙面はイメージです。

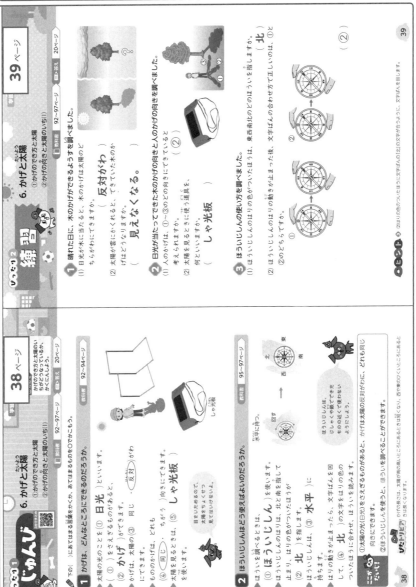

ぴったり1 じゅんび

1. 春の生《い》き物《もの》

①生き物のすがた

3分でまとめ

学習 **2ページ**

生き物は、どのようなすがたをしているのかをかくにんしよう。

教科書 7~13ページ　答え 2ページ

次《つぎ》の(　)にあてはまる言葉《ことば》をかこう。

1 生き物は、どのようなすがたをしているだろうか。　教科書 7~13ページ

▶しぜんのかんさつのしかた
- しぜんかんさつでは、(① ぼうし)をかぶり、(②長そで)の服《ふく》を着《き》て、長ズボンをはく。
- 草や(③ 虫)などは、むやみにとったり、つかまえたりしないようにする。
- 石などを動《うご》かしたときは、(④ もと)にもどしておく。
- 先生の注意《ちゅうい》をよく守《まも》り、(⑤きけん)なことをしない。
- ウルシ、スズメバチ、チャドクガのよう虫《ちゅう》など、どくや(⑥ とげ)をもつ、きけんな生き物に、気をつける。

▶かんさつしたときは、色、形、(⑦ 大きさ)、気づいたこと・思ったことなどをかんさつカードにかく。

生き物かんさつカード
4月20日 大林まお
ナズナ
色 白い花がさいている。
形 ハートの形の物がついている。
大きさ 高さは、25cmぐらい。
気づいたこと・思ったこと
白くてまるい花びらが4まいの花が、たくさんさいていた。

▶(⑧ 虫めがね)を使《つか》うと、小さい物を大きく見ることができる。
- 手で持《も》てる物
(1) 虫めがねを(⑨ 目)に近づける。
(2) (⑩見る物)を動かして、はっきりと見えるところで止める。

- 手で持てない物
見る物が動かせないときは、(⑪ 虫めがね)を動かして、はっきりと見えるところで止める。

- 目をいためるので、ぜったいに、虫めがねで(⑫ 太陽)を見てはいけない。

▶わたしたちの身《み》のまわりには、いろいろな生き物がいる。
▶生き物は、それぞれ、(⑬ 色)、(⑭ 形)、(⑮大きさ)などのすがたがちがっている。

ここがだいじ！
①小さい物《もの》をくわしくかんさつするときは、虫めがねを使《つか》う。
②生《い》き物《もの》は、それぞれ、色、形、大きさなどのすがたがちがっている。

ぴたトリビア 動物《どうぶつ》は、ほかの動物や植物《しょくぶつ》を食べて生きています。ほかの生《い》き物《もの》なしでは生きられません。

ぴったり2 練習

1. 春の生《い》き物《もの》

①生き物のすがた

学習 **3ページ**

教科書 7~13ページ　答え 2ページ

1 外に出て、春のしぜんをかんさつしました。

(1) しぜんのかんさつをするときは、どのような物《もの》を身《み》につけるとよいですか。正しいものに○をつけましょう。
ア(　)動《うご》きやすいように、半そでの服《ふく》を着《き》て、半ズボンをはくのがよい。
イ(○)日なたにいることがあるので、ぼうしをかぶるとよい。
ウ(　)はいたり、ぬいだりがしやすいように、サンダルをはくとよい。

(2) 石を動かすとダンゴムシがたくさんいたので、くわしくかんさつすることにしました。どのようにしたらよいですか。正しいものに○をつけましょう。
ア(　)よくかんさつするために、そこにいたダンゴムシを全部《ぜんぶ》つかまえる。
イ(　)着ている物をよごさないように、立ったままでかんさつする。
ウ(○)かんさつした後、動かした石をもとにもどす。

(3) 右のかんさつカードの あ にかくことはどれですか。正しいものに○をつけましょう。
ア(　)先生の名前　イ(○)生き物の名前
ウ(　)わかったこと　エ(　)調《しら》べたこと

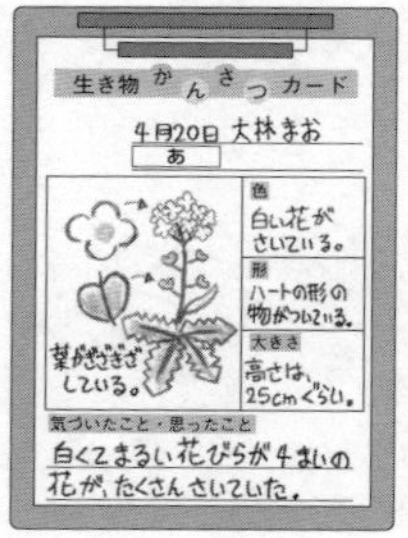

生き物かんさつカード
4月20日 大林まお
あ
色 白い花がさいている。
形 ハートの形の物がついている。
大きさ 高さは、25cmぐらい。
気づいたこと・思ったこと
白くてまるい花びらが4まいの花が、たくさんさいていた。

(4) 生き物のすがたのにているところやちがうところをくらべるとき、かんさつカードのどんなところに注目《ちゅうもく》しますか。カードを見て、3つかきましょう。
(　色　)(　形　)
(　大きさ　)

2 虫めがねを使《つか》って、生き物をかんさつしました。

(1) 手で持《も》てる物を見るときのかんさつのしかたは①、②のどちらですか。

① 虫めがねを目に近づけて、見る物を動かして、はっきりと見えるところで止める。

② 虫めがねを動かして、はっきりと見えるところで止める。

(　①　)

(2) 虫めがねで、ぜったいに見てはいけない物はどれですか。正しいものに○をつけましょう。
ア(　)動物《どうぶつ》　イ(　)植物《しょくぶつ》　ウ(○)太陽《たいよう》　エ(　)土

3ページ　てびき

1 (1)日ざしをさけるため、ぼうしをかぶります。
(2)かんさつの前と後で、かわらないようにします。
(4)かんさつするときは、色や形、大きさに注目《ちゅうもく》します。

2 (1)手で持《も》てる物《もの》を虫めがねで見るときは、見る物を動《うご》かします。
(2)目をいためるので、ぜったいに虫めがねで太《たい》陽《よう》を見てはいけません。

おうちのかたへ
太陽など強い光を出す物を虫眼鏡で見ると、目をいためるおそれがありますので注意させてください。なお、虫眼鏡で日光を集めることができることは、「7. 太陽の光」で学習します。

おうちのかたへ　1. 春の生き物
身の回りの生き物を観察して、色、形、大きさなど、姿に違いがあることを学習します。虫眼鏡の使い方や記録のしかたを覚えているか、生き物どうしを比べて、特徴を捉えたり、違うところや共通しているところを見つけたりすることができるか、などがポイントです。

ぴったり3 たしかめのテスト

1. 春の生《い》き物《もの》

4ページ

/100 合格 70 点

教科書 6〜13ページ　答え 3ページ

1 身《み》のまわりに見られる生き物をかんさつしました。　1つ5点(20点)

アブラナ

タンポポ

モンシロチョウ
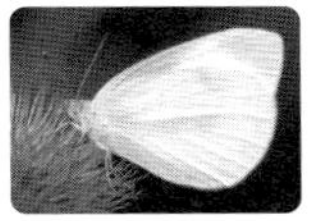
ナナホシテントウ
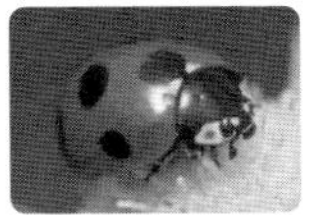

①〜④の記ろくは、写真《しゃしん》のどの生き物のことですか。それぞれ名前をかきましょう。

① 赤色で、黒い点が7つあった。まるい形で、大きさは7mmぐらい。

② はねの色は白で、黒い点があった。はねは3cmぐらいで4まい。

③ 花は黄色で、葉《は》は大きなぎざぎざがあった。高さは20cmぐらい。

④ 花は黄色で、葉は細長かった。高さは50cmぐらい。

①(ナナホシテントウ)
②(モンシロチョウ)
③(タンポポ)
④(アブラナ)

2 身のまわりの生き物をかんさつして、かんさつカードにまとめました。　1つ5点(20点)

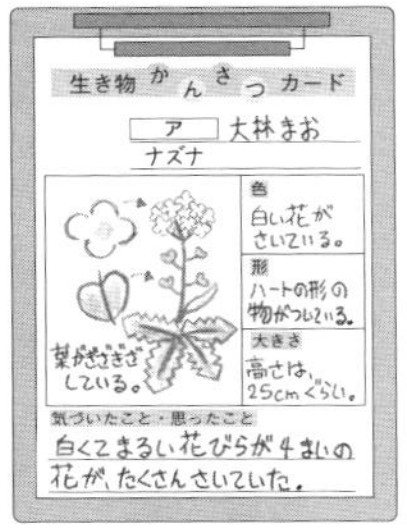

(1) 生き物をかんさつするときに、注目《ちゅうもく》することをかきましょう。
①「白色」「黄色」など、(色)に注目する。
②「25cmぐらい」「100cmぐらい」など、(高さ)(大きさ)に注目する。
③「ハート」「ぎざぎざ」「細長い」など、(形)に注目する。

(2) 図の ア には、何をかけばよいですか。
(月日)
(日づけ)

4

5ページ

学習

よく出る

3 虫めがねを使《つか》って、生き物をかんさつしました。　技能 1つ10点(30点)

① 
② 

(1) 虫めがねを使うのは、物をどのようにして見るためですか。正しいものに○をつけましょう。
ア(　)明るくして見るため。
イ(　)暗《くら》くして見るため。
ウ(　)小さくして見るため。
エ(○)大きくして見るため。

(2) ①と②で、虫めがねの使い方をかえたのは、かんさつする物の何がちがうからですか。正しいものに○をつけましょう。
ア(　)大きさ　イ(○)動《うご》かせるかどうか　ウ(　)見られるところ

(3) 記述 虫めがねでぜったいに太陽《たいよう》を見てはいけないのはなぜですか。
(目をいためるから。)

できたらスゴイ!

4 学校からの帰り道で、はるかさんは下のようなアブラナとタンポポを見つけました。　思考・表現 1つ5点(30点)

高さ50cmぐらい

高さ20cmぐらい

(1) はるかさんは、アブラナとタンポポを見て、にているところがあると思いました。それはどこですか。正しいもの2つに○をつけましょう。
ア(　)葉の形　イ(○)葉の色
ウ(　)高さ　エ(○)花の色

(2) アブラナとタンポポには、モンシロチョウや、ベニシジミがやってきました。
①モンシロチョウもベニシジミもチョウとよばれるのは、生き物のすがたのうち、何がにているからですか。　(形)
② 記述 モンシロチョウとベニシジミは、どちらもチョウなのに、区《く》べつできるのはなぜですか。
(からだの色や大きさがちがうから。)

(3) 生き物をなかま分けするとき、どのようなところをくらべるとよいですか。(　)にあてはまる言葉《ことば》をかきましょう。

花やからだの色、葉やからだの(① 形)、高さや長さなどの(② 大きさ)をくらべるとよい。

ふりかえり
3の問題がわからなかったときは、2ページの1にもどってたしかめましょう。
4の問題がわからなかったときは、2ページの1にもどってたしかめましょう。

5

4〜5ページ　てびき

1 生《い》き物《もの》の色、形、大きさを読みとって、記ろくにあてはまる写真《しゃしん》の生き物をさがしましょう。

2 (1)生き物をかんさつするときは、色や形、大きさに注目《ちゅうもく》します。
(2)調《しら》べた月日など、ひつようなじょうほうをかいておきます。

3 (1)虫めがねを使《つか》うと、小さい物を大きく見ることができます。
(2)かんさつする物が、手で持《も》って動《うご》かせるときはかんさつする物を動かして、手で持てない・動かせないときは虫めがねを動かして、はっきり見えるところで止めます。

4 (1)アブラナとタンポポでは、葉《は》の形や高さはちがいますが、葉の色や花の色はにています。
(2)、(3)チョウのなかまは、どれもにたような形をしていますが、色や大きさで区《く》べつできます。

ぴったり1 **じゅんび**

2. たねまき
①たねをまこう

6ページ

植物は、たねからどのように育つのかをかくにんしよう。

教科書 15~21ページ　答え 4ページ

次《つぎ》の(　)にあてはまる言葉《ことば》をかこう。

1 植物《しょくぶつ》は、たねからどのように育《そだ》つのだろうか。　教科書 15~21ページ

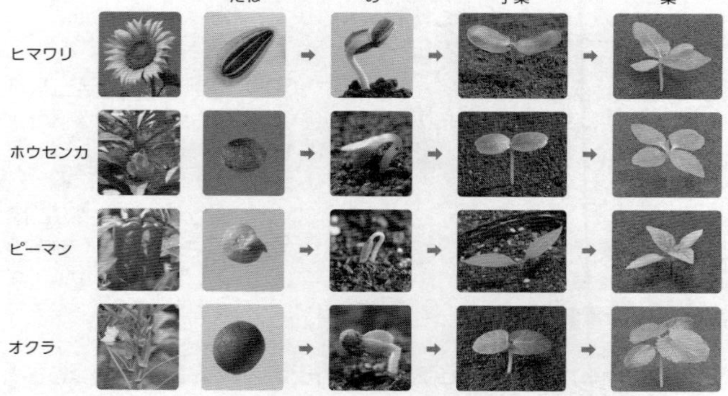

▶(① **たね**)からめが出てきて、はじめに出てくる葉を(② **子葉**)という。

▶たねのまき方と世話《せわ》のしかた

- 小さいたね(ホウセンカやピーマン)土の上にたねをまき、土を(③ **少し**)かける。
- 大きいたね(ヒマワリやオクラ)指《ゆび》で土に(④ **あな**)をあけて、たねをまき、土をかける。

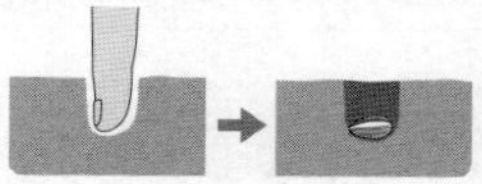

- 土がかわかないように、ときどき(⑤ **水**)をやる。

▶植物の高さの調《しら》べ方と記ろくのまとめ方

- 植物の高さの調べ方
  紙テープなどで、地面《じめん》から、いちばん上の(⑥ **葉**)のつけ根《ね》までの高さをはかって紙テープを切りとる。
- 記ろくのまとめ方
  植物の高さを調べた(⑦ **紙テープ**)は、大きな(⑧ **紙**)にはっていく。

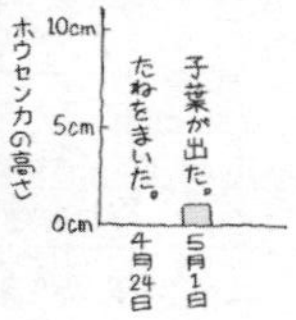

ここが だいじ! ①たねからはじめに出てくる葉《は》を、子葉《しよう》という。

ぴたトリビア ホウセンカのじゅくした実《み》にさわると、はじけてたねがとびます。このことから、ホウセンカを英語《えいご》で「タッチ・ミー・ノット」(わたしにさわらないで)とよぶこともあります。

ぴったり2 **練習**

2. たねまき
①たねをまこう

7ページ

教科書 15~21ページ　答え 4ページ

1 ヒマワリ、ピーマン、ホウセンカ、オクラの育《そだ》つようすをかんさつしました。

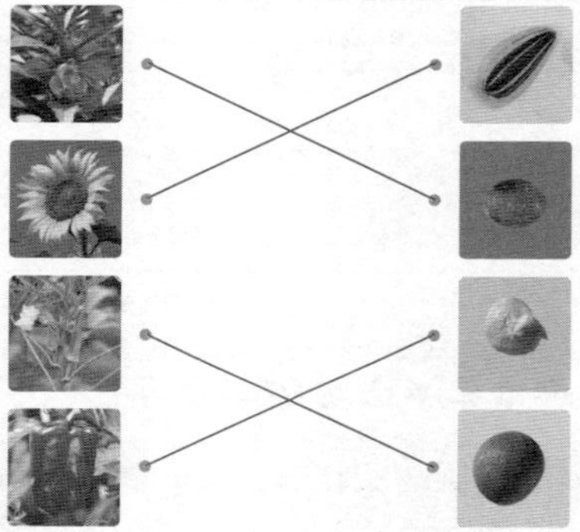

(1) 上の写真《しゃしん》で、たねと育った後のようすの組み合わせをそれぞれ線でむすびましょう。

(2) たねからめが出て、はじめに出てくる葉《は》のことを、何といいますか。

(**子葉**)

2 入《い》れ物《もの》に土を入れて、たねをまきます。

(1) ヒマワリ、ホウセンカ、ピーマン、オクラのたねは、それぞれ、図のあ、いのどちらのまき方ですか。1つずつえらびましょう。

①ヒマワリ (い)
②ホウセンカ (あ)
③ピーマン (あ)
④オクラ (い)

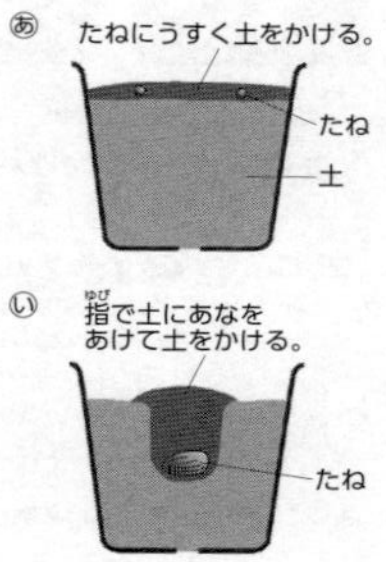

(2) たねをまいた後、どのようにすればよいですか。正しいほうに○をつけましょう。

ア(　)めが出るまでは、何もしない。
イ(○)土がかわかないように、水をやる。

ヒント **2** (1) 大きいたねは、指《ゆび》で土にあなをあけてまきます。

7ページ　てびき

1 (2)たねから、はじめに2まいの子葉《しよう》が出てきます。

2 (1)小さいたねのホウセンカやピーマンは、土の上にたねをまき、土を少しかけます。大きいたねのヒマワリやオクラは、指《ゆび》で土にあなをあけて、たねをまき、土をかけます。
(2)たねをまいた後は、土がかわかないように、ときどき水をやるようにします。

おうちのかたへ
ふだん「双葉」「本葉」とよんでいる物は、理科では「子葉」「葉」になりますので注意してください。また、3年では「種子」「発芽」ではなく、「たね」「めが出ること」と書いています。なお、「種子」「発芽」は5年で学習します。

おうちのかたへ　2. たねまき
植物の育つ順序と、植物の体について学習します。ここでは、たねまきから子葉が出るまでを扱います。植物の育ちを、たね、子葉などの用語(名称)を使って理解しているか、などがポイントです。

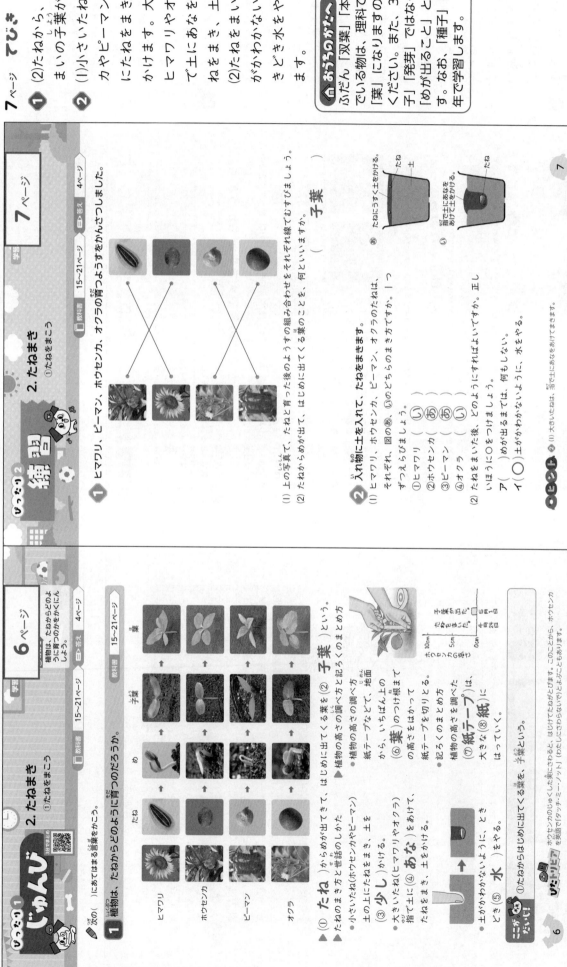

ぴったり3 たしかめのテスト 2. たねまき

8ページ

/100 合格 70 点

教科書 14～21ページ　答え 5ページ

よく出る

❶ 植物《しょくぶつ》のたねをまいてから、めが出た後までのようすをまとめました。①～⑦にあてはまる記号《きごう》を下のア～クからえらび、表《ひょう》をかんせいさせましょう。

1つ5点(35点)

名前	たね	めが出た後
ヒマワリ	ア	(① キ)
ホウセンカ	(② ウ)	(③ カ)
ピーマン	(④ エ)	(⑤ ク)
オクラ	(⑥ イ)	(⑦ オ)

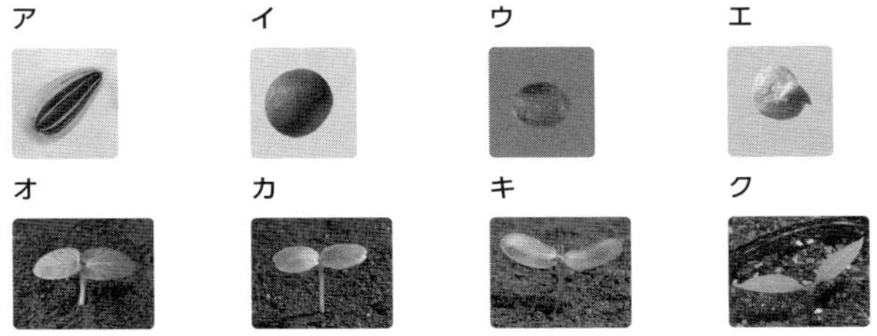

ア
イ
ウ
エ
オ
カ
キ
ク

❷ 記述 入《い》れ物《もの》に土を入れて、ホウセンカとヒマワリのたねをそれぞれまきます。アはホウセンカのたねをまくようす、イはヒマワリのたねをまくようすです。それぞれのまき方を、せつめいしましょう。

1つ10点(20点)

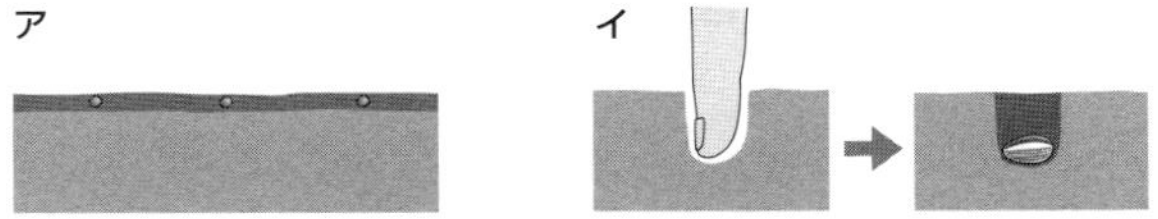

ア
イ

ホウセンカ(土の上にたねをまき、土を少しかける。)
ヒマワリ(指で土にあなをあけて、たねをまき、土をかける。)

9ページ

学習

❸ 小さな入れ物に土を入れて、たねをまきました。

技能 1つ10点、(1)は全部《ぜんぶ》できて10点(20点)

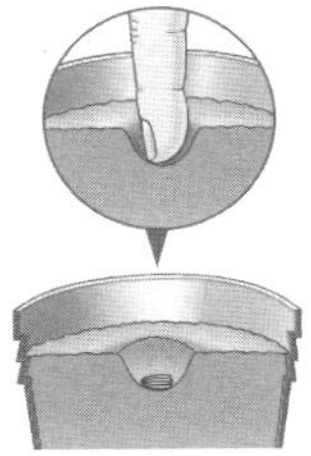

(1) 図のように、土にあなをあけてまくたねはどれですか。正しいもの２つに○をつけましょう。

ア(○)ヒマワリ
イ(　)ホウセンカ
ウ(　)ピーマン
エ(○)オクラ

(2) 記述 たねをまいた後、土がかわかないようにすることは何ですか。せつめいしましょう。

(　(ときどき)水をやること。　)

できたらスゴイ！

❹ ヒマワリとホウセンカのめが出た後のようすをかんさつして、記ろくしました。

1つ5点(25点)

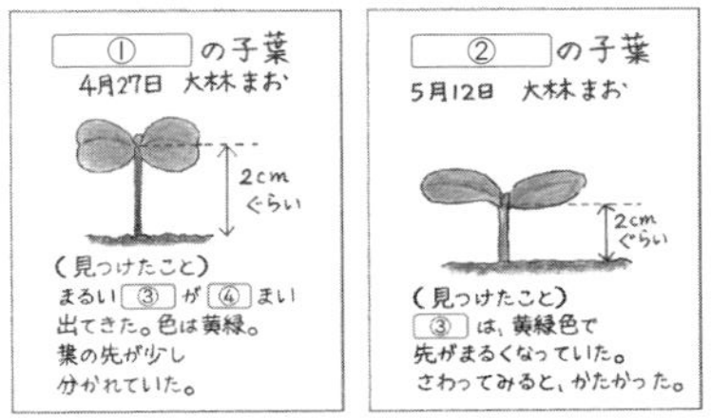

① の子葉
4月27日 大林まお
2cmぐらい
(見つけたこと)
まるい ③ が ④ まい出てきた。色は黄緑。
葉の先が少し分かれていた。
② の子葉
5月12日 大林まお
2cmぐらい
(見つけたこと)
③ は、黄緑色で先がまるくなっていた。
さわってみると、かたかった。

(1) ①と②にあてはまるのは、ヒマワリとホウセンカのどちらですか。

①(ホウセンカ)
②(ヒマワリ)

(2) ③は、たねからはじめに出てきた葉《は》です。この葉を何といいますか。

(子葉)

(3) ④にあてはまる数を答えましょう。

(2)

(4) 記述 ヒマワリとホウセンカなど、植物の高さは、地面《じめん》からどこまでの高さをはかりますか。(　)に入る言葉《ことば》をかきましょう。

地面から(いちばん上の葉のつけ根)までの高さをはかる。

ふりかえり ❶の問題がわからなかったときは、6ページの❶にもどってたしかめましょう。
❹の問題がわからなかったときは、6ページの❶にもどってたしかめましょう。

8～9ページ てびき

❶ 教科書やかんさつしてかいた記ろくカードを見て、かくにんしましょう。

❷ 小さいたねのホウセンカと大きいたねのヒマワリでは、たねのまき方にちがいがあります。

❸ (1)たねの大きさによって、たねのまき方をかえます。
(2)たねをまいた後は、土がかわかないように、ときどき水をやります。めが出た後も、水やりはつづけます。

❹ (1)ホウセンカの子葉《しよう》は葉《は》の先が少し分かれていて、ヒマワリの子葉は葉の先がまるくなっています。
(2)、(3)たねからはじめに出てくる葉《は》を子葉といい、2まい出てきます。
(4)植物《しょくぶつ》の高さを調《しら》べるときは、紙テープなどで、地面《じめん》から、いちばん上の葉のつけ根《ね》までの高さをはかってその高さに合わせて紙テープを切りとります。

ぴったり1 じゅんび

3. チョウのかんさつ

①チョウの育《そだ》ち方1

学習 **10ページ**

チョウは、たまごからどのように育つのかをかくにんしよう。

3分でまとめ

教科書 23〜27ページ　答え 6ページ

次《つぎ》の(　)にあてはまる言葉《ことば》をかこう。

1 チョウは、たまごからどのように育っていくのだろうか。 教科書 23〜27ページ

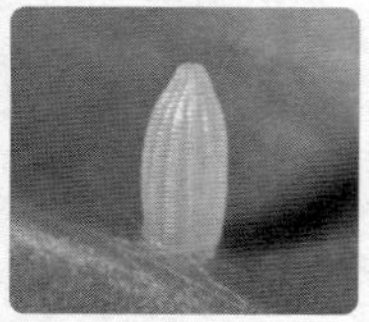

▶キャベツの葉《は》を調《しら》べるときは、(① 虫めがね)を使《つか》う。

▶キャベツの葉についている小さな黄色《きいろ》いつぶは、モンシロチョウがうみつけた(② たまご)である。

▶あおむしは、たまごからかえった(③ よう虫)(子ども)である。

▶モンシロチョウのたまごやよう虫《ちゅう》のかい方

- たまごは、(④ 葉)についたまま、入れ物《いれもの》に入れる。
- よう虫は、葉につけたまま、(⑤ 毎日)、新しいキャベツの葉を入れた、べつの入れ物にうつす。

▶アゲハを育てる場合

- アゲハのよう虫には、サンショウや(⑥ ミカン)の葉をあたえる。

▶モンシロチョウのよう虫の育ち方

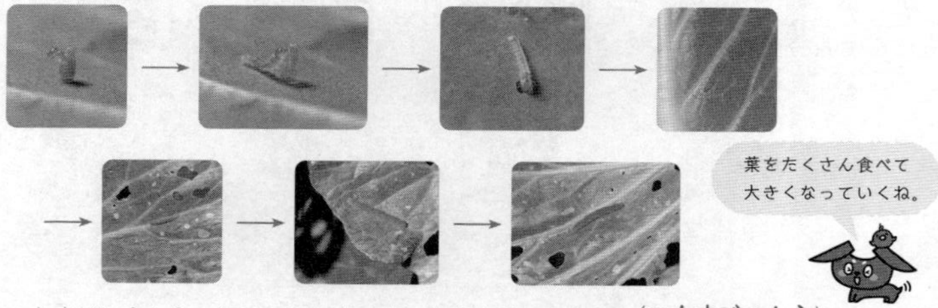

- たまごからかえったモンシロチョウのよう虫は、はじめに(⑦たまごのから)を食べる。
- よう虫は、そのからだが(⑧ 緑)色になり、(⑨ 皮)をぬいで大きくなっていく。

ここがだいじ!
①モンシロチョウは、キャベツの葉《は》にたまごをうみつける。
②たまごからかえったよう虫(あおむし)は、キャベツの葉を食べて、皮《かわ》をぬいで大きくなっていく。

ぴたトリビア　チョウのしゅるいによって、よう虫《ちゅう》が食べる物《もの》はちがいます。モンシロチョウのよう虫はキャベツなど、アゲハのよう虫はミカンなどの植物《しょくぶつ》を食べます。

ぴったり2 練習

3. チョウのかんさつ

①チョウの育《そだ》ち方1

学習 **11ページ**

教科書 23〜27ページ　答え 6ページ

1 モンシロチョウが、キャベツにとまっていました。

(1) キャベツについているあおむしは、モンシロチョウの何ですか。(　よう虫　)(子ども)

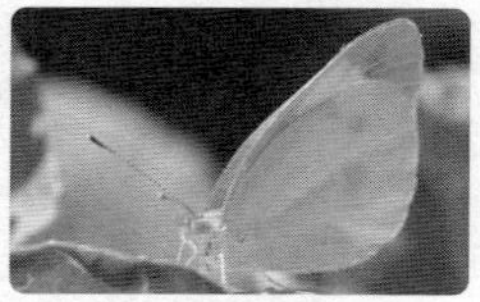

(2) モンシロチョウが、キャベツにとまるのは、何をするためですか。正しいものに○をつけましょう。
ア(　)花のみつをすうため。
イ(　)葉《は》のしるをすうため。
ウ(○)たまごをうみつけるため。

2 図のような入れ物《いれもの》で、モンシロチョウのたまごやよう虫《ちゅう》を育てました。

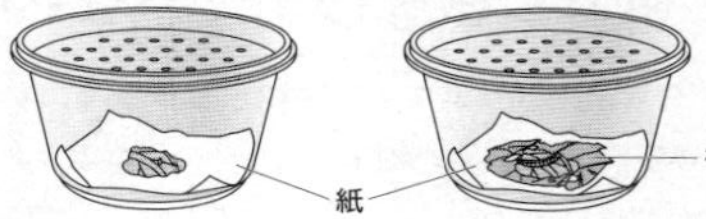

(1) たまごを入れ物に入れるとき、どのようにして入れますか。正しいほうに○をつけましょう。
ア(　)新しい葉を入れた入れ物に、たまごをピンセットでつかんで入れる。
イ(○)たまごを葉につけたまま、入れ物に入れる。

(2) よう虫の食べる葉は、いつかえますか。正しいものに○をつけましょう。
ア(○)1日に1回かえる。　イ(　)1週間に1回かえる。
ウ(　)よう虫が食べつくすまで、かえなくてもよい。

(3) たまごからかえったばかりのよう虫は、はじめに何を食べますか。
((たまごの)から)

(4) たまごからかえったよう虫は、これからどうなりますか。正しいほうに○をつけましょう。
ア(○)キャベツの葉を食べ、皮《かわ》をぬぎながら大きくなる。
イ(　)キャベツの葉を食べ、皮をぬぎながら小さくなる。

(5) アゲハを育てる場合、アゲハのよう虫に何の葉をあたえますか。
(　サンショウ　)(ミカン)

おうちのかたへ　3. チョウのかんさつ

昆虫の育つ順序と、昆虫の体について学習します。ここでは、チョウを対象にしています。チョウの育ちを、卵、幼虫、さなぎ、成虫などの用語(名称)を使って理解しているか、などがポイントです。

11ページ　てびき

❶ (1)あおむしは、たまごからかえった、よう虫《ちゅう》(子ども)です。
(2)よう虫が食べる物《もの》にたまごをうみます。

❷ (1)たまごは、葉《は》についたまま、入れ物に入れます。
(2)よう虫は、葉につけたまま、毎日、新しいキャベツの葉を入れた、べつの入れ物にうつします。
(3)、(4)たまごからかえったよう虫は、はじめにたまごのからを食べ、それからキャベツの葉を食べ、皮《かわ》をぬいで大きくなっていきます。

おうちのかたへ
小学校では「脱皮」ではなく、「皮を脱ぐこと」と書いています。

ぴったり1 じゅんび

3. チョウのかんさつ

①チョウの育《そだ》ち方2

学習 12ページ

さなぎから成虫になるようすをかくにんしよう。

教科書 28〜30ページ　答え 7ページ

次《つぎ》の（　）にあてはまる言葉《ことば》をかくか、あてはまるものを○でかこもう。

1 さなぎをかんさつしよう。

教科書 28〜30ページ

▶モンシロチョウの育ち方（よう虫《ちゅう》〜さなぎ〜成虫《せいちゅう》）

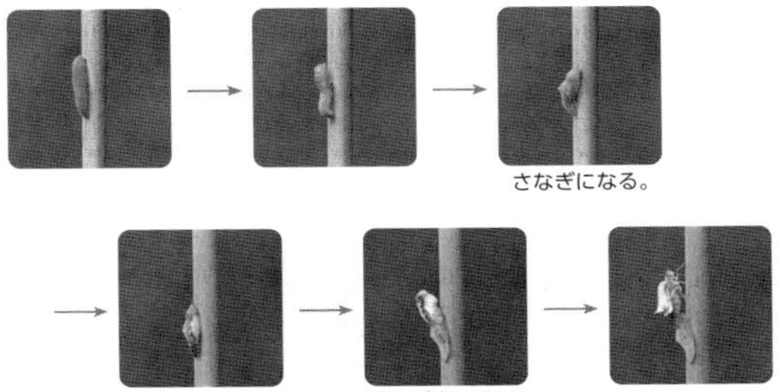

- 大きくなったよう虫は、からだに（①　**糸**　）をかけて動《うご》かなくなり、やがて皮《かわ》をぬいで、（②　**さなぎ**　）になる。
- モンシロチョウの（②）は、（③　葉《は》を食べる　・（何も食べない）　）。
- （②）はやがて、（④　**はね**　）のもようがすけて見えてくる。
- よう虫が（②）になってから2週間ぐらいたつと、（⑤　**成虫**　）が出てくる。
- （②）から出てきた（⑤）は、（⑥　**はね**　）がのびるまでじっとしている。

▶チョウは、（⑦　**たまご**　）→（⑧　**よう虫**　）→（⑨　**さなぎ**　）→（⑩　**成虫**　）のじゅんに育つ。

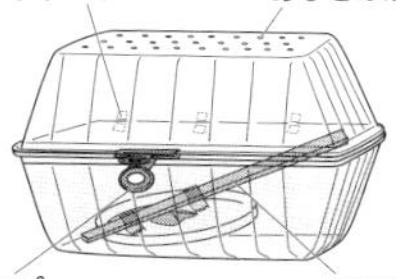

アゲハも、モンシロチョウと同じように育つよ。

ここがだいじ！ ①チョウは、たまご→よう虫《ちゅう》→さなぎ→成虫《せいちゅう》のじゅんに育《そだ》つ。

ぴたトリビア モンシロチョウのよう虫《ちゅう》はキャベツを食べ、成虫《せいちゅう》は花のみつをすいます。このように、動物《どうぶつ》は育《そだ》ってからだの形がかわると、食べる物《もの》もかわることがあります。

ぴったり2 練習

3. チョウのかんさつ

①チョウの育《そだ》ち方2

学習 13ページ

教科書 28〜30ページ　答え 7ページ

1 モンシロチョウの育ち方をかんさつしました。

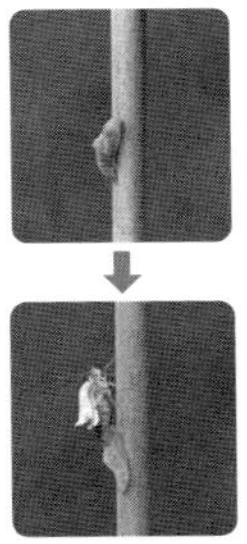

(1) さなぎになったら、どのような入《い》れ物《もの》にうつしましたか。正しいほうに○をつけましょう。

ア（ ○ ）たまごやよう虫《ちゅう》をかっていたときより大きい入れ物
イ（　）たまごやよう虫をかっていたときより小さい入れ物

(2) モンシロチョウのさなぎはどのようなようすでしたか。正しいものに○をつけましょう。

ア（　）ときどき動《うご》き回って、葉《は》を食べた。
イ（　）ときどき動き回ったが、何も食べなかった。
ウ（ ○ ）じっとしたまま動かず、何も食べなかった。

(3) さなぎをかんさつしている間、さなぎの色はどうなりましたか。正しいものに○をつけましょう。

ア（　）さなぎになったときの色のままかわらない。
イ（ ○ ）はねのもようがすけて見えるようになる。
ウ（　）全体《ぜんたい》が黒くなる。

(4) さなぎになってしばらくすると、からをやぶって何が出てきましたか。

（　**成虫**　）

2 モンシロチョウは、すがたをかえて育っていきます。

(1) 何回も皮《かわ》をぬいで大きくなるのはどれですか。正しいものに○をつけましょう。

ア（　）成虫《せいちゅう》　イ（ ○ ）よう虫　ウ（　）さなぎ　エ（　）たまご

(2) キャベツの葉を食べるのはどれですか。正しいものに○をつけましょう。

ア（　）成虫　イ（ ○ ）よう虫　ウ（　）さなぎ　エ（　）たまご

(3) 動き回れるのはどれとどれですか。正しいもの2つに○をつけましょう。

ア（ ○ ）成虫　イ（ ○ ）よう虫　ウ（　）さなぎ　エ（　）たまご

(4) モンシロチョウがたまごから育つじゅんに、「成虫」、「よう虫」、「さなぎ」をならべかえてかきましょう。

たまご→（　**よう虫**　）→（　**さなぎ**　）→（　**成虫**　）

13ページ　てびき

1 (1)さなぎになったら、大きい入《い》れ物《もの》にうつします。

(2)さなぎは、何も食べず、動《うご》き回りません。

(3)だんだんと、はねのもようがすけて見えてきます。

(4)さなぎになってから2週間ぐらいたつと、成虫《せいちゅう》が出てきます。

2 (1)よう虫《ちゅう》は、何回も皮《かわ》をぬいで大きくなります。

(2)よう虫は、キャベツの葉《は》を食べて育《そだ》ちます。

(3)たまごやさなぎは動き回ることができません。

(4)モンシロチョウやアゲハなど、チョウの育つじゅんは同じです。

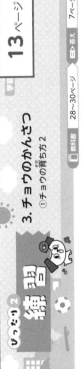

ぴったり1 じゅんび

3. チョウのかんさつ

②成虫《せいちゅう》のからだのつくり

学習 14ページ

チョウの成虫のからだのつくりをかくにんしよう。

教科書 31〜32ページ　答え 8ページ

次《つぎ》の(　)にあてはまる言葉《ことば》をかこう。

1 チョウの成虫のからだは、どのようなつくりをしているのだろうか。 教科書 31〜32ページ

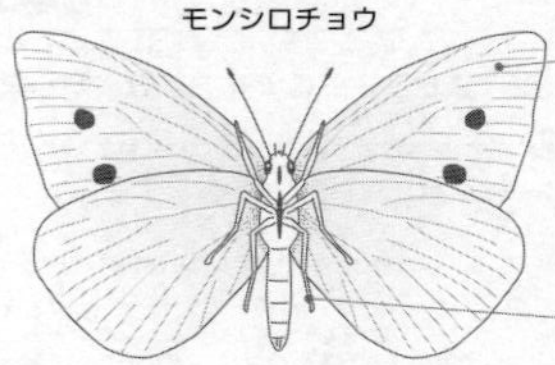

(① はね　)

(② あし　)

▶モンシロチョウとアゲハの成虫には、はねが(③　4　)まい、あしが(④　6　)本ある。

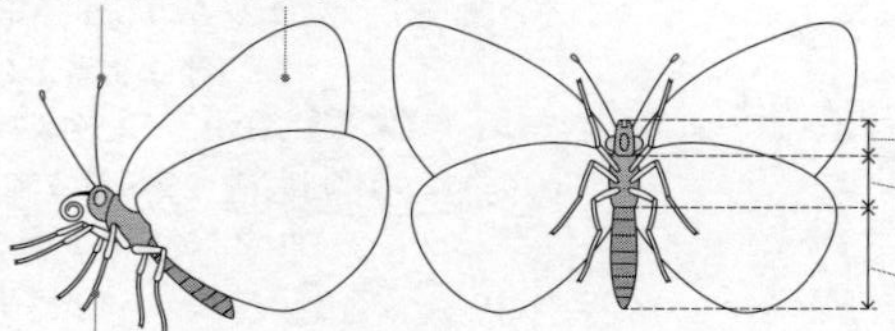

(⑤しょっかく)(⑥ はね　)

(⑦ あし　)

(⑧　頭　)

(⑨ むね　)

(⑩ はら　)

▶チョウの成虫のからだは(⑧)、(⑨)、(⑩)の３つの部分《ぶぶん》からできている。

▶チョウのむねには、(⑪ あし　)が６本ある。

▶チョウの(⑫　頭　)には目、口《くち》、しょっかくがある。

▶チョウの(⑬ むね　)には、あし、はねがある。

▶チョウのはらには、(⑭ ふし　)がある。

▶チョウのように、(⑧)、(⑨)、(⑩)の３つの部分からできていて、(⑪)が６本あるようなからだのつくりをした生《い》き物《もの》のなかまを(⑮こん虫)という。

ここがだいじ！

①チョウの成虫《せいちゅう》のからだは、頭、むね、はらの３つの部分《ぶぶん》からできていて、むねにあしが６本ある。

②頭、むね、はらの３つの部分からできていて、むねにあしが６本あるようなからだのつくりをした生《い》き物《もの》のなかまをこん虫《ちゅう》という。

ぴたトリビア　こん虫《ちゅう》の成虫《せいちゅう》のむねには、６本のあしがありますが、成虫のダンゴムシには14本、クモには８本のあしがあり、どちらもこん虫ではありません。

ぴったり2 練習

3. チョウのかんさつ

②成虫《せいちゅう》のからだのつくり

学習 15ページ

教科書 31〜32ページ　答え 8ページ

1 モンシロチョウの成虫をかんさつしました。

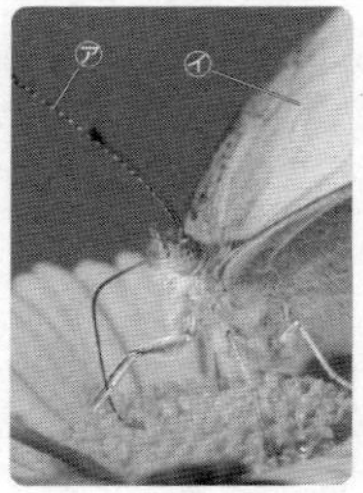

(1) 写真《しゃしん》の㋐、㋑はそれぞれ何ですか。

㋐(しょっかく)　㋑(　はね　)

(2) モンシロチョウの成虫には、あしが何本ありますか。正しいものに○をつけましょう。

ア(　)１本　イ(　)２本
ウ(　)４本　エ(○)６本

(3) モンシロチョウのからだは、いくつの部分《ぶぶん》に分かれていますか。正しいものに○をつけましょう。

ア(　)１つ　イ(　)２つ
ウ(○)３つ　エ(　)４つ

2 図は、モンシロチョウのからだのつくりを表《あらわ》そうとしたものです。

(1) モンシロチョウの頭を黄色、むねを緑《みどり》色、はらを青色でぬりましょう。

(2) 図に、モンシロチョウのあしを、そのつき方がわかるようにかき入れましょう。

(3) モンシロチョウのからだのつくりで、ふしがあるのはどの部分ですか。正しいものに○をつけましょう。

ア(　)頭
イ(　)むね
ウ(○)はら

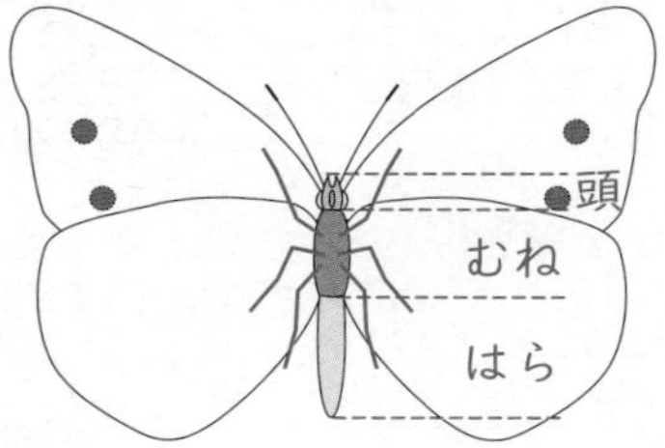

(4) モンシロチョウのように、からだが頭、むね、はらの３つの部分からできていて、あしが６本あるようなからだのつくりをした生《い》き物《もの》のなかまを何といいますか。

(　こん虫　)

15ページ　てびき

1 (1)、(2)こん虫《ちゅう》の頭には、口《くち》や目、２本のしょっかくがあります。また、こん虫のむねには、ふつう、４まいのはねと６本のあしがあります。

(3)こん虫のからだは、頭、むね、はらの３つの部分《ぶぶん》からできています。

2 (1)こん虫のからだは、頭、むね、はらの３つの部分に分かれています。

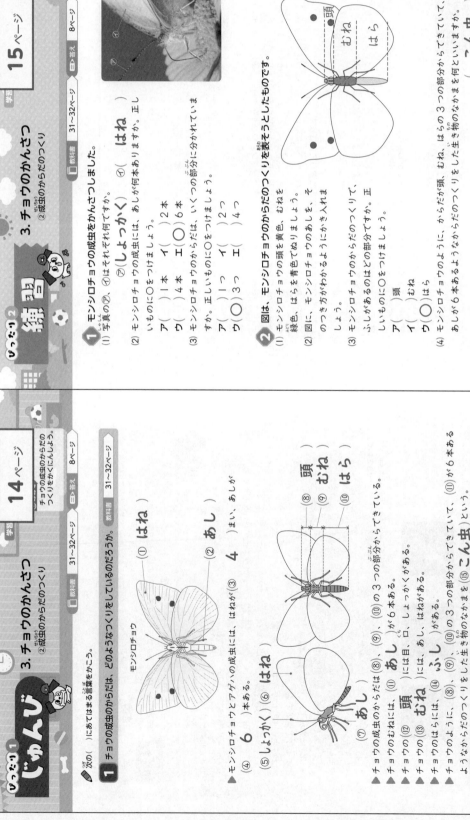

ぴったり3 たしかめのテスト

3. チョウのかんさつ

16ページ

100 合格70点

教科書 22～35ページ　答え 9ページ

よく出る

1 モンシロチョウをかんさつしました。図は、記ろくの一部《いちぶ》です。

1つ6点、(1)は全部《ぜんぶ》できて6点(30点)

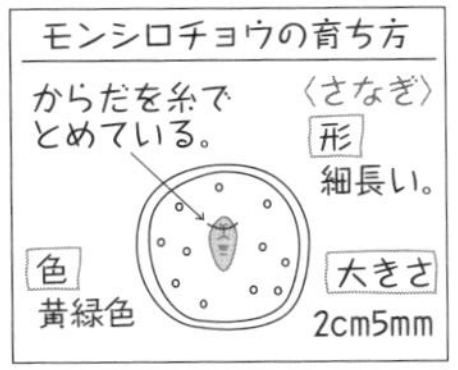

モンシロチョウの育ち方
〈さなぎ〉
からだを糸で
とめている。
形
細長い。
色
黄緑色
大きさ
2cm5mm

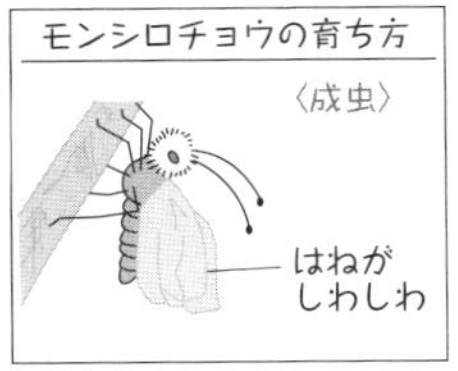

モンシロチョウの育ち方
〈成虫〉
はねが
しわしわ

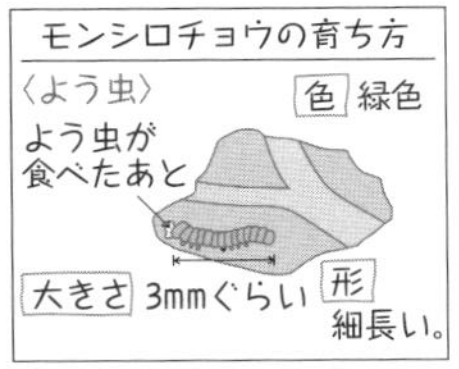

モンシロチョウの育ち方
〈よう虫〉
色
緑色
よう虫が
食べたあと
大きさ
3mmぐらい
形
細長い。

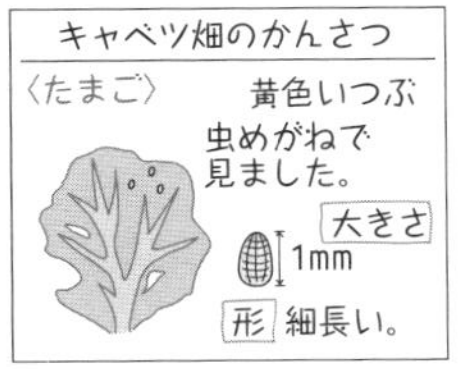

キャベツ畑のかんさつ
〈たまご〉
黄色いつぶ
虫めがねで
見ました。
大きさ
1mm
形
細長い。

(1) かんさつしたモンシロチョウは、どのじゅんに育《そだ》ちましたか。さなぎ、成虫《せいちゅう》、よう虫《ちゅう》、たまごをならべかえてかきましょう。

(たまご)
→(よう虫)
→(さなぎ)
→(成虫)

(2) モンシロチョウが何回も皮《かわ》をぬぐのはどのすがたのときですか。
さなぎ、成虫、よう虫、たまごから、１つえらびましょう。

(よう虫)

(3) モンシロチョウが大きく育つのは、どのすがたのときですか。さなぎ、成虫、よう虫、たまごから、１つえらびましょう。

(よう虫)

(4) モンシロチョウのよう虫は、キャベツの葉《は》を食べて育ちました。さなぎと成虫は、キャベツの葉を食べますか。正しいものに○をつけましょう。

ア(　)さなぎは食べないが、成虫は食べる。
イ(○)さなぎも成虫も食べない。
ウ(　)成虫は食べないが、さなぎは食べる。
エ(　)さなぎも成虫も食べる。

(5) アゲハの育ち方(育つじゅん)をモンシロチョウとくらべると、どちらも同じだといえますか。

(いえる。)

学習

17ページ

2 モンシロチョウを、図のような入れ物《いれもの》の中で育てました。 技能 1つ10点(30点)

キャベツの葉
あな
紙

(1) 入れ物にしく紙は、どのような物を使《つか》いますか。正しいほうに○をつけましょう。

ア(　)よくかわいた紙を使う。
イ(○)水でしめらせた紙を使う。

(2) よう虫の食べる葉は、いつかえますか。次《つぎ》の文の(　)にあてはまる言葉《ことば》をかきましょう。

(１日)に１回かえる。

(3) よう虫の食べる葉は、どのようにかえますか。正しいものに○をつけましょう。

ア(　)よう虫を手でそっとつかんで、新しい葉を入れた入れ物にうつす。
イ(　)よう虫だけをピンセットでつかんで、新しい葉を入れた入れ物にうつす。
ウ(○)よう虫をのせた葉をピンセットでつかんで、新しい葉を入れた入れ物にうつす。
エ(　)よう虫の入った入れ物に新しい葉を入れ、古い葉をピンセットでとり出す。

できたらスゴイ！

3 アゲハのからだのつくりを調《しら》べました。 1つ10点(40点)

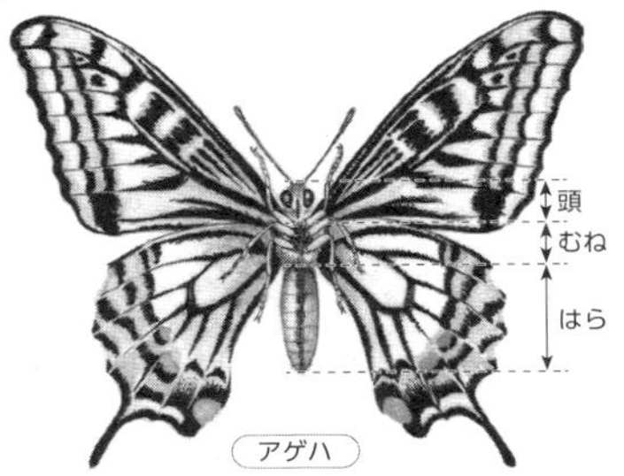

頭
むね
はら
アゲハ

(1) しょっかくがついているのは、からだのどの部分《ぶぶん》ですか。正しいものに○をつけましょう。

ア(○)頭　イ(　)むね
ウ(　)はら

(2) はねがついているのは、からだのどの部分ですか。正しいものに○をつけましょう。

ア(　)頭　イ(○)むね
ウ(　)はら

(3) アゲハは、こん虫《ちゅう》だといえますか。

(いえる。)

(4) 記述 (3)で、アゲハがこん虫といえるかどうかを決《き》めた理由《りゆう》をせつめいしましょう。 思考・表現

(アゲハのからだは、頭、むね、はらからできていて、むねにあしが６本あるから。)

ふりかえり

1の問題がわからなかったときは、12ページの1にもどってたしかめましょう。
3の問題がわからなかったときは、14ページの1にもどってたしかめましょう。

16～17ページ　てびき

1 (2)、(3)よう虫《ちゅう》は、何回も皮《かわ》をぬいで、大きくなっていきます。

(4)成虫《せいちゅう》は花のみつをすい、さなぎは何も食べません。

2 (1)入れ物《いもの》に入れたキャベツの葉《は》がかわかないように、水でしめらせた紙を入れます。

(2)よう虫が食べる葉は、毎日新しい葉にかえます。

(3)モンシロチョウのたまごやよう虫には、手をふれないようにします。

3 (1)頭には、目、口《くち》、しょっかくがあります。

(2)アゲハのむねには、６本のあしと、４まいのはねがついています。

(3)、(4)アゲハが、こん虫のとくちょうをもっているかどうかを考えます。

ぴったり1 じゅんび

3分でまとめ

★どれぐらい育《そだ》ったかな

①植物《しょくぶつ》の育ち方
②植物のからだのつくり

学習 18ページ

植物の育ち方やからだのつくりをかくにんしよう。

教科書 37〜41ページ　答え 10ページ

次《つぎ》の(　)にあてはまる言葉《ことば》をかこう。

1 植物は、どのように育っているだろうか。 教科書 37〜38ページ

▶春にたねをまいた植物が育ってくると、2まいの子葉《しよう》が出た後から、(① 葉)の数がふえてくる。

▶植物が育つと、その高さは(② 高く)なる。

2 植物のからだは、どんなつくりをしているのだろうか。 教科書 39〜41ページ

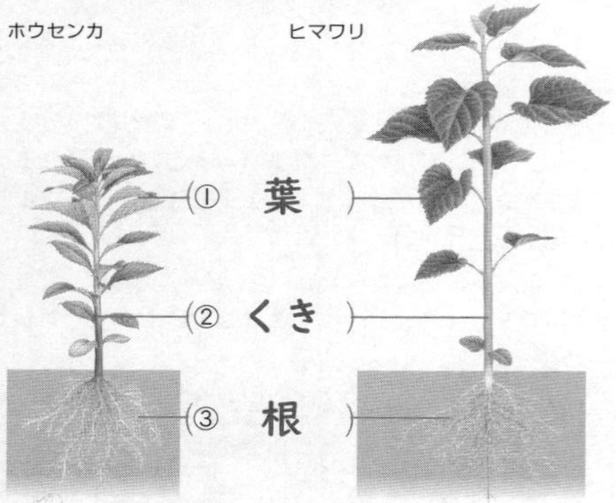
ホウセンカ
ヒマワリ
(① 葉)
(② くき)
(③ 根)

▶植《う》えかえのしかた

- 植えかえる1週間ぐらい前に、(④ ひりょう)を入れる。
- 葉《は》が4〜6まいになったころ、植物を入《い》れ物《もの》から取り出し、土ごと花だんや大きい入れ物に(⑤ 植え(かえ))て水をやる。

▶植物のからだは、どれも(⑥ 葉)、(⑦ くき)、(⑧ 根)からできている。

▶葉は、(⑨ くき)についている。

▶(⑩ 根)は、くきの下にある。

ここがだいじ!
①育《そだ》てている植物《しょくぶつ》は、葉《は》の数《かず》がふえ、高さが高くなってくる。
②植物のからだは、葉、くき、根《ね》からできている。
③葉は、くきについていて、根は、くきの下にある。

ぴたトリビア　わたしたちが葉、くき、根《ね》のどこを食べているかは、野さいによってちがいます。キャベツは葉、ジャガイモは地下のくき、ニンジンは根を食べています。

ぴったり2 練習

★どれぐらい育《そだ》ったかな

①植物《しょくぶつ》の育ち方
②植物のからだのつくり

学習 19ページ

教科書 37〜41ページ　答え 10ページ

1 ホウセンカを育てました。

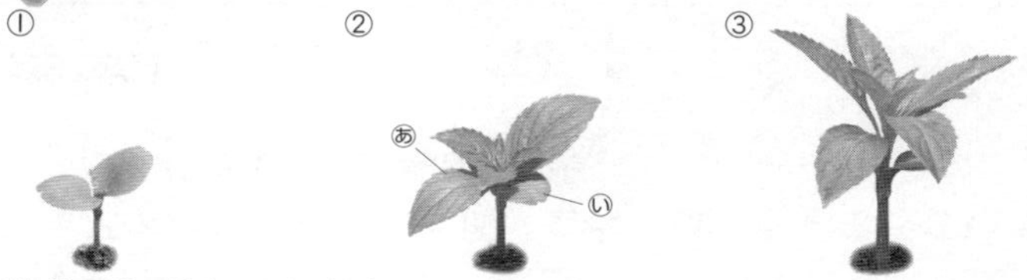
①
②
③
あ
い

(1) ②のあといを、それぞれ何といいますか。

あ(葉)　い(子葉)

(2) 入《い》れ物《もの》から花だんに植《う》えかえるのは、いつごろがよいですか。正しいものに○をつけましょう。

ア(　)あがはじめて出たらすぐ。　イ(○)あが4〜6まいになったころ。
ウ(　)いが出たらすぐ。

(3) ホウセンカは育っていくうちに、葉《は》の数、葉の大きさ、高さはどのようになりますか。正しいものに○をつけましょう。

ア(　)葉の数はふえ、葉の大きさも大きくなるが、高さはかわらない。
イ(　)葉の数はふえ、高さも高くなるが、葉の大きさはかわらない。
ウ(○)葉の数はふえ、葉の大きさは大きくなり、高さは高くなる。

2 図は、植物のからだのつくりを表《あらわ》そうとしたものです。

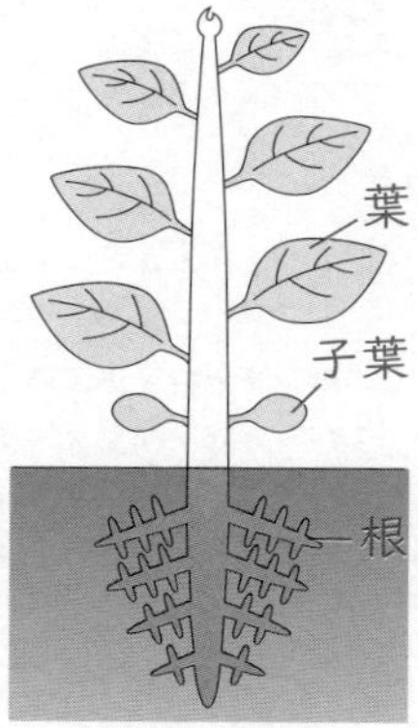
葉
子葉
根

(1) 植物の子葉《しよう》と葉を緑色《みどり》、根《ね》を黄色でぬりましょう。

(2) 葉がついている植物の部分《ぶぶん》を何といいますか。

(くき)

(3) 土の中にのびて広がっている植物の部分を何といいますか。

(根)

おうちのかたへ　★どれぐらい育ったかな

「2. たねまき」に続いて、植物の育つ順序と、植物の体について学習します。ここでは、花が咲く前までを扱います。植物の育ちと体のつくりを根、茎、葉などの用語(名称)を使って理解しているか、などがポイントです。

19ページ　てびき

1 (1)たねからめが出ると、はじめに子葉《しよう》が出て、次《つぎ》に葉《は》が出てきます。
(2)ホウセンカの葉が4〜6まいになったら、花だんや大きい入《い》れ物《もの》に植《う》えかえて育《そだ》てます。
(3)植物《しょくぶつ》は育つうちに葉の数がふえ、高さが高くなっていきます。

2 (1)、(2)子葉も葉も、くきについています。
(3)根《ね》は、くきの下にあって、土の中にのびて広がっています。

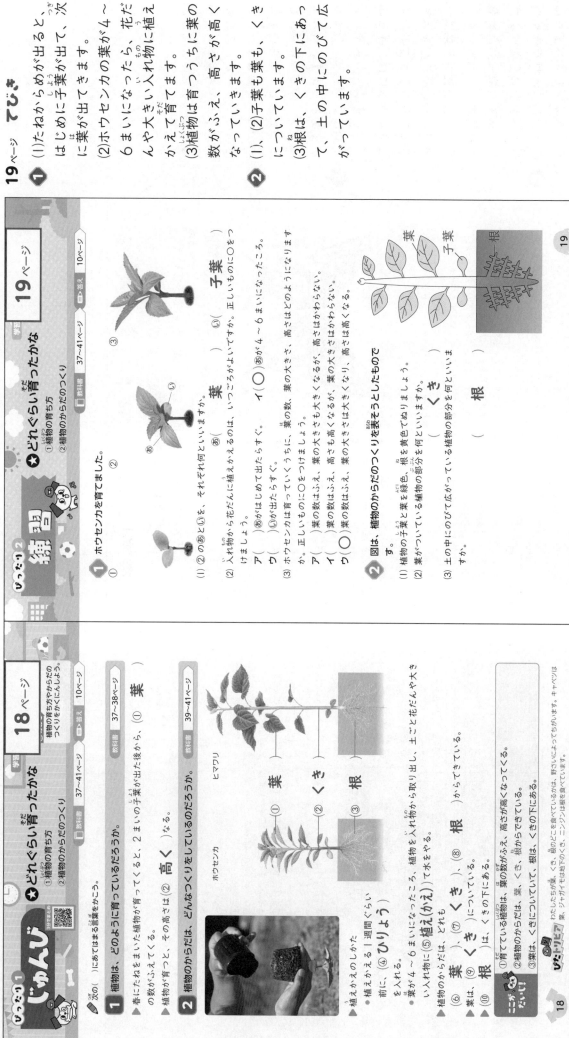

ぴったり3
たしかめのテスト

★どれぐらい育《そだ》ったかな

/100 合格 70 点

教科書 36〜41ページ　答え 11ページ

よく出る

1 ホウセンカを花だんに植《う》えかえました。　技能 1つ5点(10点)

(1) 植えかえの時期《じき》は、何で決《き》めましたか。正しいものに○をつけましょう。

ア(　)葉《は》の色　イ(　)葉の大きさ
ウ(◯)葉の数　エ(　)くきの長さ

(2) 記述 植えかえの1週間ぐらい前に、花だんの土をどのようにしておくか、せつめいしましょう。

(**(花だんの)土にひりょうを入れる。**)

2 ピーマンとオクラのからだのつくりを調《しら》べました。　1つ6点(30点)

(1) ピーマンのあ〜うは、それぞれ、葉、くき、根《ね》のどれですか。

あ(**葉**)
い(**くき**)
う(**根**)

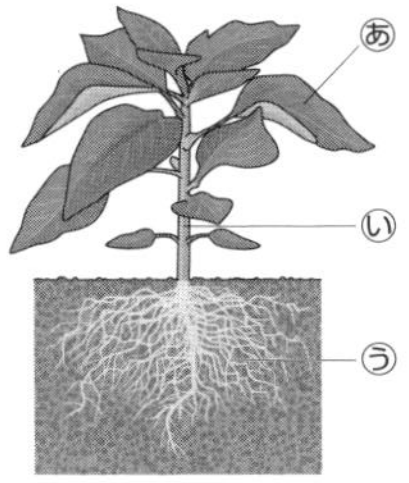

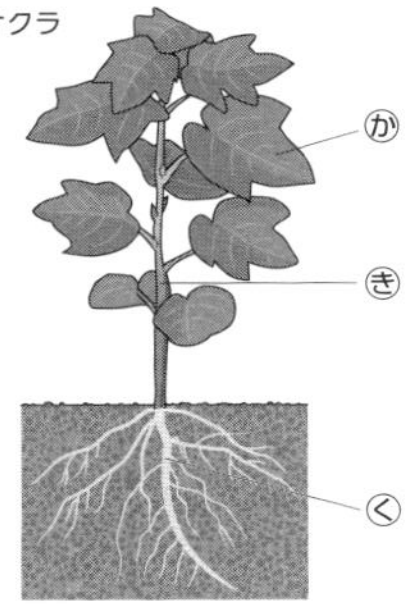

(2) ピーマンのあは、オクラのか〜くのどれと同じですか。

(**か**)

(3) ピーマンとオクラの子葉《しよう》や葉の形をくらべました。正しいものに○をつけましょう。

ア(◯)子葉の形も、葉の形もちがっていた。
イ(　)子葉の形はちがっていたが、葉の形は同じだった。
ウ(　)子葉の形は同じだったが、葉の形はちがっていた。
エ(　)子葉の形も、葉の形も同じだった。

学習

できたらスゴイ!

3 外に出て、ナズナのようすを調べました。　技能 1つ5点(20点)

(1) ナズナのくきや葉には、毛が生えています。この毛をくわしくかんさつするには、何を使《つか》うとよいですか。

(**虫めがね**)

(2) ナズナのようすを、春とくらべます。

①葉の数はどうでしたか。正しいものに○をつけましょう。

ア(◯)多くなった。　イ(　)少なくなった。
ウ(　)かわらなかった。

②くきの長さはどうでしたか。正しいものに○をつけましょう。

ア(◯)長くなった。　イ(　)短《みじか》くなった。
ウ(　)かわらなかった。

(3) 土をほり返《かえ》して、地面《じめん》の下のナズナのようすを調べます。調べた後は、ほり返した土をどうすればよいですか。正しいものに○をつけましょう。

ア(　)あなのまわりにまいておく。　イ(　)あなのそばにつんでおく。
ウ(◯)あなをうめておく。

できたらスゴイ!

4 けんたさんは、タンポポのくきがどこかを考えました。　思考・表現 1つ10点(40点)

(1) タンポポのたねが地面に落《お》ちてめが出ると、くきは、上と下のどちらにのびますか。

(**上**)

(2) タンポポの葉がついているのは、くき・根のどちらですか。

(**くき**)

(3) 記述 根は、どこにありますか。「くき」という言《こと》葉《ば》を使ってせつめいしましょう。

(**くきの下(の土の中)にある。**)

(4) 植物《しょくぶつ》について、正しいものに○をつけましょう。

ア(◯)植物のからだは、葉、くき、根からできている。
イ(　)葉の形は、どの植物も同じである。
ウ(　)葉が出たあと、子葉が出る。

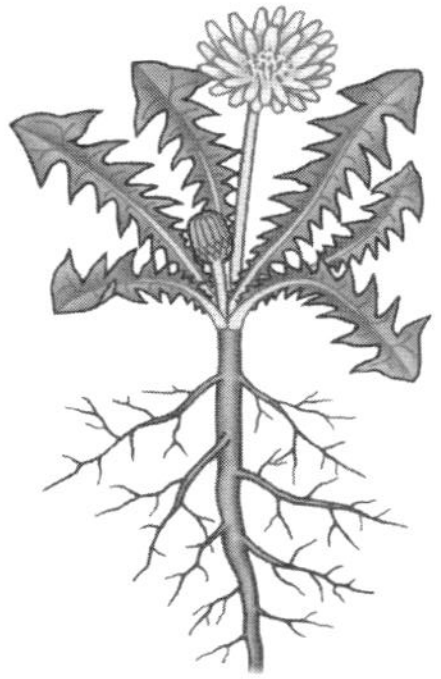

ふりかえり
❶の問題がわからなかったときは、18ページの❷にもどってたしかめましょう。
❹の問題がわからなかったときは、18ページの❷にもどってたしかめましょう。

20〜21ページ てびき

1 (1)葉《は》が4〜6まいになったときに植《う》えかえをします。
(2)植えかえる1週間ぐらい前に、土にひりょうを入れます。

2 (1)、(2)葉は、くきについていて、多くは緑《みどり》色で、平《ひら》たい形をしています。くきは、植物《しょくぶつ》のからだの中心にあって、葉、根《ね》、花などがついています。根は、くきの下にあります。

3 (1)虫めがねを使《つか》うと、小さい物《もの》を大きくして見ることができます。
(2)植物が育《そだ》つと、くきがのびて、葉がふえます。
(3)かんさつした後は、できるだけ、もとにもどします。

4 (1)ふつう、くきは上に、根は下にのびようとします。
(3)根は、くきから下にのびて、からだをささえ、土から水などをとり入れています。
(4)植物の葉の形は、植物によってちがいがあります。また、植物は、子葉《しよう》が出た後に葉が出ます。

ぴったり1 じゅんび

4. 風やゴムのはたらき

①風のはたらき
②ゴムのはたらき

3分でまとめ

学習 22ページ

風の強さやゴムののばし方による、物の動き方をかくにんしよう。

教科書 43〜50ページ　答え 12ページ

次《つぎ》の(　)にあてはまる言葉《ことば》をかくか、あてはまるものを○でかこもう。

1 風の強さによって、物《もの》の動《うご》き方は、どのようにかわるのだろうか。 教科書 43〜46ページ

▶風で動く車にうちわで起《お》こした風を当てるとき、うちわで(①(強く)・ 弱く　)あおぐと、車が遠くまで動く。

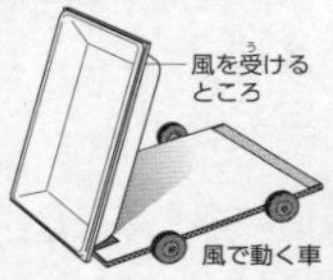

車に風を当てる前に、送風《そうふう》きの風の強さや向《む》きを手でたしかめる。

▶風の強さをかえて車が動くきょりを調《しら》べる。
- 当てる風が(②(強い)・ 弱い　)ほど、車は遠くまで進《すす》む。

▶風には、物を(③ 動かす　)はたらきがある。

▶風が強いほうが、物を動かすはたらきは、(④(大きく)・ 小さく　)なる。

2 ゴムののばし方によって、物の動き方は、どのようにかわるのだろうか。 教科書 47〜50ページ

▶ゴムには、のびたりねじれたりすると、(① もと　)の形にもどろうとするせいしつがある。

▶ゴムののばし方をかえて、車が動くきょりを調べる。
- 車を(② 引く　)方向《ほうこう》(ゴムをのばす方向)と車が(③ 進む　)方向は反対《はんたい》になっている。
- ゴムを(④(長く)・ 短《みじか》く　)のばすほど、車が動くきょりも長くなる。

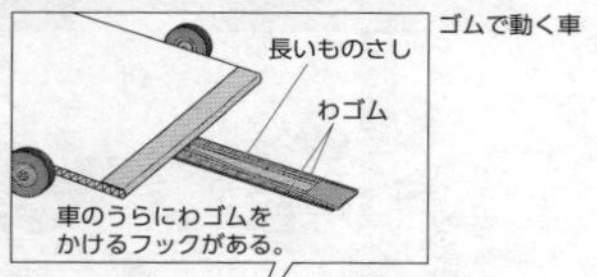

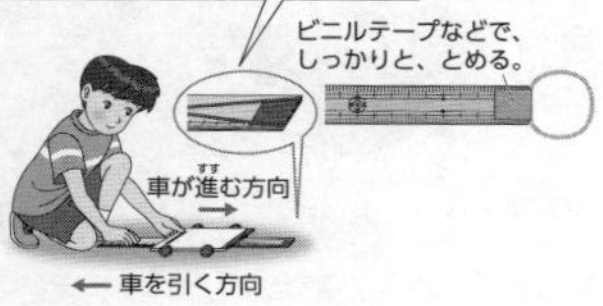

▶ゴムには、物を(⑤ 動かす　)はたらきがある。

▶ゴムを長くのばすほど、物を動かすはたらきは、(⑥(大きく)・ 小さく　)なる。

ここがだいじ！
①風には物《もの》を動《うご》かすはたらきがあり、風が強いほうが物を動かすはたらきは大きくなる。
②ゴムには物を動かすはたらきがあり、ゴムを長くのばすほど物を動かすはたらきは大きくなる。

ぴたトリビア 風力発電《ふうりょくはつでん》は、風の力を使って電気をつくっています。

22

ぴったり2 練習

4. 風やゴムのはたらき

①風のはたらき
②ゴムのはたらき

学習 23ページ

教科書 43〜50ページ　答え 12ページ

1 風を受《う》けて動《うご》く車に送風《そうふう》きで風を当てて、その進《すす》み方を調《しら》べました。

(1) 送風きを使《つか》う前に、たしかめておくことは何ですか。正しいもの2つに○をつけましょう。
ア(　)送風きの形
イ(　)送風きの重《おも》さ
ウ(○)送風きの風の向《む》き
エ(○)送風きの風の強さ

(2) 車に当てる風の強さをかえると、車の動きはどうなりますか。正しいものに○をつけましょう。
ア(　)車の進むきょりはかわらない。
イ(○)風が強くなるほど、車の進むきょりは長くなる。
ウ(　)風が強くなるほど、車の進むきょりは短《みじか》くなる。

(3) 風を強くすると、物《もの》を動かすはたらきはどのようになりますか。正しいほうに○をつけましょう。
ア(○)大きくなる。　イ(　)小さくなる。

2 図のようなゴムで動く車をつくりました。

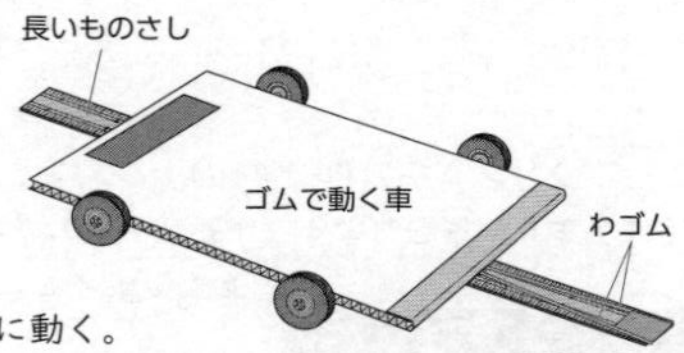

(1) 車を後ろに手で引いて、わゴムをのばしました。引いていた手をはなすと、車はどちらに動きますか。正しいほうに○をつけましょう。
ア(　)手で引いた向きに動く。
イ(○)手で引いた向きとは反対《はんたい》の向きに動く。

(2) ゴムが車を動かすのは、ゴムにどのようなせいしつがあるからですか。正しいほうに○をつけましょう。
ア(○)ゴムは、のばすと、もとの形にもどろうとするから。
イ(　)ゴムは、のばすと、のばしたままの形でいようとするから。

(3) ゴムを長くのばすと、物を動かすはたらきはどうなりますか。正しいほうに○をつけましょう。
ア(○)大きくなる。　イ(　)小さくなる。

23

おうちのかたへ　4. 風やゴムのはたらき
送風機や輪ゴムを使って、風やゴムの力で物を動かすことができることを学習します。風やゴムの力で物を動かすことができるか、力の大きさを変えると動く距離がどう変わるかを理解しているか、などがポイントです。

23ページ　てびき

1 (1)車に風を当てる前に、送風《そうふう》きの風の強さや向《む》きをたしかめておきます。
(2)、(3)風の強さを強くすると、車が走る速《はや》さが速くなり、車が止まるまでに進《すす》むきょりも長くなります。

2 (1)、(2)ゴムをのばすと、ゴムはもとの形にもどろうとしてちぢみます。そのために、車は、ゴムをのばした方向《ほうこう》とは反対《はんたい》に動《うご》きます。
(3)ゴムを長くのばすほど、物《もの》を動かすはたらきは、大きくなります。

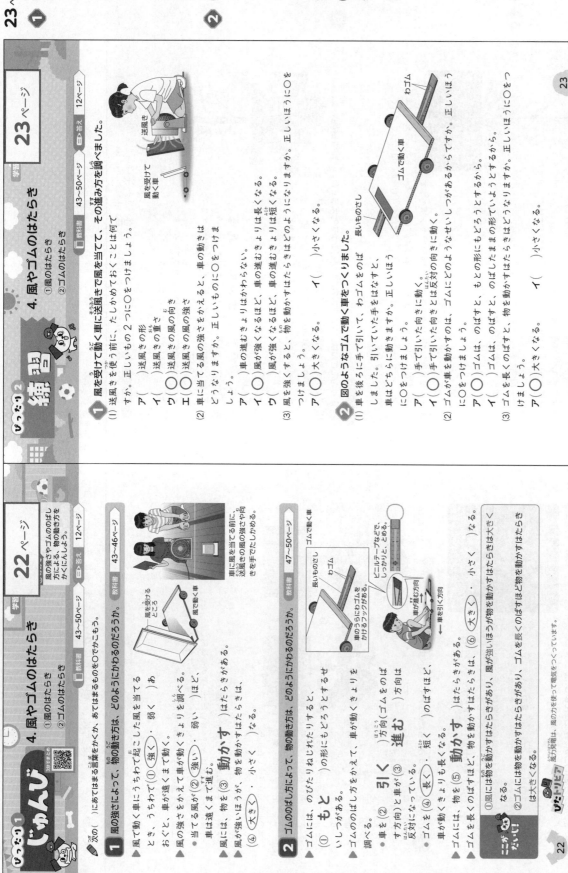

ぴったり3 たしかめのテスト

4. 風やゴムのはたらき

24ページ

/100 合格70点

教科書 42〜53ページ　答え 13ページ

よく出る

1 図のような風を受《う》けて動《うご》く車をつくり、送風《そうふう》きで風を当てて車を動かしました。

1つ5点、(4)は全部《ぜんぶ》できて5点(30点)

(けっか)

風の強さ	動いたきょり
弱	3m 70cm
強	あ

(わかったこと)
当てる風が強いほど、車は遠くまで進む。

(1) 車に風を当てる前にたしかめることは何ですか。次《つぎ》の文の(　)にあてはまる言葉《ことば》をかきましょう。　技能

送風きの風の(①　**強さ**　)や(②　**向き**　)を手でたしかめる。

(2) 送風きの風の強さを「弱」にして車に当てたところ、車は3m 70cm動きました。送風きの風の強さを「強」にして車に当てたときに動いたきょりとして、図のあにあてはまる正しいものをえらんで、○をつけましょう。

ア(　)動かなかった。　イ(　)2m
ウ(　)3m 70cm　エ(○)5m 30cm

(3) このじっけんから、風のはたらきについてどのようなことがいえますか。次の文の(　)にあてはまる言葉をかきましょう。

風には物《もの》を(①　**動かす**　)はたらきがあり、風が強いほうが、そのはたらきは(②　**大きく**　)なる。

(4) 風のはたらきをりようしたものはどれですか。正しいもの2つに○をつけましょう。

ア(○)ヨット　イ(　)自動車《じどうしゃ》　ウ(○)風力発電《ふうりょくはつでん》　エ(　)電車

学習 25ページ

よく出る

2 ゴムで動く車を走らせて、ゴムのはたらきを調《しら》べました。　1つ10点(50点)

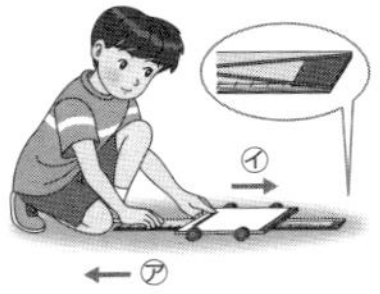

(1) 図の㋐の方向《ほうこう》に車を引いて手をはなすと、車は㋐、㋑のどちらに動きますか。　(　㋑　)

(2) 車が遠くまで進《すす》むのは、どちらのときですか。正しいほうに○をつけましょう。

ア(　)ゴムを短《みじか》くのばしたとき
イ(○)ゴムを長くのばしたとき

(3) ゴムをのばす長さを長くすると、その手ごたえはどうなりますか。正しいものに○をつけましょう。

ア(○)強くなる。　イ(　)かわらない。　ウ(　)弱くなる。

(4) 記述 ゴムが車を動かすのは、ゴムにどのようなせいしつがあるからですか。

(**(ゴムには)のびたりねじれたりすると、もとの形にもどろうとするせいしつ(があるから。)**)

(5) 記述 ゴムを長くのばすと、物を動かすはたらきはどうなりますか。

(　**大きくなる。**　)

できたらスゴイ!

3 ゴムののばし方をかえて、ねらったところにゴムで動く車を止めます。

思考・表現　1つ10点(20点)

(1) 記述 車を10cm引いて手をはなすと、ゴールの手前の20点のところに車が止まりました。ゴールに止めるには、車の引き方をどうすればよいですか。

(**(車の引き方を)大きくする。**)

(2) 車の引き方を小さくして、同じとく点のところにとめるには、ものさしにつけるわゴムの数を多くすればよいですか、少なくすればよいですか。

(　**多くする。**　)

ふりかえり　1の問題がわからなかったときは、22ページの1にもどってたしかめましょう。
3の問題がわからなかったときは、22ページの2にもどってたしかめましょう。

24〜25ページ　てびき

1 (2)、(3)風が強いほうが、物《もの》を動《うご》かすはたらきは大きくなります。「弱」のときは3m 70cm動いたので、「強」のときはそれよりも遠くまで動いたと考えられます。

2 (1)ゴムをのばすと、ゴムはもとの形にもどろうとしてちぢみます。そのために、車は、ゴムをのばした方向《ほうこう》とは反対《はんたい》に動きます。

(2)、(3)ゴムを長くのばすと、手ごたえも強くなり、車も遠くまで進《すす》みます。

(4)、(5)ゴムには物を動かすはたらきがあり、ゴムを長くのばすほど、物を動かすはたらきは、大きくなります。

3 (1)ゴールに止めるには、遠くまで走らせなければならないので、動かす力を大きくするため、ゴムを長くのばします。

(2)わゴムの本数を多くするほど、車を動かす力は大きくなります。

ぴったり1
じゅんび
★花がさいたよ

学習 26ページ

植物は、どのように育って花がさくのかをかくにんしよう。

3分でまとめ

教科書 55~57ページ　答え 14ページ

次《つぎ》の(　)にあてはまる言葉《ことば》をかこう。

1 植物《しょくぶつ》は、どのように育《そだ》っているだろうか。

教科書 55~57ページ

▶植物の名前をかきましょう。

(① ホウセンカ)　(② ヒマワリ)

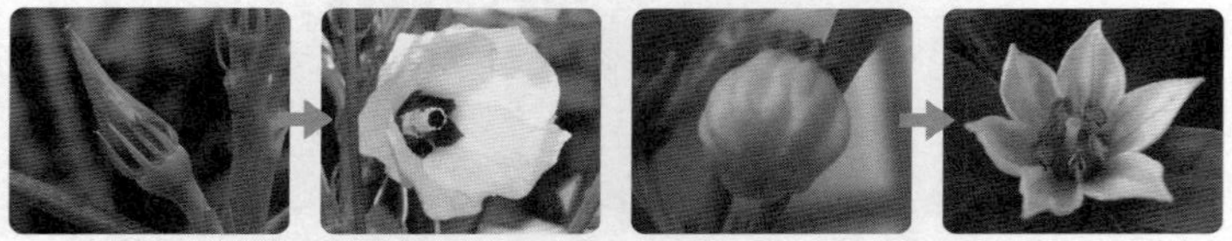

(③ オクラ)　(④ ピーマン)

▶植物は、(⑤ つぼみ)ができてから、(⑥ 花)がさく。

▶育てている植物は、(⑦ くき)がのびて、(⑧ 葉)がしげり、(⑨ 花)がさいている。

これまでの育ちもふり返《かえ》ってみよう。

ヒマワリ　ホウセンカ

ここがだいじ!
①植物《しょくぶつ》は、つぼみができてから、花がさく。
②植物は、くきがのびて、葉《は》がしげり、花がさく。

ぴたトリビア　花にはいろいろな形のものがあり、たとえば、サギという鳥ににているサギソウ、時計の形ににているトケイソウなどがあります。

ぴったり2
練習
★花がさいたよ

学習 27ページ

教科書 55~57ページ　答え 14ページ

1 ホウセンカ、ヒマワリ、ピーマンの花をかんさつしました。

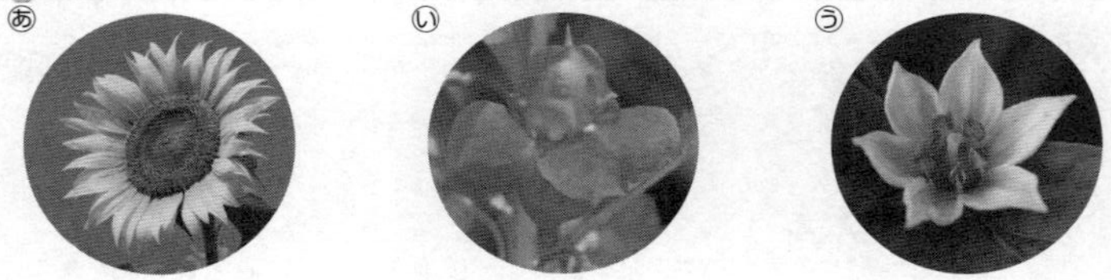

あ　い　う

(1) あ~うは、それぞれどの花ですか。
あ(　ヒマワリ　)　い(ホウセンカ)　う(　ピーマン　)

(2) つぼみは、いつごろできますか。正しいものに○をつけましょう。
ア(〇)どのつぼみも、花のさく前にできる。
イ(　)どのつぼみも、花のさいた後にできる。
ウ(　)植物《しょくぶつ》のしゅるいによって、つぼみが、花のさく前にできるものと、花のさいた後にできるものがある。

(3) 植物はどのように育《そだ》っていますか。次《つぎ》の文の(　)にあてはまる言葉《ことば》をかきましょう。

(① くき)がのびて、(② 葉)がしげり、(③ 花)がさく。

2 ホウセンカをかんさつして、記ろくカードをかきました。

ホウセンカの育ち方
7月17日　大川 まお
くきの高さ
45cm
花の色
赤
大きく育ち、たくさんの花がさきました。
毎日だいじに育てたので、うれしいです。

(1) このホウセンカの6月17日のくきの高さは、どうでしたか。正しいものに○をつけましょう。
ア(〇)45 cmよりもずっとひくかった。
イ(　)45 cmよりもずっと高かった。
ウ(　)ほぼ45 cmだった。

(2) このホウセンカの6月17日の葉《は》の数は、どうでしたか。正しいものに○をつけましょう。
ア(〇)7月17日よりもずっと少なかった。
イ(　)7月17日よりもずっと多かった。
ウ(　)7月17日とほぼ同じだった。

ヒント ② 植物は育つにつれて、くきがのびて、葉がしげります。

おうちのかたへ　★花がさいたよ

「2. たねまき」「★どれぐらい育ったかな」に続いて、植物の育つ順序と、植物の体について学習します。ここでは、開花の前後を扱います。植物の育ちを、つぼみ、花などの用語(名称)を使って理解しているか、などがポイントです。

27ページ　てびき

❶ (1)ヒマワリの1つの花のように見える物《もの》は、たくさんの小さな花の集《あつ》まりです。また、ピーマンの花は、写真《しゃしん》のように、先が6つに分かれている物だけではなく、5つや7つに分かれている物もあります。
(2)どの植物《しょくぶつ》も、つぼみが開《ひら》いて花がさきます。

❷ 植物が育《そだ》つと、くきがのびて、葉《は》がしげっていきます。

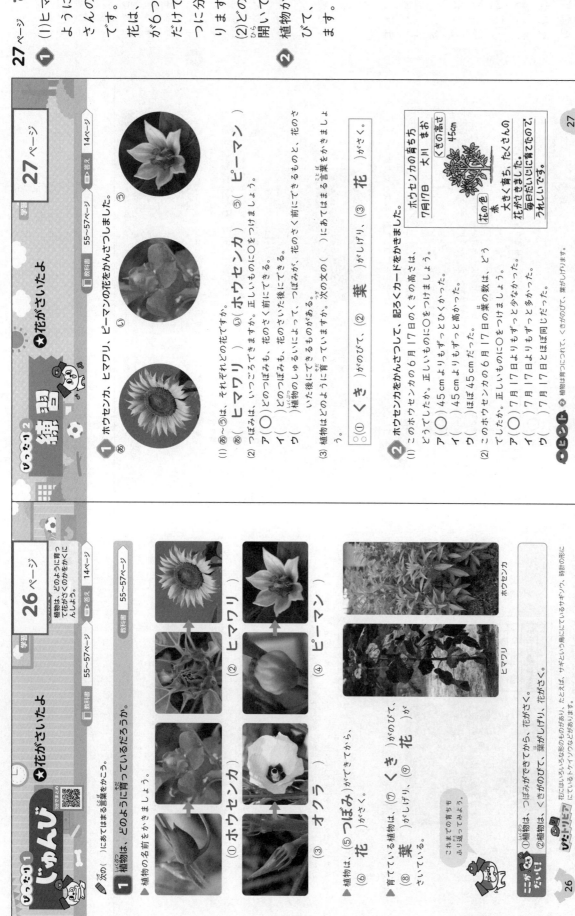

ぴったり3

たしかめのテスト

★花がさいたよ

28ページ

/100 合格 70 点

教科書 54〜57ページ　答え 15ページ

1 いろいろな植物《しょくぶつ》の花をかんさつしました。　1つ8点、(1)は全部《ぜんぶ》できて1つ8点(32点)

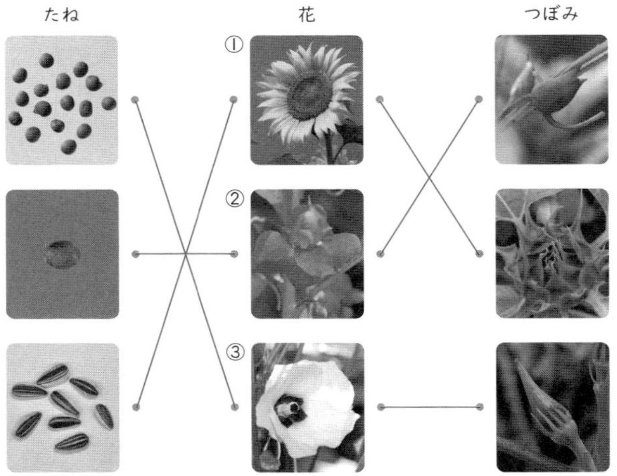

(1) ①〜③ の花にあうたねとつぼみを線でつなぎましょう。

(2) ③ の植物の名前は何ですか。

(　オクラ　)

よく出る

2 ピーマンの育《そだ》つようすをかんさつしました。　1つ8点、(1)は全部できて8点(16点)

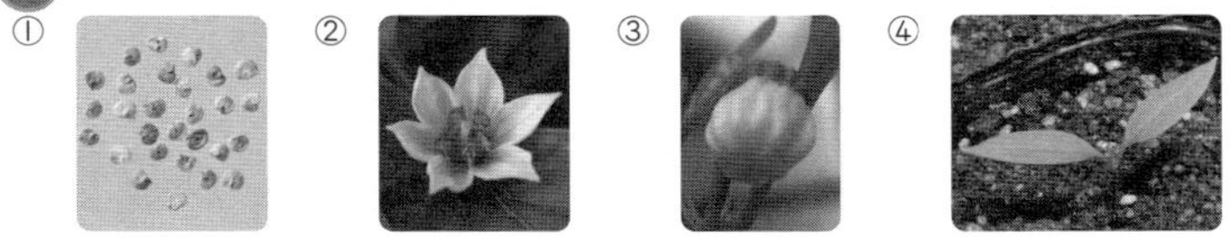

(1) ピーマンが育つじゅんに、①〜④ をならべかえてかきましょう。

(　①　)→(　④　)→(　③　)→(　②　)

(2) ③ のつくりを、何といいますか。

(　つぼみ　)

3 植物の育ち方について、正しいものには○を、正しくないものには×をつけましょう。　1つ8点(32点)

くきの高さは高くなっているけど、葉《は》の数はふえないね。

①(　×　)

ホウセンカよりヒマワリのほうが、くきの高さが高いよ。

②(　○　)

めが出たころとくらべても、花の高さはあまりかわっていないよ。

③(　×　)

つぼみができた後、花がさくね。

④(　○　)

この本の終わりにある「夏のチャレンジテスト」をやってみよう！

できたらスゴイ！

4 ホウセンカの育ち方を、ぼうグラフにまとめました。　1つ10点(20点)

(1) ぼうグラフに、まちがいが 1 つあります。まちがっているところを、①〜④ からえらびましょう。

(　④　)

(2) 記述 (1)の答えをえらんだのはなぜですか。理由《りゆう》をかきましょう。

(　花がさくまでに、高さが高くなっていないから。　)

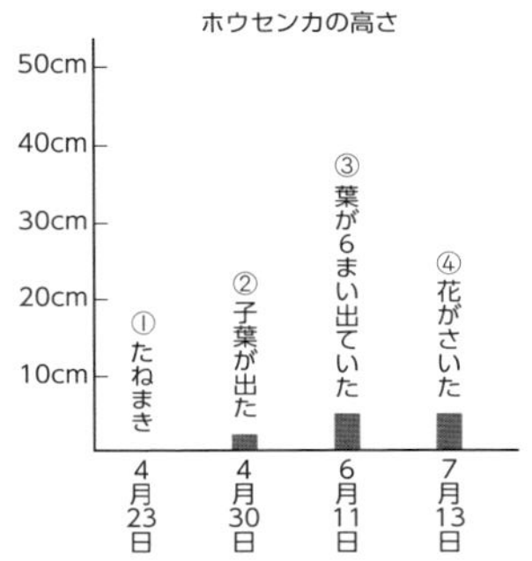

ふりかえり　**2**の問題がわからなかったときは、26ページの**1**にもどってたしかめましょう。**4**の問題がわからなかったときは、26ページの**1**にもどってたしかめましょう。

28〜29ページ　てびき

1 ①がヒマワリ、②がホウセンカ、③がオクラです。

2 ①がたね、②が花、③がつぼみ、④が子葉《しよう》です。

3 ①、③植物《しょくぶつ》は育《そだ》っていくと、くきはのびて高くなり、葉《は》の数もふえます。

4 ③と④のぼうグラフを見ると、同じ高さになっています。花がさくまで、植物のくきはのびて高くなっていきます。

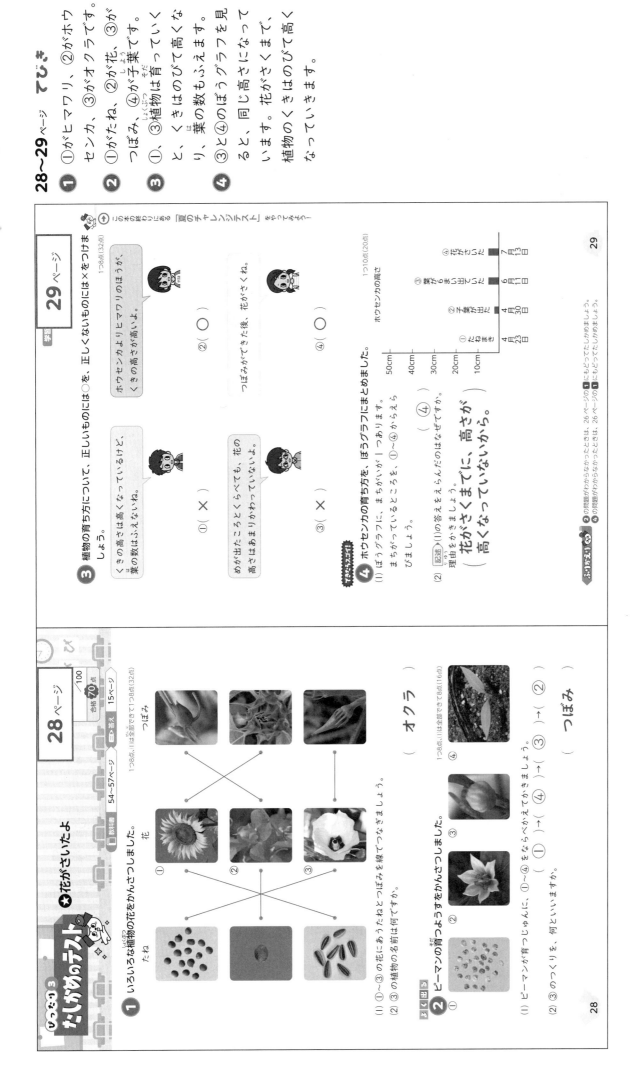

ぴったり1 じゅんび　✪実《み》ができたよ

学習 **30ページ**

植物は、どのように育って実ができるのかをかくにんしよう。

3分でまとめ

教科書 61～64ページ　答え 16ページ

次《つぎ》の（　）にあてはまる言葉《ことば》をかこう。

1 植物《しょくぶつ》は、どのように育《そだ》っているだろうか。　教科書 61～64ページ

▶植物の名前をかきましょう。

（① ホウセンカ）（② ヒマワリ）（③ オクラ）（④ ピーマン）

▶植物は、１つの（⑤ たね）から育って、（⑥ くき）や（⑦ 葉）、（⑧ 根）をのばし、（⑨ 花）がさき、（⑩ 実）ができる。

▶実の中には、（⑪ たね）ができている。そして、植物は、やがて（⑫ かれ）ていく。

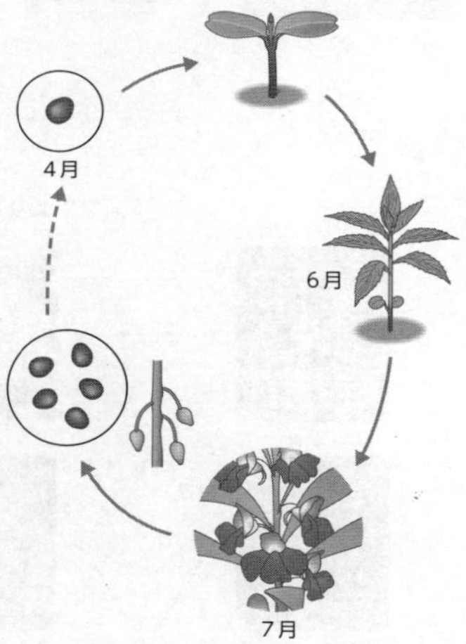

ここがだいじ！
①植物《しょくぶつ》は、１つのたねから育《そだ》って、くきや葉《は》、根《ね》をのばし、花がさき、実《み》ができる。
②実の中にはたねができ、そして、植物は、やがてかれていく。

ぴたトリビア　植物《しょくぶつ》の実《み》には、ミカンのようにわたしたちが食べられるものがあります。ミカンを食べるときに、ミカンのたねを見つけられることがあります。

ぴったり2 練習　✪実《み》ができたよ

学習 **31ページ**

教科書 61～64ページ　答え 16ページ

1 ホウセンカ、ヒマワリ、ピーマンの実をかんさつしました。

あ　い　う

(1) あ～うは、それぞれどの実ですか。

あ（ヒマワリ）　い（ホウセンカ）　う（ピーマン）

(2) 実は、いつごろできますか。正しいものに○をつけましょう。

ア（　）どの実も、花のさく前にできる。

イ（○）どの実も、花のさいた後にできる。

ウ（　）植物《しょくぶつ》のしゅるいによって、実が、花のさく前にできるものと、花のさいた後にできるものがある。

2 ホウセンカとヒマワリが、たねから育《そだ》つじゅんに、番号《ばんごう》をならべましょう。

(1) ホウセンカ

① ② ③ ④ ⑤

（②）→（④）→（①）→（⑤）→（③）

(2) ヒマワリ

① ② ③ ④ ⑤

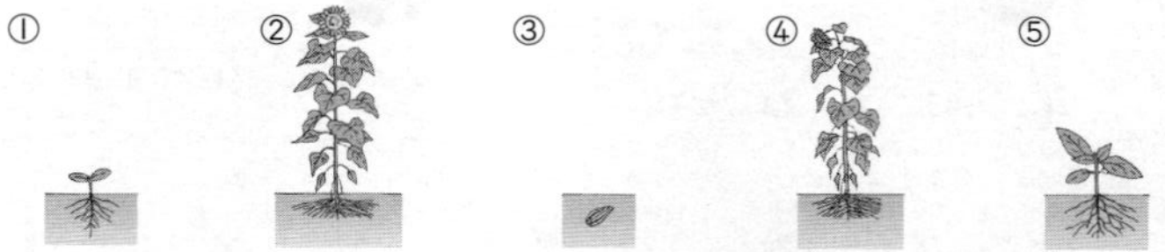

（③）→（①）→（⑤）→（②）→（④）

ヒント　❷ ホウセンカもヒマワリも、同じじゅんに育ちます。

おうちのかたへ　✪実ができたよ

「2. たねまき」「✪どれぐらい育ったかな」「✪花がさいたよ」に続いて、植物の育つ順序と、植物の体について学習します。ここでは、花が咲いてから枯れるまでを扱います。根、茎、葉の変化とともに植物の一生を理解しているか、などがポイントです。

31ページ　てびき

❶ (1)ヒマワリの実《み》は、その皮《かわ》とたねがくっついていて、実とたねは分けられません。ホウセンカの実は、じゅくすとはじけてたねをとばします。ピーマンの実は、緑《みどり》色の物《もの》を見ることが多いですが、じゅくすと赤くなります。

(2)どの植物《しょくぶつ》も、花がさいた後に実ができます。

❷ ホウセンカもヒマワリも、育《そだ》つじゅんは同じです。

おうちのかたへ

実やたねがどのようにできるか（受粉や結実のしくみ）は、5年で学習します。3年では、花が咲き、実ができ、その実の中にたねができるという育ち方を、観察した事実として捉えます。

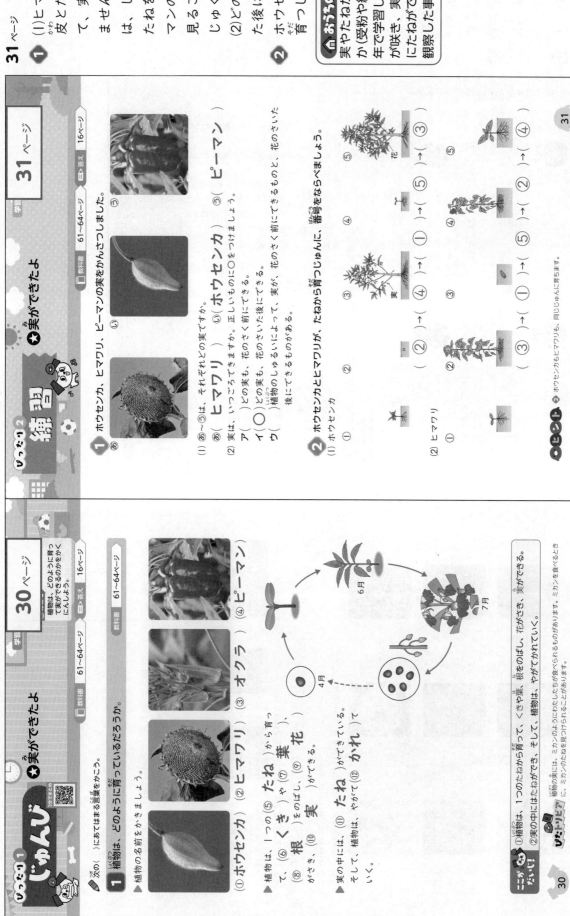

ぴったり3 たしかめのテスト

★実《み》ができたよ

32ページ

/100 合格 70 点

教科書 60~67ページ　答え 17ページ

よく出る

1 下の図は、ホウセンカがたねから育《そだ》つようすを表《あらわ》したものです。

1つ5点、(1)は全部《ぜんぶ》できて5点(30点)

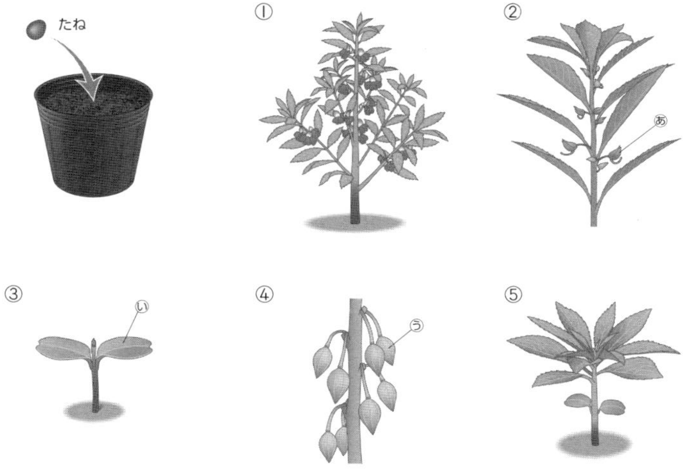

たね
①
②
あ
③
い
④
う
⑤

(1) たねから育つじゅんに、①~⑤をならべかえてかきましょう。

たね→(③)→(⑤)→(②)→(①)→(④)

(2) 図のあ~うは、それぞれ何ですか。

あ(**つぼみ**)　い(**子葉**)　う(**実**)

(3) たねができるのは、あ~うのどこですか。

(う)

(4) つくられたたねと春にまいたたねをくらべました。正しいものに○をつけましょう。

ア(○)形、大きさ、色もほぼ同じだった。
イ( )形、大きさは同じだが、色がちがった。
ウ( )形も大きさもちがっていた。

32

33ページ

2 ともきさんは、ホウセンカをかんさつして記ろくしました。　技能

1つ10点、(1)は全部できて10点(30点)

7月13日　9月14日

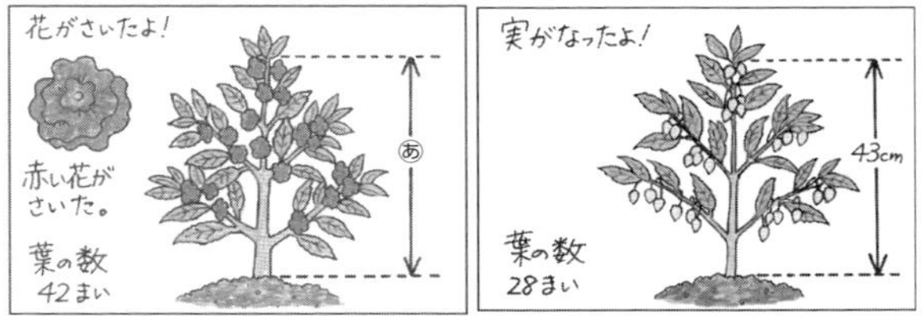

花がさいたよ!
赤い花がさいた。
葉の数
42まい
あ
実がなったよ!
43cm
葉の数
28まい

(1) ともきさんは、ホウセンカが育つ大きさをくらべるために、かんさつするたびに2つのことを記ろくしました。ともきさんが記ろくした2つのことは、何と何ですか。

(**くきの高さ** と **葉の数**)

(2) 図のあは、およそ何cmですか。正しいものに○をつけましょう。

ア( )31cm　イ(○)43cm　ウ( )55cm

(3) 実の色は何色でしたか。正しいものに○をつけましょう。

ア( )白色　イ( )赤色　ウ(○)黄緑《きみどり》色　エ( )青色

てきたらスゴイ!

3 ピーマンの花や実、たねについて考えました。

1つ10点(40点)

(1) 1このたねから出ためがのびて、さく花の数について、正しいほうに○をつけましょう。

ア( )1こしかさかない。
イ(○)1こより多くさく。

(2) 1この花からできる実の数はいくらですか。正しいものに○をつけましょう。

ア(○)1こ　イ( )2こ　ウ( )3こより多い

(3) 1この実にできるたねの数はいくらですか。正しいものに○をつけましょう。

ア( )1こ　イ( )2こ　ウ(○)3こより多い

(4) 記述 ピーマンの花がさいた後のようすを「実」「たね」「かれる」という言葉《ことば》を使《つか》ってせつめいしましょう。　思考・表現

(**実ができ、その中にはたねができていて、やがてかれる。**)

ふりかえり
1の問題がわからなかったときは、30ページの1にもどってたしかめましょう。
3の問題がわからなかったときは、30ページの1にもどってたしかめましょう。

33

32~33ページ てびき

1 (1)たね→③め(子葉《しよう》)が出る→⑤くきがのびて葉《は》がしげる→②つぼみができる→①花がさく→④実《み》ができる、のじゅんに育《そだ》ちます。

(3)たねは、実の中にできます。

2 (1)くきの高さ(草たけ)と葉の数を調《しら》べて、育ちをくらべます。

(2)花がさくころになると、くきはほとんどのびなくなります。

(3)ホウセンカの実は、花の色とかんけいなく黄緑《きみどり》色をしています。

3 (1)1このピーマンのたねからは、たくさんの花がさきます。

(2)1この花からは、1この実ができます。

(3)1この実の中には、たくさんのたねができます。

(4)植物《しょくぶつ》は花がさいた後、実ができ、実の中にはたねができています。そして、やがてかれていきます。

ぴったり1 じゅんび

5. こん虫《ちゅう》のかんさつ

①こん虫などのすみか
②こん虫のからだ

3分でまとめ

学習日

34ページ

動物のすみかや、こん虫の成虫のからだのつくりをかくにんしよう。

教科書 69〜74ページ　答え 18ページ

次《つぎ》の(　)にあてはまる言葉《ことば》をかくか、あてはまるものを○でかこもう。

1 こん虫などの動物《どうぶつ》は、どんなところをすみかにしているのだろうか。 教科書 69〜72ページ

▶カブトムシやノコギリクワガタは(① 木のそば ・ 草むら)、アオスジアゲハやトノサマバッタは(② 木のそば ・ 草むら)をさがすと見つけやすい。

▶バッタは(③ 草)を食べるので、草むらをすみかにしている。

▶こん虫などの動物は、(④ 食べ物)やかくれ場所《ばしょ》などがあるところをすみかにして、生きている。

▶植物《しょくぶつ》は、(⑤ 植物)を食べる動物や、それらを食べる動物など、いろいろな動物の(⑥ すみか)になっている。

2 こん虫の成虫《せいちゅう》のからだは、どのようなつくりをしているのだろうか。 教科書 73〜74ページ

▶トンボやバッタのからだを調《しら》べる。

- トンボの成虫は、うすい(④ はね)を動《うご》かしてとぶ。
- バッタの成虫は、後ろの(⑤ あし)を使《つか》ってはねたり、はねを広げてとんだりする。

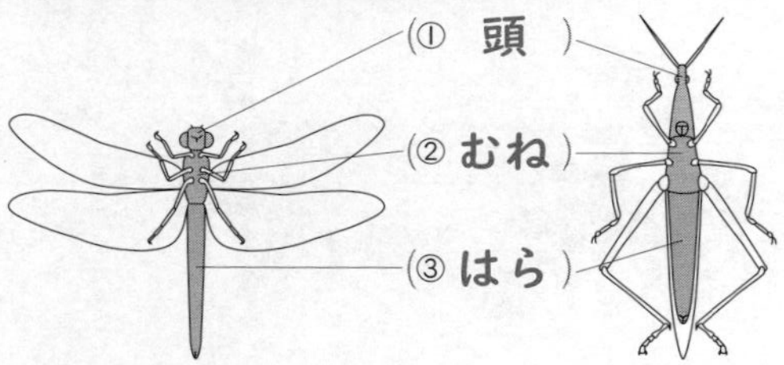

▶こん虫の成虫のからだは、どれも、(⑥ 頭)、(⑦ むね)、(⑧ はら)からできていて、むねに(⑨ あし)が6本ある。

▶こん虫のからだの形や動き方は、(⑩ しゅるい)によってちがう。

ここがだいじ!
①動物《どうぶつ》は、食べ物《もの》やかくれ場所《ばしょ》などがあるところをすみかにして、生きている。
②こん虫《ちゅう》の成虫《せいちゅう》のからだは、どれも、頭、むね、はらからできていて、むねにあしが6本ある。

ぴたトリビア すみかとにた色や形をした動物《どうぶつ》には、落《お》ち葉《ば》ににているコノハチョウや木のえだににているシャクガ、木の葉ににているコノハムシなどがいます。

ぴったり2 練習

5. こん虫《ちゅう》のかんさつ

①こん虫などのすみか
②こん虫のからだ

学習日

35ページ

教科書 69〜74ページ　答え 18ページ

1 ショウリョウバッタのすみかを調《しら》べました。

(1) ショウリョウバッタは、おもにどのようなところをすみかにしていますか。正しいものに○をつけましょう。
ア(　)木の上　イ(　)落《お》ち葉《ば》の下　ウ(○)草むら

(2) ショウリョウバッタのおもな食べ物《もの》は何ですか。正しいものに○をつけましょう。
ア(　)花のみつ　イ(○)草　ウ(　)落ち葉

(3) ショウリョウバッタをさがしているときに見つけられる、ほかのこん虫は何ですか。正しいものに○をつけましょう。
ア(　)カブトムシ
イ(　)ノコギリクワガタ
ウ(○)アオスジアゲハ

2 バッタのからだや動《うご》き方を調べました。

(1) 図のあ〜うは、それぞれ、頭、むね、はらのどれですか。
あ(　頭　)
い(　むね　)
う(　はら　)

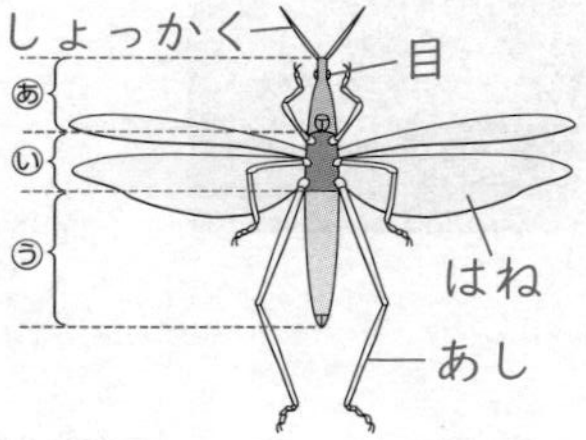

(2) バッタのいには、あしがついています。
①バッタのあしは何本ですか。
(　6本　)
②バッタは、どのあしを使《つか》ってはねますか。正しいものに○をつけましょう。
ア(　)前のあし
イ(　)まんなかのあし
ウ(○)後ろのあし
エ(　)全部《ぜんぶ》のあし

(3) バッタのはねは、何に使われますか。正しいものに○をつけましょう。
ア(　)からだを目立たせるのに使われる。
イ(　)からだを守《まも》るのに使われる。
ウ(○)とぶのに使われる。

35ページ てびき

1 (1)ショウリョウバッタのからだの色は、草の色ににているので、すみかにしている草むらでは目立ちません。
(3)カブトムシとノコギリクワガタは木のそばで、アオスジアゲハは草むらで、見つけられます。

2 (2)、(3)バッタの成虫《せいちゅう》は、後ろのあしを使《つか》ってはねたり、はねを広げてとんだりします。

おうちのかたへ　5. こん虫のかんさつ

昆虫などの動物のすみかや、昆虫の体、トンボやバッタの育つ順序について学習します。昆虫などの動物のすみかについて考えることができるか、トンボやバッタの成虫の体のつくりをもとに、ほかの昆虫の体のつくりを理解しているか、トンボやバッタはたまご、幼虫、成虫の順に育ち、チョウとは育ち方が異なることを理解しているか、などがポイントです。

ぴったり3
たしかめのテスト
5. こん虫《ちゅう》のかんさつ①②

36ページ

/100　合格70点

教科書 68～74ページ　答え 19ページ

1 動物《どうぶつ》の食べ物《もの》とすみかを調《しら》べました。　1つ8点(40点)

(1) 表《ひょう》の①～③にあてはまる言葉《ことば》を、下の[　]からえらんでかきましょう。

見つけた動物	 アオスジアゲハ	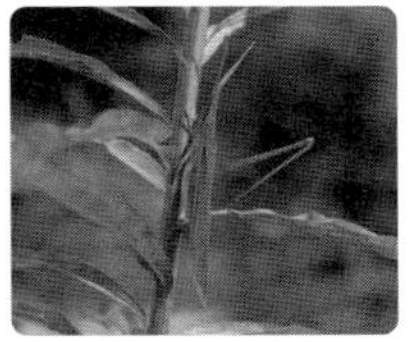 ショウリョウバッタ
見つけたところ	草むら	②
食べ物	①	③

①(**花のみつ**)　②(**草むら**)　③(**草**)

水がある近く	草むら	木のみき
花のみつ	草	木のしる

(2) 動物のすみかについて、(　)の中にあてはまる言葉をかきましょう。

こん虫などの動物は、食べ物や(**かくれ場所**)などがあるところをすみかにして、生きている。

(3) 記述 こん虫などの動物には、すみかとにた色や形をしているものがいますが、どのようなことにつごうがよいと考えられますか。

(**かくれるのにつごうがよい。**)

学習

37ページ

よく出る

2 ミツバチは、モンシロチョウなどと同じこん虫のなかまです。　1つ10点、(1)は全部《ぜんぶ》できて10点(40点)

(1) こん虫は、からだが３つの部分《ぶぶん》からできています。その３つの部分の名前をかきましょう。

(**頭**)(**むね**)(**はら**)

(2) ミツバチにはあしが何本ありますか。　(**6本**)

(3) ミツバチがよく見られるのは、どのようなところですか。正しいものに○をつけましょう。

ア(　)草などが生えず、地面《じめん》がむき出しになっているところ
イ(　)池や小川など、きれいな水のあるところ
ウ(　)大きな木がたくさん生えているところ
エ(○)花がたくさんさいているところ

(4) (3)のようなところで、ミツバチは何をしているのでしょうか。正しいものに○をつけましょう。

ア(　)かくれるところをさがしている。
イ(○)食べ物をさがしている。
ウ(　)たまごをうむところをさがしている。

できたらスゴイ!

3 いろいろな動物のからだのつくりを調べました。　思考・表現　1つ10点、(1)は全部できて10点(20点)

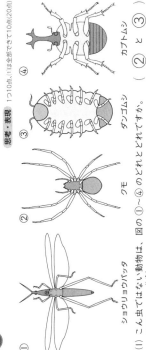

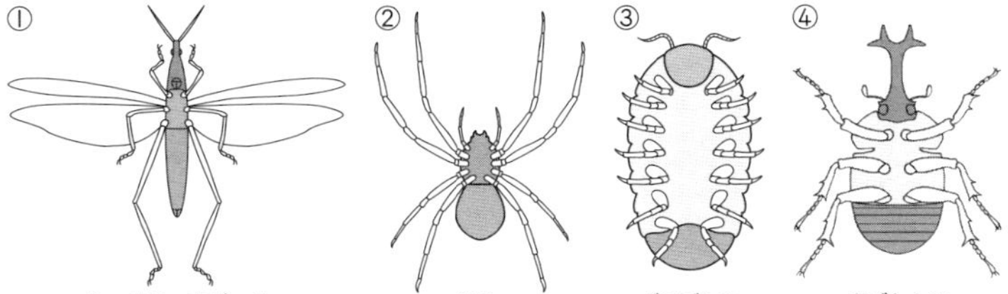

ショウリョウバッタ　クモ　ダンゴムシ　カブトムシ

(1) こん虫ではない動物は、図の①～④のどれとどれですか。　(② と ③)

(2) 記述 (1)の理由《りゆう》をかきましょう。

(**からだの分かれ方がちがうから。あしが6本でないから。など**)

ふりかえり　②の問題がわからなかったときは、34ページの1と34ページの2にもどってたしかめましょう。
③の問題がわからなかったときは、34ページの2にもどってたしかめましょう。

36～37ページ　てびき

1 (1)アオスジアゲハは草むらで花のみつをすい、ショウリョウバッタは草むらで草を食べます。
(3)すみかとにた色や形をしていると、かくれるのにつごうがよいです。

2 (1)、(2)こん虫《ちゅう》の成虫《せいちゅう》のからだは、頭、むね、はらからできていて、むねにあしが6本あります。
(3)、(4)ミツバチは、花のみつや花ふんなどを集《あつ》めて、すにもどります。

3 (1)、(2)クモやダンゴムシは、こん虫とは、からだの分かれ方や、あしの数などがちがうので、こん虫ではありません。

5. こん虫《ちゅう》のかんさつ
③こん虫の育《そだ》ち方

こん虫はどのように育って、成虫になるのかをかくにんしよう。

教科書 75~78ページ　答え 20ページ

次《つぎ》の(　)にあてはまる言葉《ことば》をかこう。

1 こん虫はどのように育って、成虫《せいちゅう》になるのだろうか。

教科書 75~78ページ

ショウリョウバッタの成虫

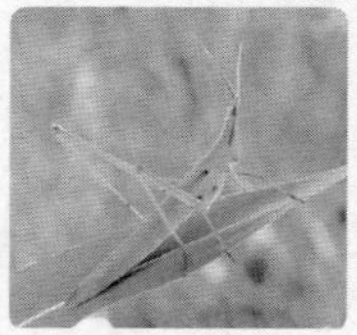

▶バッタは(① たまご)→(② よう虫)→(③ 成虫)のじゅんで育つ。
▶トンボのよう虫(やご)は、(④ 水)の中でくらす。
▶トンボの成虫は、よう虫が水の中から出て、(⑤ 皮)をやぶって出てくる。
▶バッタの成虫は、よう虫の(⑥ 皮)をやぶって出てくる。

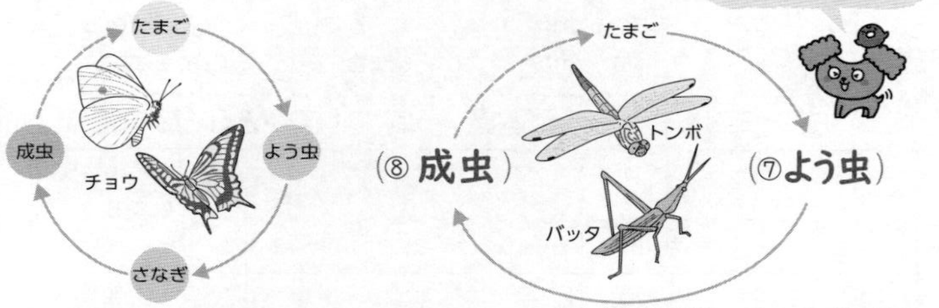
バッタは、よう虫と成虫の形がにているよ。

▶こん虫には、チョウやカブトムシのように、(⑨ たまご)→(⑩ よう虫)→(⑪ さなぎ)→(⑫ 成虫)のじゅんに育つものと、トンボやバッタのように、(⑬ たまご)→(⑭ よう虫)→(⑮ 成虫)のじゅんに育つものとがいる。

ここがだいじ! ①こん虫《ちゅう》には、チョウやカブトムシのように、たまご→よう虫→さなぎ→成虫《せいちゅう》のじゅんに育《そだ》つものと、トンボやバッタのように、たまご→よう虫→成虫のじゅんに育つものとがいる。

ぴたトリビア チョウのようによう虫《ちゅう》がさなぎになってから成虫《せいちゅう》になることを「かん全《ぜん》へんたい」、バッタのようによう虫がさなぎにならずに成虫になることを「ふかん全《ぜん》へんたい」といいます。

5. こん虫《ちゅう》のかんさつ
③こん虫の育《そだ》ち方

教科書 75~78ページ　答え 20ページ

1 ショウリョウバッタの育ち方を調《しら》べました。

(1) 図の ①~③ は、それぞれ何ですか。

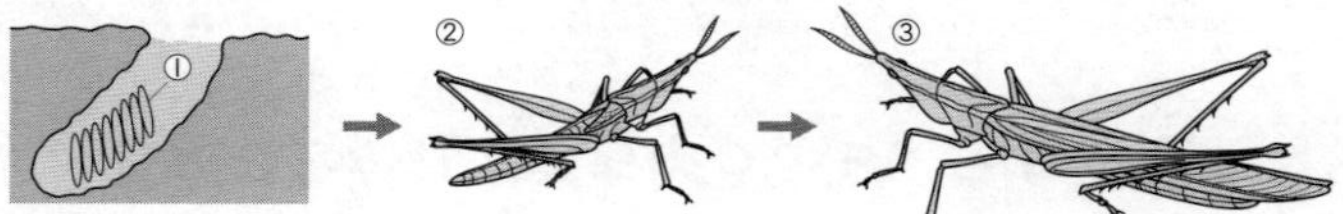

①(たまご) ②(よう虫) ③(成虫)

(2) ② は何をやぶって ③ になりますか。

(皮)

(3) ショウリョウバッタと育つじゅんが同じこん虫は、モンシロチョウとアキアカネのどちらですか。

(アキアカネ)

2 チョウとトンボの育ち方を調べました。

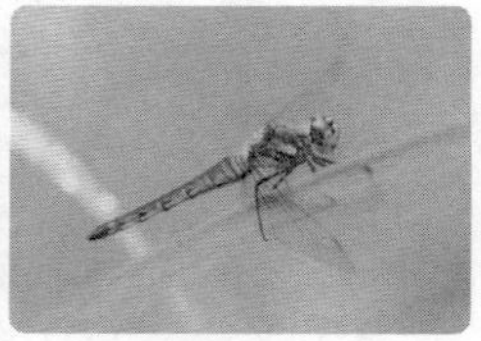

(1) チョウはどのように育ちますか。正しいほうに○をつけましょう。
ア(◯)たまご→よう虫→さなぎ→成虫《せいちゅう》のじゅんに育つ。
イ(　)たまご→よう虫→成虫のじゅんに育つ。

(2) トンボはどのように育ちますか。正しいほうに○をつけましょう。
ア(　)たまご→よう虫→さなぎ→成虫のじゅんに育つ。
イ(◯)たまご→よう虫→成虫のじゅんに育つ。

ヒント ❷ こん虫には、さなぎになるものとならないものがいます。

39ページ てびき

❶ (1)たまご→よう虫《ちゅう》→成虫《せいちゅう》のじゅんに育《そだ》ちます。
(3)ショウリョウバッタやアキアカネは、さなぎになりません。

❷ チョウやカブトムシは、たまご→よう虫→さなぎ→成虫のじゅんに育ち、トンボやバッタはたまご→よう虫→成虫のじゅんに育ちます。

ぴったり3
たしかめのテスト
5. こん虫《ちゅう》のかんさつ③

40ページ

100　合格70点

教科書　75~81ページ　答え　21ページ

よく出る

1 やごを見つけました。　1つ6点(18点)

(1) やごが見つかることがあるのは、どのようなところですか。正しいものに○をつけましょう。

ア(　)草のかげ　イ(　)花の上
ウ(○)水の中　エ(　)木の上

(2) やごになるこん虫はどれですか。正しいものに○をつけましょう。

ア(　)チョウ　イ(○)トンボ
ウ(　)バッタ　エ(　)セミ

(3) やごが育《そだ》つとどうなりますか。正しいものに○をつけましょう。

ア(　)だんだん動《うご》かなくなって、さなぎになる。
イ(　)このままのすがたで、たまごをうむ。
ウ(　)皮《かわ》をやぶって、よう虫になる。
エ(○)皮をやぶって、成虫《せいちゅう》になる。

2 こん虫の育ち方について、あてはまるものには○を、あてはまらないものには×をつけましょう。　1つ7点(21点)

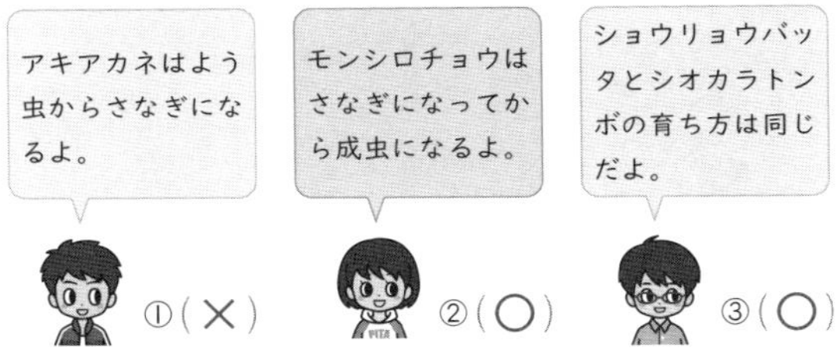

アキアカネはよう虫からさなぎになるよ。
モンシロチョウはさなぎになってから成虫になるよ。
ショウリョウバッタとシオカラトンボの育ち方は同じだよ。

①(×)　②(○)　③(○)

41ページ

3 カブトムシの育ち方を調《しら》べました。　1つ7点(21点)

(1) カブトムシのよう虫はどこでくらしますか。正しいものに○をつけましょう。

ア(○)土の中　イ(　)草のかげ
ウ(　)水の中

(2) カブトムシのよう虫はどのようにして成虫になりますか。次《つぎ》の文の(　)にあてはまる言葉《ことば》をかきましょう。

よう虫からさなぎになり、(　皮　)をやぶって成虫が出てくる。

(3) カブトムシと育つじゅんが同じこん虫はどれですか。正しいものに○をつけましょう。

ア(　)シオカラトンボ　イ(○)アゲハ　ウ(　)ショウリョウバッタ

できたらスゴイ!

4 バッタのよう虫をかんさつして、絵をかきました。　1つ10点(40点)

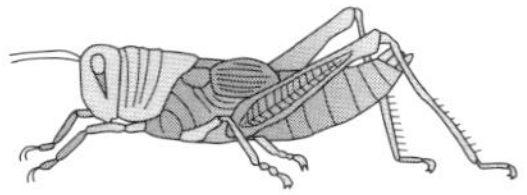

(1) かんさつしたバッタはどちらですか。正しいほうに○をつけましょう。

ア(○)トノサマバッタ
イ(　)ショウリョウバッタ

(2) バッタのよう虫と成虫の形をくらべて、チョウのよう虫と成虫の形をくらべると、どのようなことがわかりますか。正しいものに○をつけましょう。

ア(　)バッタもチョウも、よう虫と成虫の形はにている。
イ(○)バッタのよう虫と成虫の形はにているが、チョウの形は大きくちがう。
ウ(　)バッタのよう虫と成虫の形は大きくちがうが、チョウの形はにている。
エ(　)バッタもチョウも、よう虫と成虫の形は大きくちがう。

(3) 育つときにさなぎになるのは、バッタとチョウのどちらですか。

(　チョウ　)

(4) 右の写真《しゃしん》は、アリのよう虫です。(2)と(3)のことから考えて、アリのよう虫が育つとさなぎになりますか、なりませんか。　思考・表現

(　なる。　)

ふりかえり　**1**の問題がわからなかったときは、38ページの**1**にもどってたしかめましょう。**4**の問題がわからなかったときは、38ページの**1**にもどってたしかめましょう。

40~41[illegible]

1 (1)、(2)トンボの[illegible]の中にたまごをうみ、よう虫《ちゅう》はそのまま水の中で育《そだ》ちます。
(3)やごはトンボのよう虫で、さなぎにならずに成虫になります。

2 チョウやカブトムシはたまご→よう虫→さなぎ→成虫のじゅんに育ちます。また、トンボやバッタは、たまご→よう虫→成虫のじゅんに育ちます。

3 (1)、(2)土の中でくらしたカブトムシのよう虫は、さなぎになり、皮《かわ》をやぶって成虫が出てきます。
(3)チョウやカブトムシは育つじゅんが同じです。

4 (2)バッタのよう虫と成虫は、形がにています。
(3)、(4)よう虫と成虫の形が大きくちがうチョウは、さなぎになります。アリも、チョウと同じようによう虫と成虫の形が大きくちがいます。

ぴったり1 じゅんび

学習 **42ページ**

6. 太陽《たいよう》とかげ

①太陽とかげのようす 1

かげは、どんなところにできるのかをかくにんしよう。

教科書 83~85ページ　答え 22ページ

次《つぎ》の(　)にあてはまる言葉《ことば》をかくか、あてはまるものを○でかこもう。

1 かげは、どんなところにできるのだろうか。　教科書 83~85ページ

▶かげをかんさつする。

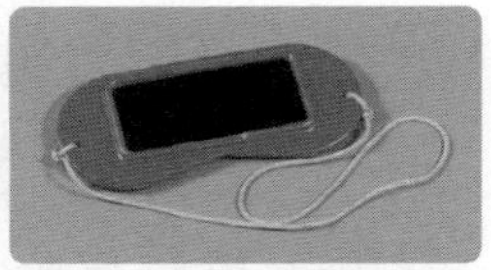

- 太陽を直せつ見ると、(① **目**)をいためることがある。
- 太陽を見るときは、かならず、(② **しゃ光プレート**)を使《つか》う。

▶太陽の向《む》きとかげの向きとのかんけい

- 太陽の向きとかげの向きを、それぞれ指《ゆび》でさすと、かげは、太陽の(③ **反対**)がわにできることがわかる。

▶高いところから見たかげ

- 高いところからいろいろな物《もの》のかげを見ると、どのかげも、(④ (同じ) ・ ちがう)向きにできている。

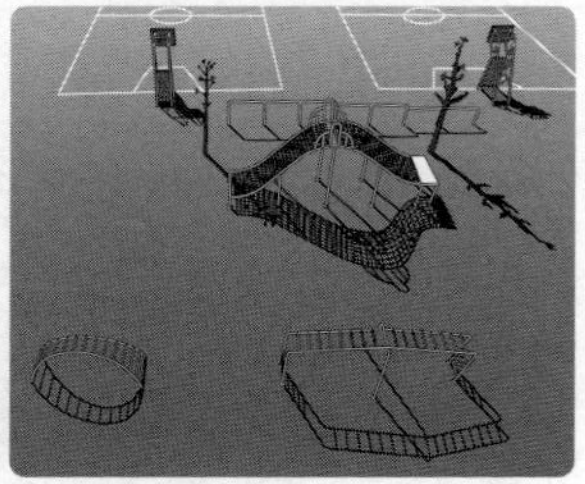

▶太陽の光を(⑤ **日光**)という。

▶かげは、(⑥ **日光**)(太陽の光)をさえぎる物があると、太陽の(⑦ **反対**)がわにできる。

ここがだいじ! ①かげは、日光《にっこう》(太陽《たいよう》の光)をさえぎる物《もの》があると、太陽の反対《はんたい》がわにできる。

ぴたトリビア 日光をさえぎる物《もの》があると、太陽《たいよう》の反対《はんたい》がわにかげができることをりようしている物として、ビーチパラソルや日がさなどがあります。

ぴったり2 練習

学習 **43ページ**

6. 太陽《たいよう》とかげ

①太陽とかげのようす 1

教科書 83~85 ページ　答え 22ページ

1 日光《にっこう》が当たってできた木と人のかげを調《しら》べました。

(1) 人のかげは、①~③のどの向《む》きにできると考えられますか。　(②)

(2) 太陽はどこにあると考えられますか。正しいほうに○をつけましょう。

ア(　)かげと同じがわにある。

イ(○)かげと反対《はんたい》がわにある。

(3) 人が動《うご》いたとき、かげの向きはかわりますか。かわりませんか。

(**かわらない。**)

2 太陽の向きとかげの向きとのかんけいを調べました。

(1) 図には、かげの向きが正しくないものが2つあります。それは、どれとどれですか。正しくないもの2つに×をつけましょう。

(2) 図では、太陽はどちらにありますか。正しいものに○をつけましょう。

ア(○)図の左上にある。　イ(　)図の右上にある。

ウ(　)図の左下にある。　エ(　)図の右下にある。

(3) 図のあの人は、日光で目をいためないように、太陽を見るためにある物《もの》をもっています。ある物とは何ですか。

(**しゃ光プレート**)

ヒント 2 (1) かげは、同じ向きにできます。

おうちのかたへ　6. 太陽とかげ

日光により影ができること、太陽の位置が変わると影も動くことを学習します。太陽と影(日かげ)との関係が考えられるか、などがポイントです。

43ページ　てびき

1 かげは、日光《にっこう》(太陽《たいよう》の光)をさえぎる物《もの》があると、太陽の反対《はんたい》がわにできます。

2 (1)あとうの人のかげは、ほかの人とちがう向《む》きにできています。

(2)人のかげが、ほぼ図の右下に向かってのびているので、太陽は、その反対がわの左上にあると考えられます。

(3)太陽を直せつ見ると、目をいためることがあるので、太陽を見るときは、かならず、しゃ光プレートを使《つか》います。

ぴったり1 じゅんび

6. 太陽《たいよう》とかげ

①太陽とかげのようす２

学習日

44ページ

時間がたつと、かげの向きがかわるのはどうしてかをかくにんしよう。

教科書 86〜89ページ　答え 23ページ

次《つぎ》の(　)にあてはまる言葉《ことば》をかくか、あてはまるものを○でかこもう。

1 時間がたつと、かげの向《む》きがかわるのは、どうしてだろうか。　教科書 86〜89ページ

▶午前と午後では、同じ物《もの》でも、できたかげの形が(① 同じ ・ (ちがう))。また、かげの向きが(② 同じ ・ (ちがう))。

▶かげの動《うご》き方と、太陽のいちのかわり方を調《しら》べる。

- 方位《ほうい》じしんを使《つか》うと、東西南北などの(③ 方位)を調べることができる。
- かげの向きは、(④ 東 ・ (西))から北、(⑤ (東) ・ 西)へとかわる。
- 太陽は、(⑥ (東) ・ 西)から出て南を通り、(⑦ 東 ・ (西))にしずむように見える。

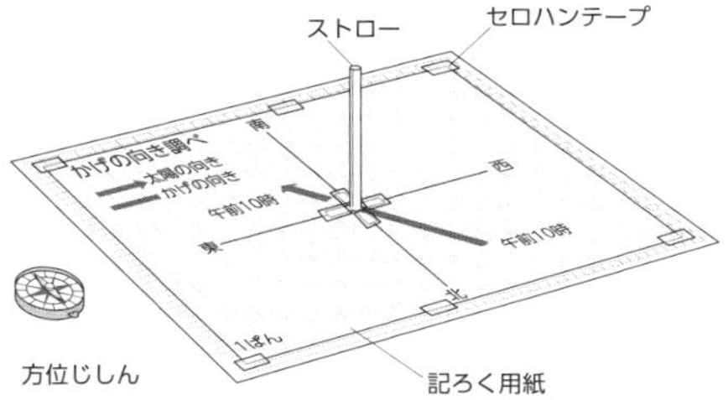
ストロー
セロハンテープ
かげの向き調べ
太陽の向き
かげの向き
南
西
東
北
午前10時
午前10時
1ぱん
方位じしん
記ろく用紙

▶方位じしんの使い方

- はりが自由《じゆう》に動くように、方位じしんを(⑧ 水平)に持《も》つ。
- 調べる物の方向《ほうこう》を向き、方位じしんを回して、はりの色のついた方に、「(⑨ (北) ・ 南)」の文字を合わせる。
- 調べる物の(⑩ 方位)を読みとる。
- 南を向いたときは、自分の左がわが(⑪ (東) ・ 西)になり、右がわが(⑫ 東 ・ (西))になる。

▶時間がたつと、かげの向きがかわるのは、太陽のいちが(⑬ かわる)からである。

▶太陽のいちは、(⑭ 東)から(⑮ 南)、(⑯ 西)へとかわる。

ここがだいじ！
①時間がたつと、かげの向《む》きがかわるのは、太陽《たいよう》のいちがかわるからである。
②太陽のいちは、東から南、西へとかわる。

ぴたトリビア　かげの長さは、太陽《たいよう》が南の高いところにあるときは短《みじか》くなり、西や東のひくいところにあるときは長くなります。

ぴったり2 練習

6. 太陽《たいよう》とかげ

①太陽とかげのようす２

学習日

45ページ

教科書 86〜89ページ　答え 23ページ

1 下の写真《しゃしん》の物《もの》を使《つか》って、太陽の方位《ほうい》を調《しら》べました。

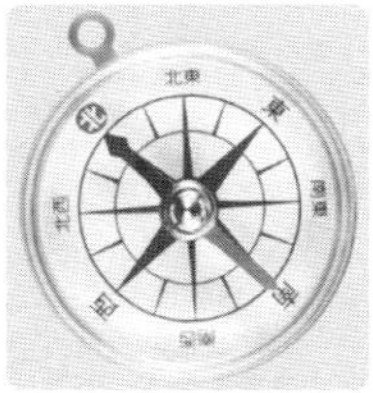

(1) 太陽の方位を調べるのに使った物は何ですか。

(方位じしん)

(2) 方位を読みとる前に、はりの色がついた方に合わせる文字は何ですか。正しいものに○をつけましょう。

ア(　)東　イ(　)西
ウ(　)南　エ(○)北

(3) 南を向《む》いて立ったとき、自分の左がわと右がわの方位は、それぞれ何ですか。

① 左がわ(東)　② 右がわ(西)

2 晴れた日に、ストローを立ててできたかげの向きを、午前10時、正午、午後2時に調べ、記ろくしました。

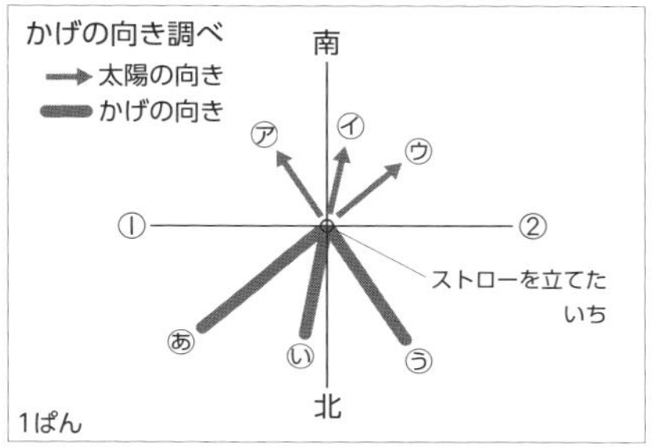
かげの向き調べ
太陽の向き
かげの向き
南
北
①
②
ア
イ
ウ
あ
い
う
ストローを立てたいち
1ぱん

(1) 図の①、②は、東、西、南、北のいずれかの方位です。それぞれの方位は何ですか。

①(東)
②(西)

(2) 図のアは、午前10時、正午、午後2時のうち、いつに記ろくされた、太陽の向きですか。

(午前10時)

(3) 図のあ〜うのかげを、向きがかわっていくじゅんにならべましょう。

(う)→(い)→(あ)

(4) 時間がたつと、太陽のいちとかげの向きはどのようになりますか。正しいものに○をつけましょう。

ア(○)太陽のいちがかわると、かげの向きもかわる。
イ(　)太陽のいちはかわらないが、かげの向きはかわる。
ウ(　)太陽のいちはかわるが、かげの向きはかわらない。
エ(　)太陽のいちもかげの向きもかわらない。

ヒント　2 かげは、日光《にっこう》をさえぎる物があると、太陽の反対《はんたい》がわにできます。

45ページ　てびき

1 (1)、(2)方位《ほうい》じしんのはりは、色のついた方が北、その反対《はんたい》がわが南をさして止まります。

2 (1)太陽《たいよう》は、東から出て、南の高いところを通って、西にしずむように見えます。

(2)、(3)ストローのかげは、太陽がある反対がわにできます。

(4)時間がたつと、太陽のいちがかわるので、かげの向《む》きもかわります。

おうちのかたへ
一般的な方位磁針は、針の色がついているほうが北を指します。なお、方位磁針が磁石の性質を利用していること、磁石のN極が北を指し、S極が南を指して止まることは、「11. じしゃくのせいしつ」で学習します。

6. 太陽《たいよう》とかげ
②日なたと日かげの地面《じめん》

46ページ

日なたの地面と日かげの地面のあたたかさのちがいをかくにんしよう。

教科書 90〜92ページ　答え 24ページ

次《つぎ》の(　)にあてはまる言葉《ことば》をかくか、あてはまるものを○でかこもう。

1 日なたの地面と日かげの地面では、あたたかさは、どれぐらいちがうだろうか。　教科書 90〜92ページ

▶温度《おんど》をはかるときは、(① 放しゃ)温度計やぼう温度計を使《つか》う。

▶温度には「(② ℃)」というたんいを使い、「度」と読む。

▶ぼう温度計の使い方

- 正しい目もりを読みとるために、温度計と目を(③ 直角)にして読む。
- えきの先が(④ (近い)・ 遠い)方の目もりを読む。
- えきの先が、目もりと目もりのちょうどまんなかにある場合は、(⑤ (上)・ 下)の方の目もりを読む。

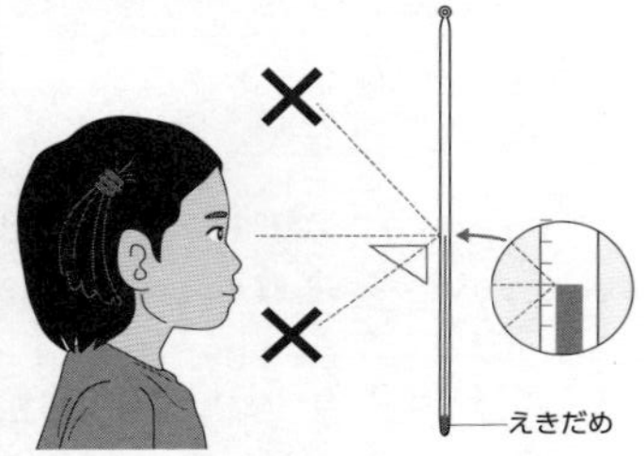
えきだめ

▶日なたの地面と日かげの地面の温度を調《しら》べる。

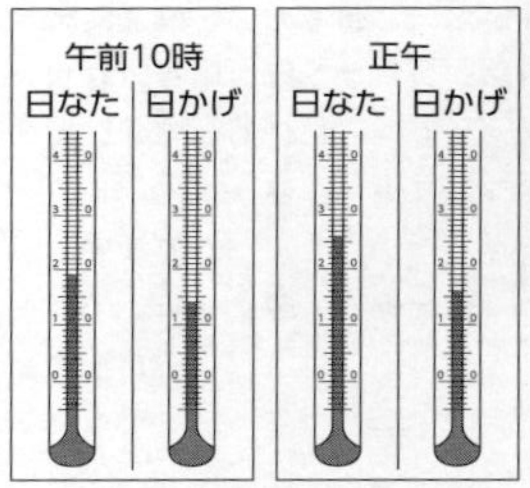
午前10時
日なた
日かげ
正午
日なた
日かげ

	午前 10 時	正午
日なたの地面の温度	(⑥ 19 ℃)	(⑦ 26 ℃)
日かげの地面の温度	(⑧ 14 ℃)	(⑨ 16 ℃)

左のけっかを読みとって、⑥〜⑨に温度をかこう。

▶日なたの地面の温度は、日かげの地面の温度よりも(⑩ (高く)・ ひくく)なる。

▶日なたの地面は、(⑪ 日光)であたためられるので、日かげの地面とくらべて、あたたかく、かわいている。

ここがだいじ!
①日なたの地面《じめん》の温度《おんど》は、日かげの地面の温度よりも高い。
②日なたと日かげで地面の温度がちがうのは、日なたの地面は、日光であたためられるからである。

ぴたトリビア　地面《じめん》にせっしている空気は、あたためられた地面からねつがつたわり温度《おんど》が上がります。

6. 太陽《たいよう》とかげ
②日なたと日かげの地面《じめん》

47ページ

教科書 90〜92ページ　答え 24ページ

1 ぼう温度計《おんどけい》の目もりを読みます。

(1) ぼう温度計のえきの先が目もりと目もりのちょうどまんなかにあるときは、どのように読みますか。正しいものに○をつけましょう。

ア(○)上の方の目もりを読む。
イ(　)下の方の目もりを読む。
ウ(　)近い方の目もりを読む。

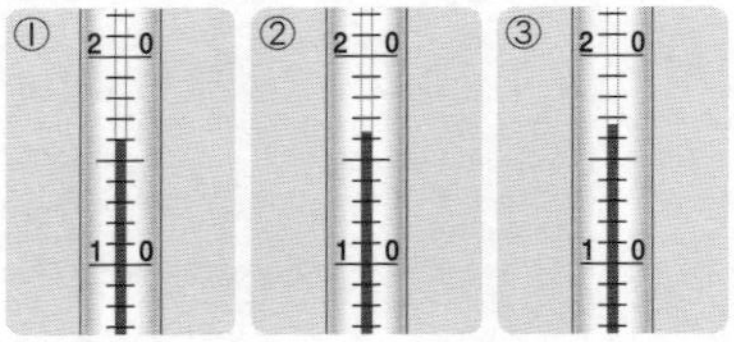
①
②
③
20
10

(2) 図の ①〜③ のぼう温度計が表《あらわ》している温度は、それぞれ何度ですか。
①(16 ℃)　②(16 ℃)　③(17 ℃)

2 よく晴れた日の日なたと日かげの地面の温度を、時こくをかえてはかりました。

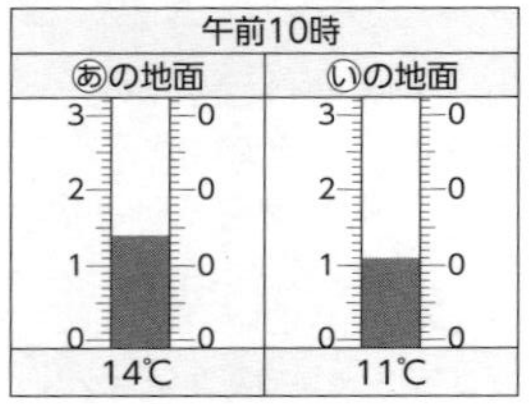
午前10時
あの地面
いの地面
30
20
10
0
14℃
11℃

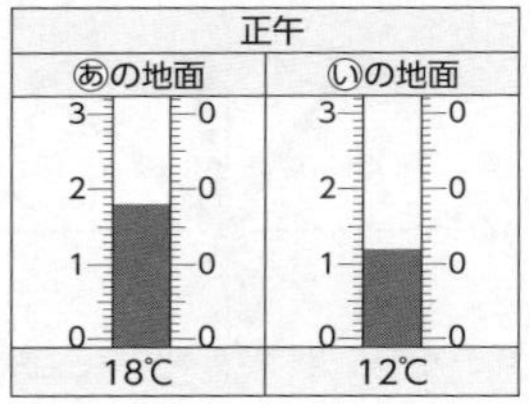
正午
あの地面
いの地面
30
20
10
0
18℃
12℃

(1) 日なたの地面の温度をはかったけっかは、あ、いのどちらですか。　(あ)

(2) 日なたと日かげの地面の温度をくらべると、どのようなことがわかりますか。正しいものに○をつけましょう。

ア(○)日なたの地面の温度は、日かげよりも高い。
イ(　)日なたの地面の温度は、日かげよりもひくい。
ウ(　)日なたの地面の温度は、日かげとあまりかわらない。

(3) 時こくをかえたときの、日なたと日かげの地面の温度のかわり方をくらべると、どのようなことがわかりますか。正しいものに○をつけましょう。

ア(　)日なたの地面の温度のかわり方は、日かげよりも小さい。
イ(○)日なたの地面の温度のかわり方は、日かげよりも大きい。
ウ(　)日なたの地面の温度のかわり方は、日かげとあまりかわらない。

ヒント　❷ 日なたの地面は、日光によってあたためられます。

47ページ　てびき

1 (1)ぼう温度計《おんどけい》のえきの先が、ちょうど目もりのまんなかにあるときは、上の方の目もりを読みます。
(2)温度のたんいを表《あらわ》す記《き》号《ごう》は「℃」で、「ど(度)」と読みます。

2 (1)、(2)日なたの地面《じめん》の温度は、日かげの地面の温度よりも高くなります。
(3)日なたの地面の温度のちがい…
18 ℃ − 14 ℃ = 4 ℃
日かげの地面の温度のちがい…
12 ℃ − 11 ℃ = 1 ℃

ぴったり3 たしかめのテスト

6. 太陽《たいよう》とかげ

48ページ　/100　合格70点

教科書 82~95ページ　答え 25ページ

よく出る

1 午後２時に、太陽のいちとかげのでき方を調《しら》べました。　1つ6点(30点)

(1) かげができるのは、物《もの》が何をさえぎるからですか。
(**日光(光)**)

(2) ぼうのかげの向《む》きから考えて、太陽は、㋐~㋓のどの向きにありますか。
(**㋐**)

(3) 女の子のかげは、㋕~㋗のどの向きにできますか。
(**㋖**)

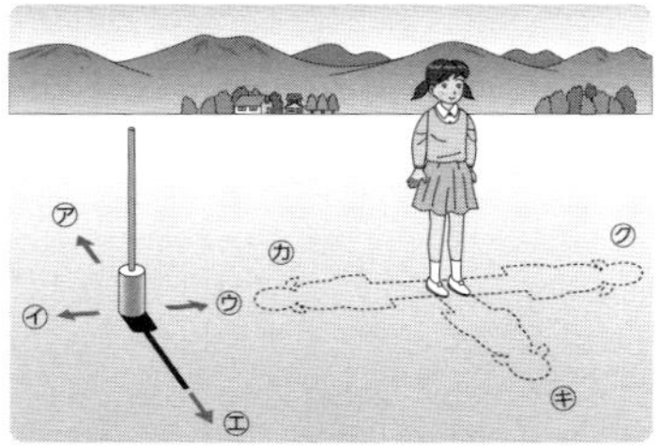

(4) 午後２時から、さらに、かんさつをつづけました。
①かげの向きは、どのようにかわりましたか。正しいものに○をつけましょう。
ア(○)東の方に動《うご》いた。　イ(　)西の方に動いた。
ウ(　)南の方に動いた。　エ(　)北の方に動いた。
②太陽のいちは、どのようにかわりましたか。正しいものに○をつけましょう。
ア(　)東の方に動いた。　イ(○)西の方に動いた。
ウ(　)南の方に動いた。　エ(　)北の方に動いた。

2 方位《ほうい》じしんを使《つか》って、太陽の方位を調べました。　技能　1つ4点(12点)

(1) 方位じしんのはりで、色のついた方がさすのは、東西南北のどれですか。
(**北**)

(2) 方位じしんの正しい合わせ方は、図の㋐、㋑のどちらですか。
(**㋑**)

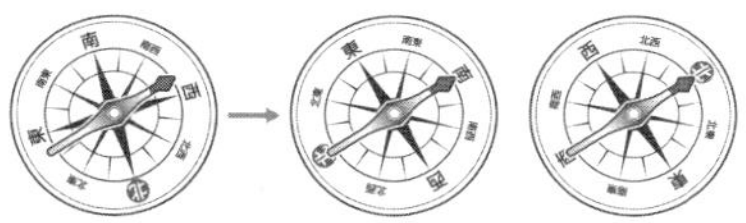

(3) 南に向かって立ったとき、右がわになる方位は何ですか。
(**西**)

学習　49ページ

3 ある晴れた日の午前10時と正午の地面《じめん》の温度《おんど》を調べました。　技能
1つ6点、(3)は全部《ぜんぶ》できて6点(18点)

(1) 午前10時の日かげの地面の温度は何度ですか。
(**14 ℃**)

(2) 日なたの地面の温度を、グラフに表《あらわ》しました。このようなグラフを何といいますか。
(**ぼうグラフ**)

(3) 作図 日なたの地面の温度にならって、日かげの地面の温度を、グラフに表しましょう。

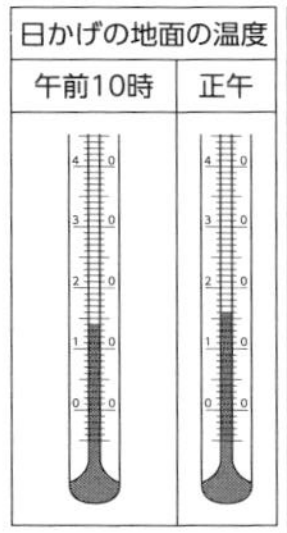

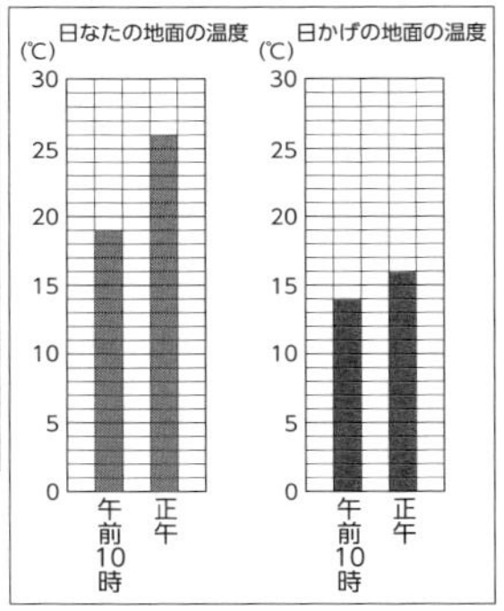

できたらスゴイ!

4 太陽によってできるかげの向きがかわることをりようして、日時計《ひどけい》をつくりました。　思考・表現　1つ10点(40点)

(1) 日時計は、どのようなところにおきますか。正しいものに○をつけましょう。
ア(　)日光が直角に直せつ当たるところ
イ(○)日光が直せつ当たる、水平《すいへい》なところ
ウ(　)日光が直せつ当たらない、水平なところ

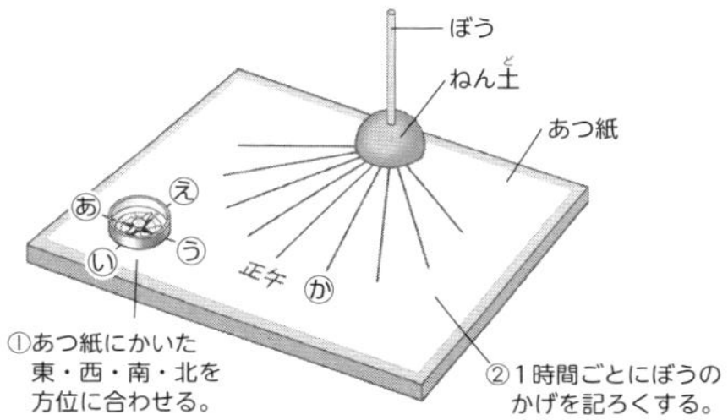

(2) 北は、図の方位じしんのあ~えのどれですか。　(**い**)

(3) 図のかは、午前11時、午後1時のどちらのかげを記ろくしたものですか。
(**午前11時**)

(4) 記述 日時計のぼうのかげの向きで、だいたいの時こくがわかるのはなぜですか。
(**太陽のいちが、時こくとともに少しずつかわり、かげの向きがそれに合わせてかわるから。**)

ふりかえり ❶の問題がわからなかったときは、42ページの❶と44ページの❶にもどってたしかめましょう。
❹の問題がわからなかったときは、44ページの❶にもどってたしかめましょう。

48~49ページ　てびき

1 (1)かげは、光が物《もの》によってさえぎられるとできます。
(2)ぼうのかげが㋓の向《む》きにできているので、太陽《たいよう》は、その反対《はんたい》がわの㋐の向きにあります。
(3)女の子のかげは、ぼうのかげと同じく、日光によってできるので、ぼうのかげと同じ向きにできます。
(4)正午ごろに太陽のいちは南にあり、時間がたつとそこから西へとかわっていきます。

2 (3)南を向いたときは、自分の左がわが東になり、右がわが西になります。

3 (1)、(2)温度《おんど》のけっかをぼうグラフで表《あらわ》すと、そのちがいがひと目でわかります。
(3)正午の日かげの地面《じめん》の温度は16℃です。

4 (1)日光が直せつ当たって、かげができ、かげがゆがまないで、方位《ほうい》じしんが正しくはたらく水平《すいへい》なところにおきます。
(2)ぼうのかげは、北がわにできます。
(3)かげは太陽の反対がわにできるので、北よりも西がわにできるのは、午前中です。
(4)太陽の方位で、およその時こくがわかります。

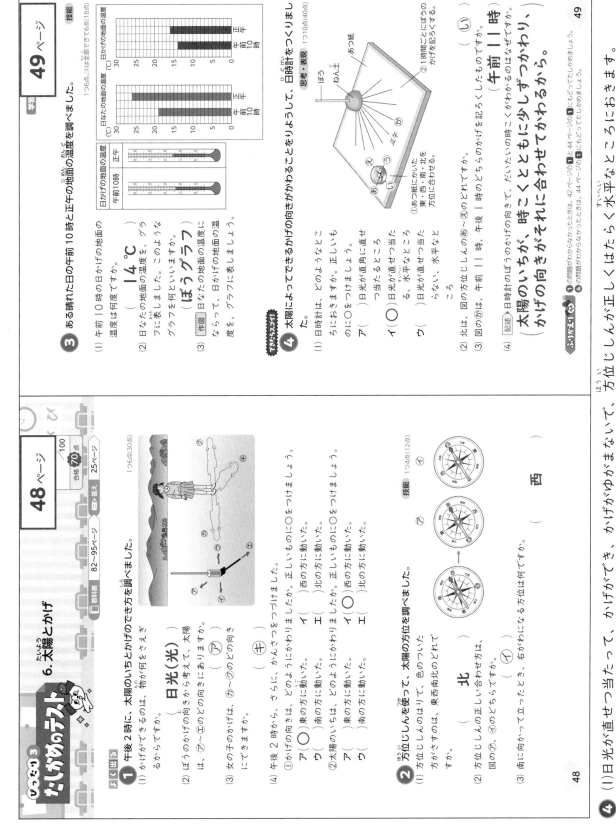

ぴったり1 じゅんび

7. 太陽《たいよう》の光

①はね返《かえ》した日光《にっこう》

3分でまとめ

かがみではね返した日光のようすをかくにんしよう。

教科書 97〜102ページ　答え 26ページ

次《つぎ》の(　)にあてはまる言葉《ことば》をかこう。

1 かがみではね返した日光は、どのように進《すす》むのだろうか。 教科書 97〜100ページ

▶日光は、(①かがみ)に当たると、はね返る。

▶はね返した日光の進み方を調《しら》べる。

- かがみではね返した日光を、人の顔に当ててはいけない。

▶はね返した日光は、(② まっすぐ)に進む。

▶かがみではね返した日光が日かげに当たると、その部分《ぶぶん》は(③明るく)なる。

2 かがみではね返した日光が当たったところは、あたたかくなるのだろうか。 教科書 100〜102ページ

▶はね返した日光が当たったところの温度《おんど》を調べる。

- 放《ほう》しゃ温度計を使《つか》うか、だんボールに(①ぼう温度計)をさしこみ、まとの温度をはかる。
- 1〜3まいのかがみではね返した日光をそれぞれ3分間当てて、温度を調べる。
- かがみのまい数をふやすと、まとの温度はより高く、まとの明るさはより(②明るく)なった。

▶かがみではね返した(③ 日光)が当たったところは、(④明るく)、あたたかくなる。

▶はね返した日光を重《かさ》ねて集《あつ》めるほど、日光が当たったところは、明るく、(⑤あたたかく)なる。

ここがだいじ!

①かがみではね返《かえ》した日光は、まっすぐに進《すす》む。

②はね返した日光が当たったところは、明るく、あたたかくなる。

ぴたトリビア　黒いものより、白いもののほうが光をはね返《かえ》しています。

ぴったり2 練習

7. 太陽《たいよう》の光

①はね返《かえ》した日光《にっこう》

教科書 97〜102ページ　答え 26ページ

1 かがみを使《つか》って、日光をはね返し、かべに当てました。

(1) かがみではね返した日光が当たったところの明るさはどうなりますか。正しいものに○をつけましょう。

ア(○)明るくなる。　イ(　)暗《くら》くなる。

ウ(　)かわらない。

(2) かがみではね返した日光が当たったところの温度《おんど》はどうなりますか。正しいものに○をつけましょう。

ア(○)高くなる。　イ(　)ひくくなる。　ウ(　)かわらない。

(3) かがみではね返した日光はどう進《すす》みますか。正しいものに○をつけましょう。

ア(　)先にいくほど細くなるように進む。

イ(　)先にいくほど太くなるように進む。

ウ(　)少しずつ曲《ま》がりながら進む。

エ(○)まっすぐに進む。

2 かがみで日光をはね返して、だんボールとぼう温度計でつくったまとに当てました。

(1) かがみを1まいにして調《しら》べたときと、かがみを3まいにして調べたときでは、まとの明るさはどうなりますか。正しいものに○をつけましょう。

ア(　)かがみを1まいにしたときのほうが明るい。

イ(○)かがみを3まいにしたときのほうが明るい。

ウ(　)どちらも同じくらいの明るさになる。

(2) かがみを1まいにして調べたときと、かがみを3まいにして調べたときでは、まとの温度はどうなりますか。正しいものに○をつけましょう。

ア(　)かがみを1まいにしたときのほうが、温度が高くなる。

イ(○)かがみを3まいにしたときのほうが、温度が高くなる。

ウ(　)どちらも同じくらいの温度になる。

おうちのかたへ　7. 太陽の光

鏡や虫眼鏡を使い、光の進み方や日光を当てたときの明るさやあたたかさについて学習します。日光は鏡で反射し直進することや、鏡や虫眼鏡で日光を集光したときのようすを理解しているか、などがポイントです。

51ページ　てびき

❶ (1)、(2)はね返《かえ》した日光《にっこう》が当たったところは明るく、あたたかくなります。

(3)かがみに当たる日光も、太陽《たいよう》からまっすぐにやってきます。

❷ はね返した日光を重《かさ》ねて集めるほど、日光が当たったところは、明るく、あたたかくなります。

ぴったり1 じゅんび

7. 太陽《たいよう》の光

②集《あつ》めた日光《にっこう》

学習 52ページ

虫めがねで日光を集めたところの明るさやあたたかさをかくにんしよう。

教科書 103〜104ページ　答え 27ページ

次《つぎ》の(　)にあてはまる言葉《ことば》をかくか、あてはまるものを○でかこもう。

1 虫めがねで日光を集めたところの、明るさやあたたかさは、どうなるのだろうか。 教科書 103〜104ページ

▶虫めがねを使《つか》うと、日光を(① **集める**)ことができる。

- 目をいためるので、ぜったいに、虫めがねで(② **太陽**)を見てはいけない。
- やけどをしたり、こげたりするので、虫めがねを通した(③ **日光**)を、ぜったいに、人のからだや服《ふく》などに当ててはいけない。
- 目をいためるので、日光が集まっているところを、(④ **長い**)時間見つめてはいけない。

▶虫めがねで日光を集める。

▶虫めがねで日光を集めたところを(⑤ (小さく) ・ 大きく)するほど、(⑥ **明るく**)、あたたかく(あつく)なる。

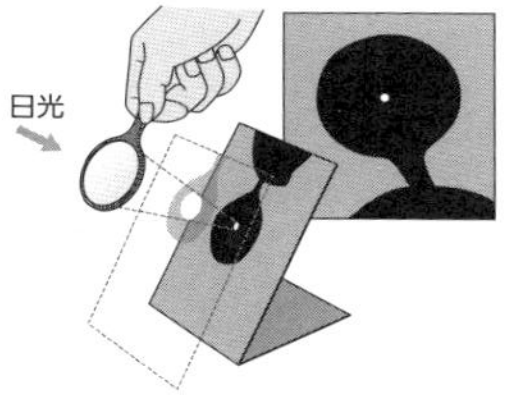

ここがだいじ!
①虫めがねを使《つか》うと、日光を集《あつ》めることができる。
②虫めがねで日光を集めたところを小さくするほど、明るく、あたたかく(あつく)なる。

ぴたトリビア　日なたに水を入れたペットボトルをおいておくと、水によって集《あつ》まった日光による火事(しゅうれん火さい)が起こることがあるので、注意がひつようです。

ぴったり2 練習

7. 太陽《たいよう》の光

②集《あつ》めた日光《にっこう》

学習 53ページ

教科書 103〜104ページ　答え 27ページ

1 虫めがねで日光を集めました。

(1) 目をいためるので、ぜったいに、虫めがねで見てはいけない物《もの》は何ですか。　(**太陽**)

(2) 虫めがねを通した日光を当てると、やけどをしたり、こげたりすることがあるのは、当たったところがどうなるからですか。正しいものに○をつけましょう。

ア(　)つめたくなるから。
イ(○)あつくなるから。
ウ(　)明るくなるから。
エ(　)暗《くら》くなるから。

(3) 日光が集まっているところをかんさつするときに、どのようなことに気をつけますか。正しいほうに○をつけましょう。

ア(　)長い時間をかけて、じっくりかんさつする。
イ(○)できるだけ短《みじか》い時間でかんさつする。

2 虫めがねで集めた日光を、紙に当てました。このとき、日光が集まっているところを図の①〜③のようにかえました。

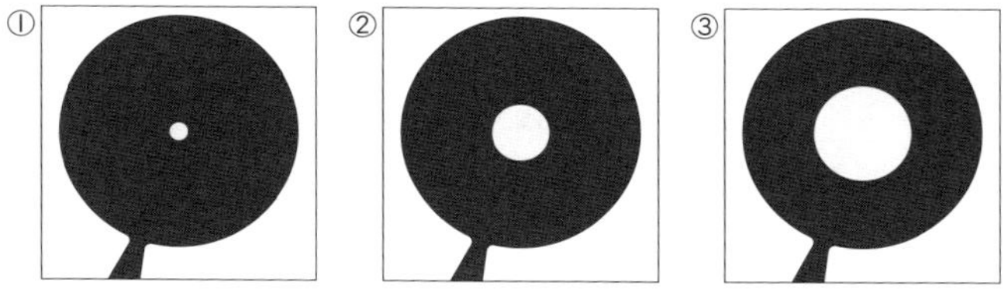

(1) このじっけんでは、どのような紙を使《つか》いますか。正しいものに○をつけましょう。

ア(　)あつさがあつい紙　イ(　)あつさがうすい紙
ウ(○)色のこい紙　エ(　)色のうすい紙

(2) 集めた日光が当たったところが、いちばん明るくなったのは、①〜③のどれですか。　(①)

(3) 集めた日光が当たったところが、いちばんあつくなったのは、①〜③のどれですか。　(①)

53ページ　てびき

1 (1)虫めがねで太陽《たいよう》を見るのはとてもきけんです。
(2)集《あつ》めた日光《にっこう》が当たったところは、あたたかく(あつく)なります。
(3)目をいためるので、日光が集まっているところを、長い時間見つめてはいけません。

2 (1)色のこい(暗《くら》い)紙は、当たった光をはね返《かえ》しにくいので、温度《おんど》が高くなります。
(2)、(3)虫めがねで日光を集めたところを小さくするほど、明るく、あつくなります。

おうちのかたへ
虫眼鏡を使って日光を集めることができることは、実験した事実として捉えます。なお、光の屈折については、中学校で学習します。

54ページ

/100 合格70点

教科書 96〜107ページ　答え 28ページ

1 かがみを使《つか》って、日光をはね返《かえ》し、かべに当てました。 1つ8点(24点)

(1) かがみではね返した日光は、どのように進《すす》みますか。次《つぎ》の文の（　）にあてはまる言葉《ことば》をかきましょう。

かがみではね返した日光は、（**まっすぐ**）に進む。

(2) かがみではね返した日光を当てたとき、当てたところの明るさやあたたかさはどうなりますか。

明るさ（**明るくなる。**）

あたたかさ（**あたたかくなる。**）

2 3まいのかがみで日光をはね返してかべに当てて、図のように重《かさ》ねました。 1つ8点(24点)

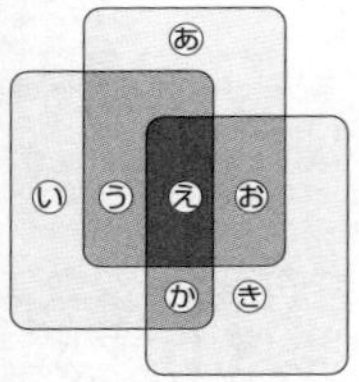

(1) かがみではね返した日光が、2つだけ重なっているところはどこですか。図のあ〜きからすべてえらびましょう。（**う、お、か**）

(2) あと同じ明るさに見えるところはどこですか。図のい〜きから2つえらびましょう。（**い**　と　**き**）

(3) いちばんあたたかくなるところは、図のあ〜きのどこですか。（**え**）

55ページ

よく出る

3 虫めがねで集《あつ》めた日光を、紙に当ててこがします。 1つ8点(16点)

(1) 虫めがねで日光を集めたところを小さくすると、日光が当たったところの明るさはどうなりますか。正しいものに○をつけましょう。

ア（　）暗《くら》くなる。　イ（○）明るくなる。　ウ（　）かわらない。

(2) 虫めがねで日光を集めたところの大きさをかえて、紙のこげ方をくらべました。このじっけんで、紙がいちばん早くこげ始《はじ》めたのはどれですか。正しいものに○をつけましょう。

ア（　）　イ（　）　ウ（○）

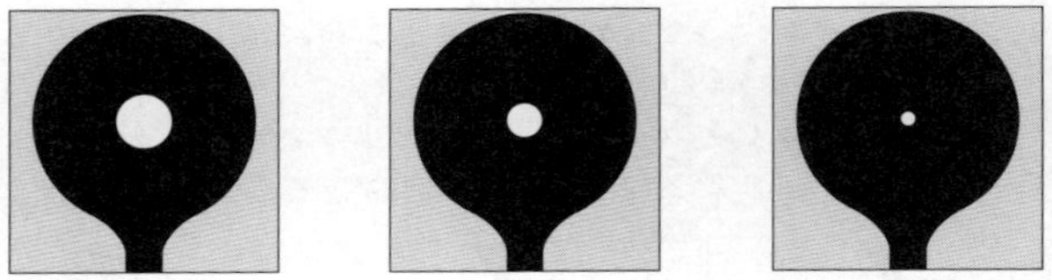

できたらスゴイ！

4 虫めがねを通った日光がどのように集まるかを調《しら》べます。 1つ12点(36点)

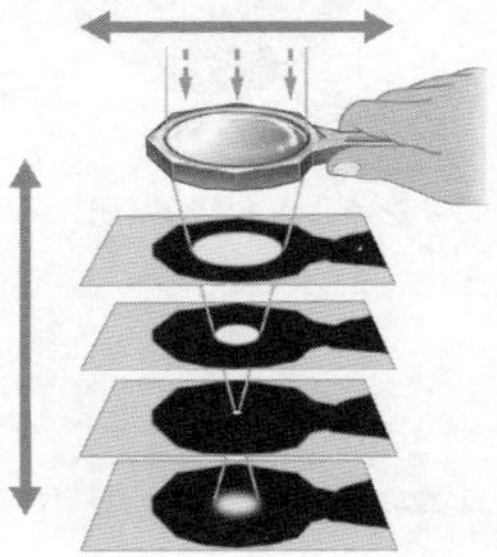

(1) 記述 虫めがねを通した日光を紙に当てて、その紙を上下に動《うご》かしました。このとき、虫めがねのかげの大きさはかわりませんでした。これは、日光がどのように進むからですか。

（**(日光が)まっすぐに進むから。**）

(2) 日光を当てる紙を動かさず、虫めがねを上下または左右に動かしました。このとき、紙のこげるはやさはかわりましたか。

① 記述 上下に動かしたとき

（**かわる。**）

② 記述 左右に動かしたとき

（**かわらない。**）

ふりかえり

3の問題がわからなかったときは、52ページの1にもどってたしかめましょう。

4の問題がわからなかったときは、52ページの1にもどってたしかめましょう。

54〜55ページ　てびき

1 はね返《かえ》した日光は、まっすぐに進《すす》み、日光が当たったところは、明るく、あたたかくなります。

2 あ、い、きには、かがみ1まいがはね返した日光、う、お、かには、かがみ2まいがはね返した日光、えには、かがみ3まいがはね返した日光が当たっています。

3 虫めがねで日光を集《あつ》めたところを小さくするほど、日光が当たったところは、明るく、あつくなります。

4 (1)虫めがねのふちのかげの大きさはかわりません。虫めがね(のレンズ)を通った光は曲《ま》がって集まります。

(2)紙と虫めがねのきょりがかわると、紙への日光の当たり方がかわります。

ぴったり1 じゅんび　8. 音のせいしつ

①音が出るとき
②音のつたわり

3分でまとめ

56ページ

音が出ているとき、つたわるときの物のようすをかくにんしよう。

教科書 109〜114ページ　答え 29ページ

次《つぎ》の（　）にあてはまる言葉《ことば》をかくか、あてはまるものを○でかこもう。

1 音が出ているとき、物《もの》のようすはどのようになっているのだろうか。 教科書 109〜112ページ

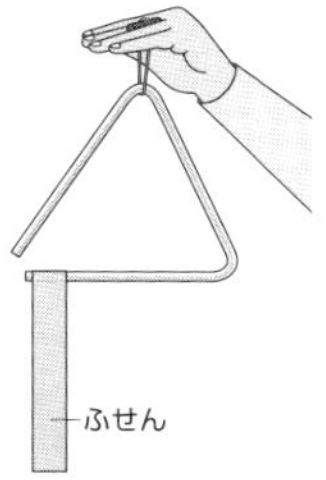

▶音を出して、トライアングルはどのようにふるえているか、調《しら》べる。

- 音が出ているときは、トライアングルにはったふせんが（①**ふるえて**）いた。
- 音が出ているトライアングルを手でにぎり音を止めると、ふせんのふるえが（②**止まった**）。
- トライアングルを弱くたたき、小さい音を出したときのふせんのふるえ方は（③ (小さかった) ・ 大きかった ）。
- トライアングルを強くたたき、大きい音を出したときのふせんのふるえ方は（④ 小さかった ・ (大きかった) ）。

▶音が出ているとき、物は（⑤**ふるえて**）いる。

▶音が大きいときは、物のふるえ方は（⑥ (大きく) ・ 小さく ）、音が小さいときは、物のふるえ方は（⑦ 大きい ・ (小さい) ）。

2 音がつたわるとき、音をつたえる物は、ふるえているのだろうか。 教科書 113〜114ページ

▶音がつたわるとき、音をつたえる物がふるえているか調べる。

- トライアングルと紙コップを糸でつなぎ、糸をしっかりとはってトライアングルをたたくと、紙コップから音が（① (聞こえた) ・ 聞こえなかった ）。糸を指《ゆび》でつまむと、音は（② 聞こえたままだった ・ (聞こえなくなった) ）。
- トライアングルの音が出ているときに、糸にふれると、糸は（③**ふるえて**）いた。

▶音がつたわるとき、音をつたえる物は、（④**ふるえて**）いる。

ここがだいじ！

①音が出ているとき、物《もの》はふるえている。
②音が大きいときは、物のふるえ方は大きく、音が小さいときは、物のふるえ方は小さい。
③音がつたわるとき、音をつたえる物は、ふるえている。

ぴたトリビア　ふだんは空気が音（声）をつたえますが、うちゅうでは空気がないので音がつたわりません。

ぴったり2 練習　8. 音のせいしつ

①音が出るとき
②音のつたわり

57ページ

教科書 109〜114ページ　答え 29ページ

1 トライアングルにふせんをはって、音が出ている物《もの》のようすを調《しら》べました。

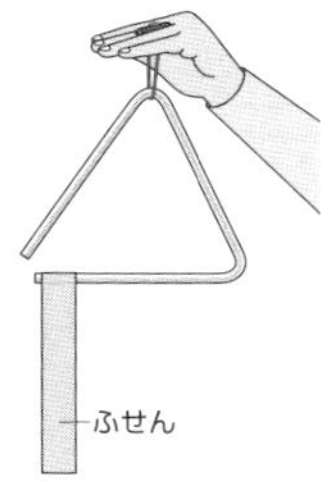

(1) トライアングルをたたいて、音を出すと、ふせんはどうなりますか。正しいほうに○をつけましょう。

ア（○）ふるえる。
イ（　）止まったまま。

(2) 音が出ているときに、トライアングルを手でにぎり音を止めると、ふせんのふるえ方はどうなりますか。

（ **止まる。** ）

2 トライアングルにふせんをはって、音の大きさをかえてみたら、表《ひょう》のようになりました。①、②にあてはまるものを、それぞれア〜ウからえらびましょう。

ア　ふせんが大きくふるえていた。
イ　ふせんが小さくふるえていた。
ウ　ふせんは止まったままだった。

音の大きさ	ふせんのようす
大きいとき	（① **ア** ）
小さいとき	（② **イ** ）

3 トライアングルと紙コップを糸でむすんで、紙コップに耳を当ててみました。

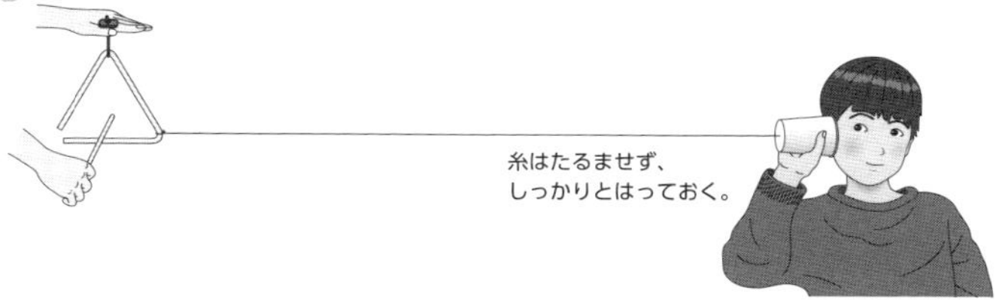

(1) トライアングルをそっとたたくと、紙コップからは音が聞こえますか。

（ **聞こえる。** ）

(2) (1)のあと、糸を指《ゆび》でつまむと、音はどうなりますか。

（ **聞こえなくなる。** ）

(3) トライアングルの音が出ているときに、糸にふれると、糸はどうなっていますか。

（ **ふるえている。** ）

ヒント ❸ 音をつたえる物がふるえていないとき、音はつたわりません。

57ページ てびき

❶ (1)物《もの》から音が出ているとき、物はふるえています。
(2)音を出している物のふるえを止めると、物から出ている音は止まり、ふせんのふるえも止まります。

❷ 音が大きいとき、物は大きくふるえ、音が小さいとき、物は小さくふるえます。

❸ (1)音が糸をつたわり、紙コップから聞こえます。
(2)音をつたえる物のふるえを止めると、音は止まります。
(3)音をつたえる糸は、音が出ているときはふるえています。

おうちのかたへ　8. 音のせいしつ

音を出している物や伝えている物はふるえていること、音の大小はふるえの大小によることを学習します。音を出す物や伝える物がふるえていること、ふるえが大きくなると音も大きくなることを理解しているか、などがポイントです。

ぴったり3 たしかめのテスト

8. 音のせいしつ

58ページ

/100 合格 70 点

教科書 108〜117ページ　答え 30ページ

よく出る

1 トライアングルにふせんをはって、音が出ている物《もの》のようすを調《しら》べました。

1つ8点、(1)は全部《ぜんぶ》できて8点(24点)

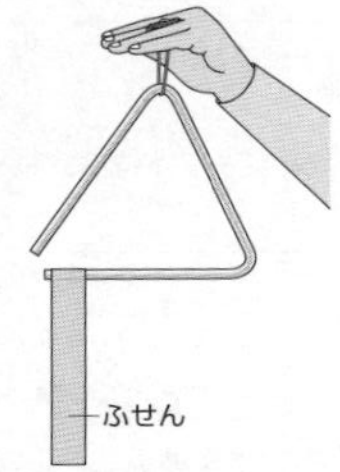
ふせん

(1) トライアングルをたたいて、音を出すと、トライアングルとふせんはどうなりますか。正しいもの２つに○をつけましょう。

ア(○)トライアングルがふるえる。
イ(　)トライアングルは止まったまま。
ウ(○)ふせんがふるえる。
エ(　)ふせんは止まったまま。

(2) トライアングルにふせんをはったのは、なぜですか。(　)にあてはまる言葉《ことば》を、下の□からえらびましょう。

音を出したとき、トライアングルが(① **ふるえて**)いるかどうか、(② **見**)やすくするため。

止まって　ふるえて　見　聞き

2 わゴムギターを使《つか》って、小さい音と大きい音を出したら、わゴムのようすはア、イのように、ちがいがありました。

1つ7点(28点)

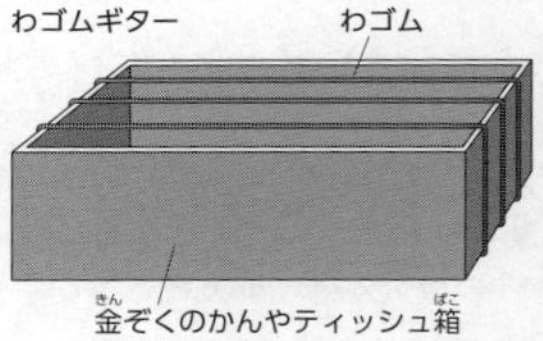
わゴムギター
わゴム
金《きん》ぞくのかんやティッシュ箱《ばこ》

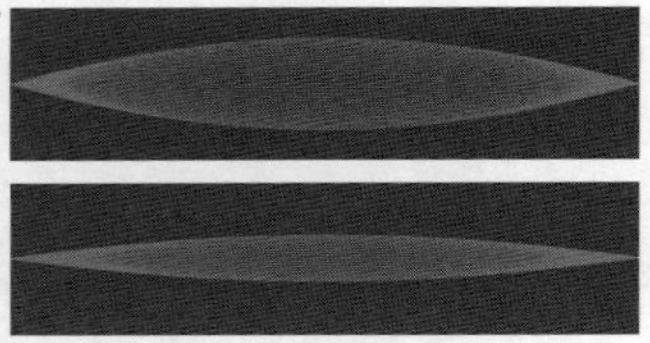
ア
イ

(1) 小さい音と大きい音を出したときのようすを、ア、イからえらびましょう。
①小さい音を出したとき(**イ**)　②大きい音を出したとき(**ア**)

(2) 音の大きさと、物のふるえ方について、(　)にあてはまる言葉をかきましょう。

音が小さいときは、物のふるえ方は(① **小さく**)、音が大きいときは、物のふるえ方は(② **大きい**)。

学習 **59ページ**

3 紙コップで糸電話をつくって、はなれた場所《ばしょ》で、1人が声を出して、もう1人が声を聞きました。

1つ7点(28点)

(1) 声を出しているとき、糸はどうなっていますか。正しいほうに○をつけましょう。

ア(○)ふるえている。
イ(　)止まったまま。

(2) 糸を指《ゆび》でつまむと、どうなりますか。正しいほうに○をつけましょう。

ア(　)声が聞こえる。
イ(○)声が聞こえなくなる。

(3) (2)の理由《りゆう》について、(　)にあてはまる言葉をかきましょう。

糸を指でつまむと、音を(① **つたえ**)ている糸の(② **ふるえ**)が止まるから。

できたらスゴイ!

4 音のせいしつについて、調べる方ほうを考えました。

(1)、(2)それぞれ全部できて10点(20点)

(1) 音が出ているとき、物がふるえているかを調べる方ほうとして、正しいもの２つに○をつけましょう。

ア(○)たいこをたたいて、音が出ているときに、たいこに指先で軽《かる》くふれる。
イ(　)シンバルを手でつかんだまま、たたいてみる。
ウ(○)トライアングルにふせんをはり、たたいて音を出して、ふせんのようすを見る。

(2) 音の大きさと物のふるえ方について調べる方ほうとして、正しいもの２つに○をつけましょう。

ア(○)シンバルをたたいて、大きい音と小さい音を出し、シンバルに指先で軽くふれて、シンバルのふるえ方をくらべる。
イ(○)トライアングルにふせんをはり、たたいて大きい音と小さい音を出し、ふせんのふるえ方をくらべる。
ウ(　)２つの大だいこをいっしょにたたいて、小さい音を出し、指先で軽くふれて、２つの大だいこのふるえ方をくらべる。

ふりかえり
1の問題がわからなかったときは、56ページの1にもどってたしかめましょう。
4の問題がわからなかったときは、56ページの1にもどってたしかめましょう。

58〜59ページ　てびき

1 (1)音を出すとトライアングルがふるえて、そのふるえがふせんにつたわり、ふせんがふるえます。
(2)トライアングルのふるえは、目で見てもたしかめにくいので、ふるえを見やすくするためにふせんをはります。

2 (1)わゴムのふるえは、アよりイが小さいので、音の大きさも、アよりイが小さいです。
(2)音の大きさがちがうと、物《もの》のふるえ方もちがいます。

3 (1)声(音)は、糸をつたわっていきます。
(2)、(3)音をつたえている糸のふるえを止めると、音はつたわらなくなり、音が聞こえなくなります。

4 (1)イ…シンバルを手でつかんだままたたくと、シンバルがふるえないので、調《しら》べることができません。
(2)ウ…音の大きさをはっきりかえないと、調べることができません。

60 ページ

ぴったり1 じゅんび

9. 物《もの》の重《おも》さ

①物の形と重さ
②物による重さのちがい

形をかえたときの物の重さや、体積が同じ物の重さをかくにんしよう。

教科書 119〜126ページ　答え 31ページ

次《つぎ》の(　)にあてはまる言葉《ことば》をかくか、あてはまるものを○でかこもう。

1 物は、形をかえると、重さがかわるのだろうか。　教科書 119〜122ページ

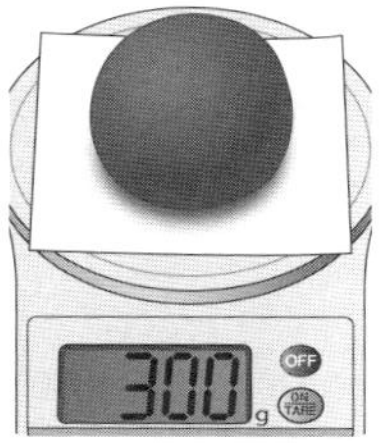

▶ねん土《ど》やアルミニウムはくの形をかえて、重さがかわるか調《しら》べる。

- 重さのたんいには「グラム」や「キログラム」などがあり、それぞれ(① g)、(② kg)とかく。
- 1000gは(③ 1)kgである。
- 形をかえる前、平《たい》らにしたとき、細かく分けたとき、まるめたときのねん土の重さを電子《でんし》てんびんではかると、重さは(④ かわる ・(かわらない))。
- 形をかえる前、細長くしたとき、細かく分けたとき、まるめたときのアルミニウムはくの重さを電子てんびんではかると、重さは(⑤ かわる ・(かわらない))。

▶物は、形をかえても、重さは(⑥ かわる ・(かわらない))。

2 体積《たいせき》が同じでも、物によって、重さはちがうのだろうか。　教科書 123〜126ページ

▶しおとさとうの体積を同じにして、重さをくらべる。

- 体積を同じにする方ほう

①調べる物を、山もりになるまで、入れ物に入れる。　②つぶの間のすきまをなくしてから、もういちど、山もりにする。　③山になった部分《ぶぶん》をわりばしなどですり切って、体積を同じにする。

- 同じ体積でくらべると、しおとさとうの重さは(① 同じ ・(ちがう))。

▶体積が同じでも、物によって、重さは(② 同じ ・(ちがう))。

ここがだいじ!
①物《もの》は、形をかえても、重《おも》さはかわらない。
②体積《たいせき》が同じでも、物によって、重さはちがう。

ぴたトリビア　体重計《たいじゅうけい》にのるとき、立ったりすわったり、のり方をかえたりしても、体重計がしめすあたいはかわりません。

61 ページ

ぴったり2 練習

9. 物《もの》の重《おも》さ

①物の形と重さ
②物による重さのちがい

教科書 119〜126ページ　答え 31ページ

1 物の重さについて、調《しら》べました。

(1) 物の重さをはかる、右のはかりを何といいますか。
(電子てんびん)

(2) ねん土《ど》の形を、下のようにかえて、重さをはかりました。正しいほうに○をつけましょう。
ア(　)形がちがうので、重さはちがう。
イ(○)形をかえても、重さはかわらない。

(3) 重さのたんいについて、(　)にあてはまる数字をかきましょう。
1kg=(1000)g

2 しおとさとうの体積《たいせき》を同じにして、重さをくらべました。

(1) しおとさとうをすり切る前に、山もりにした物を、右のようにするのはなぜですか。正しいものに○をつけましょう。
ア(　)表面《ひょうめん》を平らにするため。
イ(　)つぶの大きさをそろえるため。
ウ(○)つぶの間のすきまをなくすため。

(2) 正かくな重さのくらべ方で、まちがっているものに○をつけましょう。
ア(　)しおとさとうが、まざらないようにしてくらべる。
イ(○)しおとさとうを、手で持《も》ったときに感《かん》じた重さでくらべる。
ウ(　)しおとさとうを、こぼさないようにしてくらべる。

(3) しおとさとうの重さをはかったら、しおは140g、さとうは89gでした。このことからわかることに○をつけましょう。
ア(　)体積が同じなら、物の重さも同じになる。
イ(○)体積が同じでも、物によって、重さはちがう。

おうちのかたへ　9. 物の重さ

物の形が変わっても重さは変わらないこと、物の種類が違うと、同じ体積でも重さは違うことを学習します。粘土などの形を変えると重さはどうなるか、同じ体積の違う物体で重さを比べるとどうなるかを理解しているか、などがポイントです。

61ページ　てびき

1 (2)ねん土《ど》やアルミニウムはくだけでなく、物《もの》は形をかえても、重《おも》さはかわりません。
(3)1kg=1000gです。

2 (1)つぶの間のすきまがちがうと、体積《たいせき》が同じになりません。
(2)正かくに重さをくらべるときは、電子《でんし》てんびんを使《つか》います。

62ページ

ぴったり3 たしかめのテスト

9. 物《もの》の重《おも》さ

/100 合格 70 点

教科書 118～129ページ　答え 32ページ

よく出る

1 ねん土《ど》を使《つか》って、物の重さを調《しら》べました。 1つ10点(30点)

(1) ねん土の形を ①～③ のようにかえて、重さをはかりました。正しいほうに○をつけましょう。

ア(◯)重さはどれも同じだった。
イ(　)重さはどれもちがっていた。

① ② ③

(2) ねん土の形をかえずに、おき方をかえて、重さをはかりました。正しいものに○をつけましょう。

ア(　)たてにおいたときのほうが重い。
イ(　)横《よこ》においたときのほうが重い。
ウ(◯)どちらも重さは同じ。

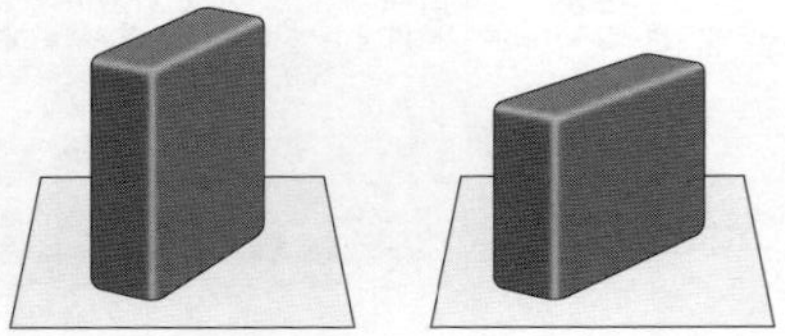

たてにおく。　横におく。

(3) 物の重さは、形やおき方をかえると、かわりますか、かわりませんか。

(**かわらない。**)

2 30gのアルミニウムはくが2まいあります。平《たい》らにしたものを ①、いくつかにやぶってまとめたものを ② とします。 1つ10点(20点)

(1) ① と ② の重さについて、正しいものに○をつけましょう。

ア(　)① のほうが重い。
イ(　)② のほうが重い。
ウ(◯)① と ② の重さはかわらない。

(2) ① を小さくまるめました。重さは何gになりますか。

(30g)

学習 63ページ

3 同じ体積《たいせき》で、ゴム、木、鉄《てつ》、アルミニウム、プラスチックでできた物があります。 1つ15点(30点)

ゴム　木　鉄　アルミニウム　プラスチック

(1) これらの重さをくらべました。正しいほうに○をつけましょう。

ア(　)体積が同じなので、重さは同じ。
イ(◯)体積は同じだが、ちがう物なので、重さはちがう。

(2) 電《でん》子《し》てんびんで重さをはかると、ゴムでできた物は480g、プラスチックでできた物は510gでした。手で持《も》ってくらべたら、ゴムでできた物のほうが重く感《かん》じました。2つの物の重さについて、正しいほうに○をつけましょう。

ア(　)手で持ってくらべてよい。
イ(◯)電子てんびんではからないと、正しくくらべることはできない。

この本の終わりにある「冬のチャレンジテスト」をやってみよう！

できたらスゴイ！

4 物の形や体積と重さについて、正しいものには○を、正しくないものには×をつけましょう。 思考・表現 1つ5点(20点)

1つ10gのブロックが3つ集《あつ》まったら、30gになるよね。

①(◯)

アルミニウムはくをまるめると、まるめる前より軽《かる》くなるね。

②(×)

2つの金ぞくのブロックがあるよ。体積は同じなので、重さが同じなら、同じしゅるいの金ぞくだとわかるね。

③(◯)

わたより鉄のほうが重く見えるから、5gの鉄のおもりと、5gのわたでは、鉄のほうが重いよね。

④(×)

ふりかえり
1の問題がわからなかったときは、60ページの1にもどってたしかめましょう。
4の問題がわからなかったときは、60ページの1と60ページの2にもどってたしかめましょう。

62～63ページ てびき

1 (1)物《もの》の形をかえても、重《おも》さはかわりません。
(2)物のおき方をかえても、重さはかわりません。

2 (1)やぶってまとめたアルミニウムはくは、もとのアルミニウムはくの形がかわった物なので、重さはかわりません。
(2)小さくまるめても、形がかわるだけで、重さはかわりません。

3 (1)体積《たいせき》が同じでも、物によって、重さはちがいます。
(2)手で感《かん》じた重さは、まちがいだとわかりました。手で持《も》ってくらべただけでは、重さを正しくくらべることはできません。かならず電子《でんし》てんびんを使《つか》ってはかるようにしましょう。

4 ①10g＋10g＋10g＝30gとなります。
②アルミニウムはくの形をかえても、軽《かる》くなる(重さがへる)ことはなく、重さはかわりません。
③同じ体積で、重さが同じなら、同じしゅるいになります。
④鉄《てつ》のおもりが5g、わたが5gなら、どちらも5gなので同じ重さということになります。

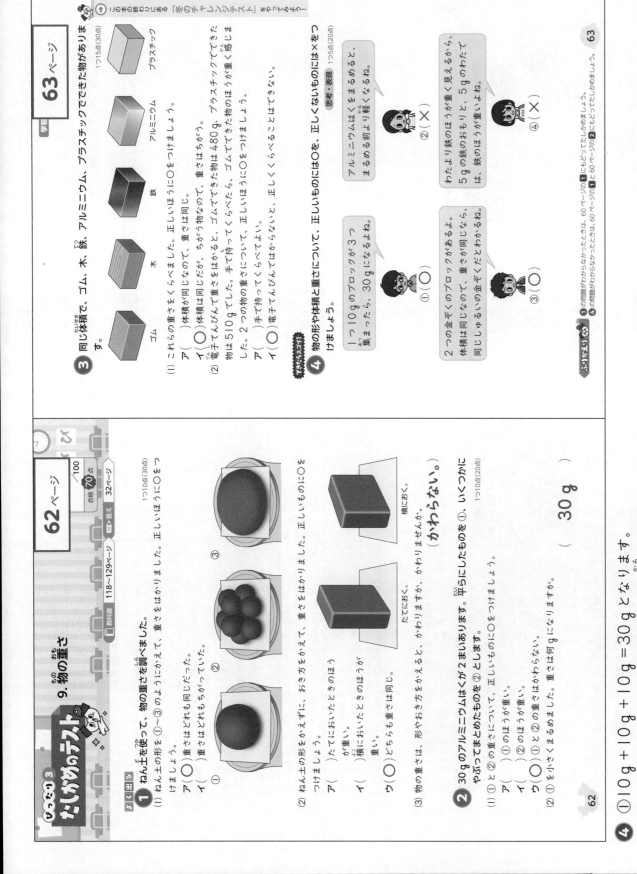

ぴったり1 じゅんび

10. 電気の通り道

①明かりがつくつなぎ方

3分でまとめ

64ページ

明かりがつく豆電球とかん電池のつなぎ方をかくにんしよう。

教科書 131〜135ページ　答え 33ページ

次《つぎ》の(　)にあてはまる言葉《ことば》をかくか、あてはまるものを○でかこもう。

1 豆電球《まめでんきゅう》とかん電池をどのようにつなぐと明かりがつくのだろうか。　教科書 131〜135ページ

▶明かりをつけるために、下の道具《どうぐ》を使《つか》う。

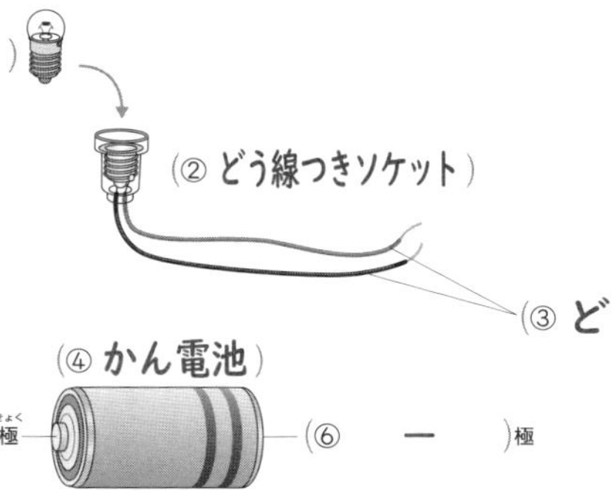

(① 豆電球)

(② どう線つきソケット)

(③ どう線)

(④ かん電池)

(⑤　＋　)極《きょく》　(⑥　－　)極

▶(⑦ かん電池)の＋《プラス》極、豆電球、(⑦)の－《マイナス》極が、１つのわのように、(⑧　どう線　)でつながっているとき、(⑨　電気　)が通って、豆電球に明かりがつく。

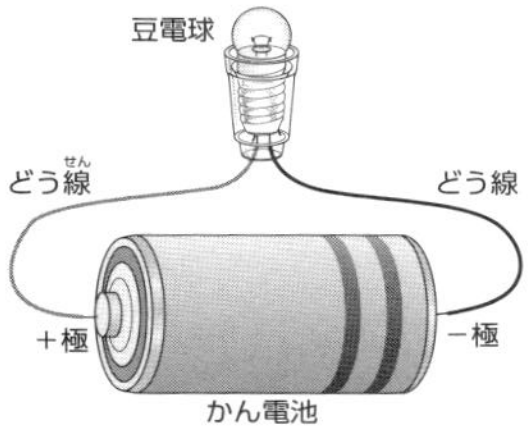

▶電気の通り道のことを(⑩　回路　)という。

▶(⑩)が１か所《しょ》でも切れていると、明かりは(⑪　つく　・　つかない　)。

指《ゆび》でなぞって、１つのわのようになっているとき、明かりがつくんだね。

ここが だいじ! ①電気の通り道のことを回路《かいろ》という。
②回路が１か所《しょ》でも切れていると、明かりはつかない。

ぴたトリビア　豆電球《まめでんきゅう》とかん電池をつないだ回路《かいろ》は、どう線が長くなっても電気の通り道ができているので明かりがつきます。

ぴったり2 練習

10. 電気の通り道

①明かりがつくつなぎ方

65ページ

教科書 131〜135ページ　答え 33ページ

1 明かりをつけるじっけんをしました。

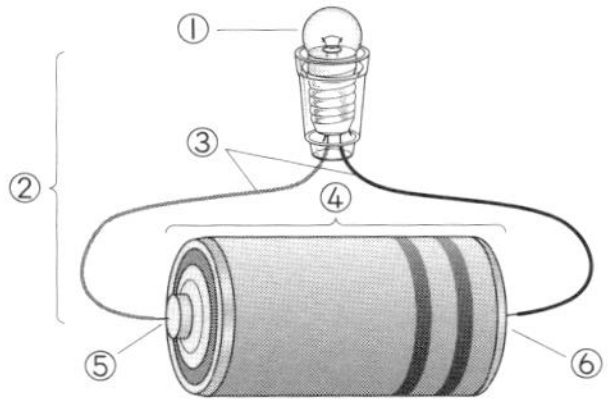

(1) 図の ①〜⑥ の名前をかきましょう。

①(　豆電球　)
②(　どう線つきソケット　)
③(　どう線　)　④(　かん電池　)
⑤(　＋極　)　⑥(　－極　)

(2) ① に明かりがつくのは、どんなときですか。正しいほうに○をつけましょう。

ア(　　)⑤→④→⑥のじゅんに、１つのわのように、どう線でつながっているとき。

イ(　○　)⑤→①→⑥のじゅんに、１つのわのように、どう線でつながっているとき。

(3) 次《つぎ》の文の(　　)にあてはまる言葉《ことば》をかきましょう。

①に明かりがつくとき、(⑦　電気　)が通っている。(⑦)の通り道のことを(⑧　回路　)という。
(⑧)が１か所《しょ》でも(⑨　切れて　)いると、明かりはつかない。

2 いろいろなつなぎ方で、豆電球《まめでんきゅう》とかん電池をつないで明かりがつくか調《しら》べました。

(1) 明かりがつくつなぎ方には○、明かりがつかないつなぎ方には×を(　　)にかきましょう。

①(　○　)　②(　×　)　③(　○　)　④(　×　)　⑤(　○　)

(2) 次の文の(　　)にあてはまる言葉をかきましょう。

明かりがつかないときは、(　回路（どう線）　)が切れている。

ヒント　**2** (1) かん電池の＋《プラス》極→豆電球→かん電池の－《マイナス》極のじゅんに指《ゆび》でなぞって、１つのわのようになっていれば、明かりがつきます。

65ページ　てびき

1 (1)②は、豆電球《まめでんきゅう》をはめこむソケットと、どう線が１つになった物《もの》です。

④のかん電池は、とび出した部分《ぶぶん》があるほうが＋《プラス》極《きょく》、平《たい》らになっているほうが－《マイナス》極です。

(2)豆電球とかん電池をつないで明かりをつけるときは、かん電池の＋極→豆電球→かん電池の－極のじゅんに指《ゆび》でなぞり、１つのわのようになっているか、たしかめましょう。

2 (1)②は、２本のどう線が、両方《りょうほう》ともかん電池の＋極につながっています。どう線の１本を、かん電池の－極につなぐと、明かりがつきます。

④は、１本のどう線が、かん電池のまんなかにつながっています。このどう線を、かん電池の＋極につなぐと、明かりがつきます。

おうちのかたへ　10. 電気の通り道

豆電球と乾電池を使い、回路になっていると電気が流れて明かりがつくこと、電気を通す物と通さない物があることを学習します。明かりがつくような回路をつくる・考える・表すことができるか、金属は電気を通す性質があることを理解しているか、などがポイントです。

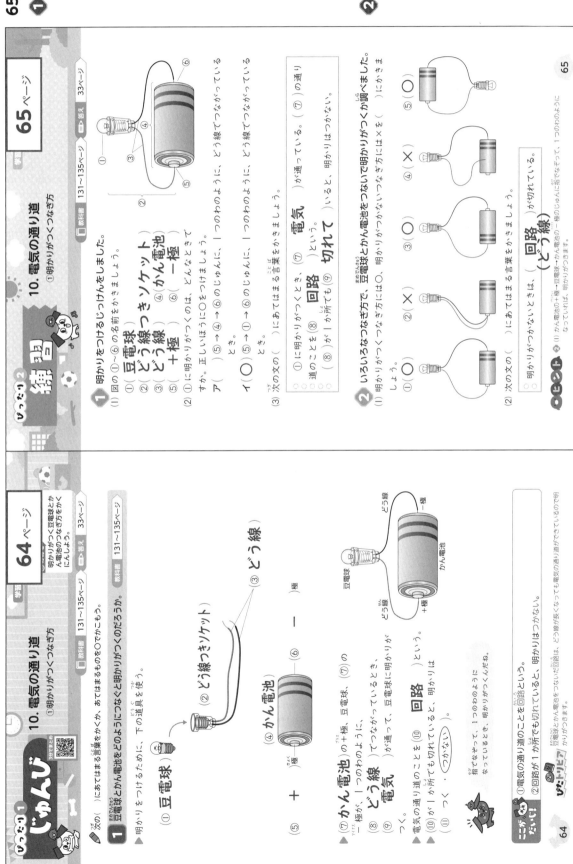

ぴったり1 じゅんび

10. 電気の通り道

②電気を通す物《もの》と通さない物

66ページ

どんな物が、電気を通すのかをかくにんしよう。

教科書 136〜138ページ　答え 34ページ

次《つぎ》の(　)にあてはまる言葉《ことば》をかくか、あてはまるものを○でかこもう。

1 どんな物が、電気を通すのだろうか。

教科書 136〜138ページ

▶電気を通す物に○、通さない物に×をつけると、次《つぎ》のようになる。

(① ○) アルミニウムはく　(② ×) 紙　(③ ×) ガラスのコップ　(④ ×) 紙のコップ　(⑤ ×) プラスチックのじょうぎ　(⑥ ×) 木のじょうぎ

(⑦ ○) 切るところ(鉄《てつ》)　(⑧ ×) 持《も》つところ(プラスチック)　(⑨ ○) 1円玉(アルミニウム)　(⑩ ○) 10円玉(どう)

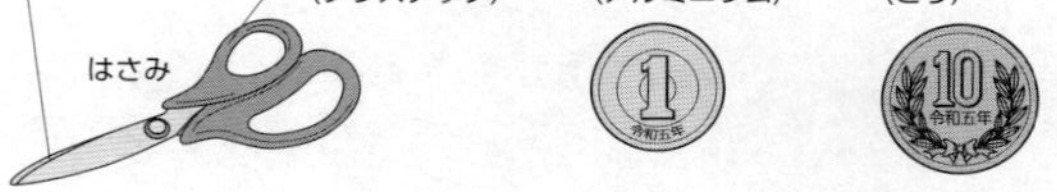

(⑪ ×) 鉄のかん(色がぬってある部分《ぶぶん》)　(⑫ ×) アルミニウムのかん(色がぬってある部分)　(⑬ ○) 表面《ひょうめん》をけずった鉄のかん　(⑭ ○) 鉄のゼムクリップ

▶鉄、アルミニウム、どうなどは、電気を(⑮ 通す・通さない)。

▶紙、ガラス、プラスチック、木などは、電気を(⑯ 通す・通さない)。

▶鉄、アルミニウム、どうなどを、(⑰ **金ぞく**)といい、(⑰)には、電気を通すせいしつがある。

ここがだいじ！ ①鉄《てつ》、アルミニウム、どうなどの金ぞくは、電気を通すせいしつがある。
②紙、ガラス、プラスチック、木などは、電気を通さない。

ぴたトリビア 電気を通しやすい金ぞくのベスト3は銀《ぎん》、どう、金です。

ぴったり2 練習

10. 電気の通り道

②電気を通す物《もの》と通さない物

67ページ

教科書 136〜138ページ　答え 34ページ

1 どんな物が電気を通すか、右の道具《どうぐ》で調《しら》べました。

(1) 電気を通す物に○、電気を通さない物に×をつけましょう。

①(○)鉄《てつ》のゼムクリップ
②(○)はさみの切るところ(鉄)
③(×)はさみの持《も》つところ(プラスチック)
④(○)アルミニウムはく
⑤(×)紙
⑥(○)1円玉(アルミニウム)
⑦(○)10円玉(どう)
⑧(×)鉄のかん(色がぬってある部分《ぶぶん》)
⑨(×)アルミニウムのかん(色がぬってある部分)
⑩(×)プラスチックのじょうぎ　⑪(×)木のじょうぎ
⑫(×)紙のコップ　⑬(×)ガラスのコップ

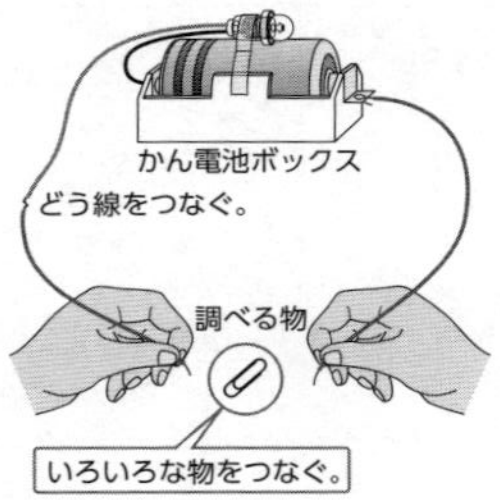

(2) 金ぞくに○、金ぞくでない物に×をつけましょう。

①(○)アルミニウム　②(×)木
③(○)どう　④(×)プラスチック
⑤(○)鉄　⑥(×)紙
⑦(×)ガラス

2 かんの表面《ひょうめん》をけずり、豆電球《まめでんきゅう》に明かりがつくかどうかを調べました。

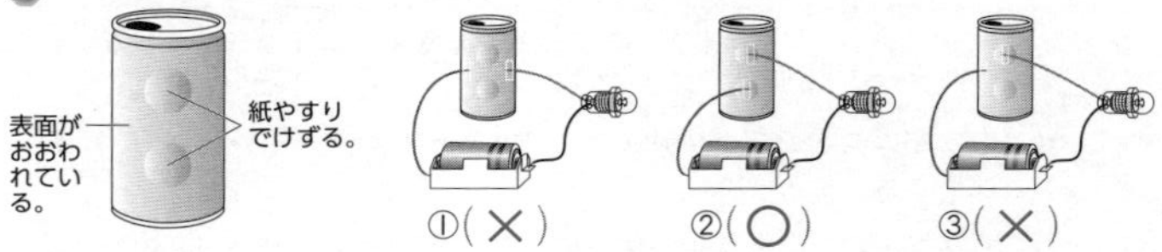

①(×)　②(○)　③(×)

(1) 図の①〜③のうち、明かりがつくものに○、つかないものに×をつけましょう。

(2) 次《つぎ》のうち、正しいものに○、まちがっているものに×をつけましょう。

ア(○)かんの表面をおおっている物は、電気を通さない。
イ(○)かんの表面を紙やすりでけずったところは、電気を通す。
ウ(×)かんは電気を通すので、表面をおおわれていても、電気を通す。

ヒント ❷(2) かんの表面は、金ぞくでない物でおおわれています。

67ページ　てびき

❶ (1)図の道具《どうぐ》を使《つか》って、豆《まめ》電球《でんきゅう》に明かりがつけば、それは電気を通す物《もの》であることがわかります。鉄《てつ》やアルミニウム、どうは、電気を通します。紙やプラスチック、木、ガラス、かんの色がぬってある部《ぶ》分《ぶん》は、電気を通しません。
(2)鉄、アルミニウム、どうなどを、金ぞくといいます。

❷ かんをつくっているアルミニウムや鉄は金ぞくなので、電気を通しますが、かんの表面《ひょうめん》をおおっている物は、電気を通しません。

おうちのかたへ
「コップ」などは、使う目的や形で区別する物の名前で、「鉄」や「プラスチック」などは、何でできているかの名前です。中学校で「物体」と「物質」として学習しますが、「鉄のコップ」と「プラスチックのコップ」などを例に、物体と物質の区別を意識させておくとよいでしょう。

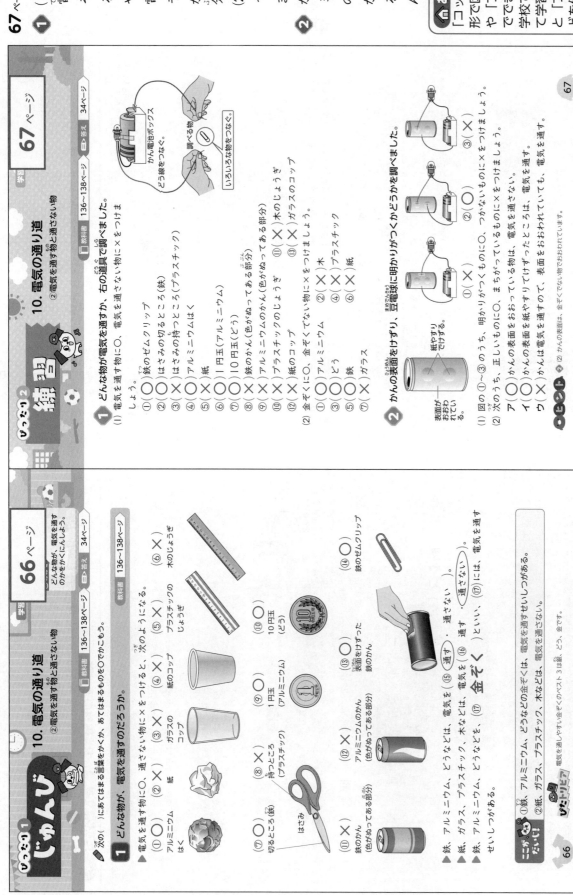

ぴったり3

たしかめのテスト

10. 電気の通り道

68ページ

/100　合格70点

教科書 130〜141ページ　答え 35ページ

よく出る

1 かん電池と豆電球《まめでんきゅう》を使《つか》って、明かりをつけます。 1つ5点(30点)

(1) 図のかん電池の両《りょう》はしのあといをそれぞれ何といいますか。

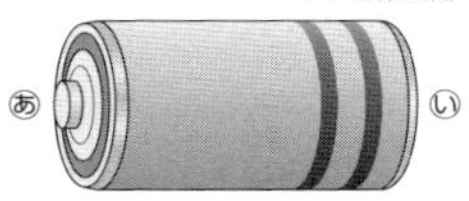

あ(　＋極　)
い(　−極　)

(2) 電気の通り道を何といいますか。

(　回路　)

(3) 明かりがつくつなぎ方に○、つかないつなぎ方に×をつけましょう。

①(○)　②(×)　③(×)

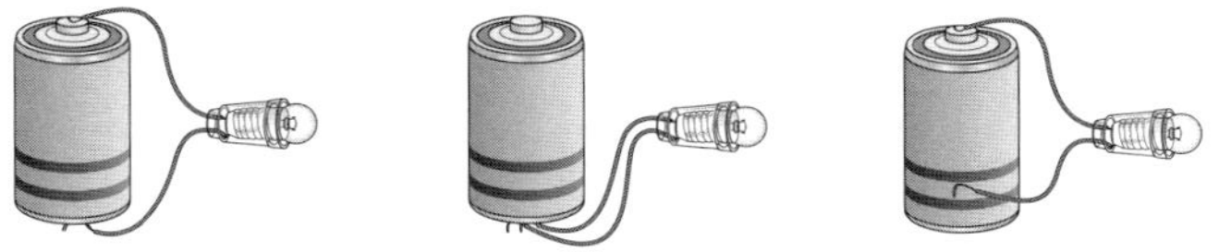

2 豆電球とかん電池をつなごうとしたら、どう線が短《みじか》くて、つながりませんでした。そこで、2本のどう線をつないで、長くすることにしました。 1つ10点(20点)

(1) どう線をつなげて長くして、右のように豆電球とかん電池をつなぎました。明かりはつきますか、つきませんか。

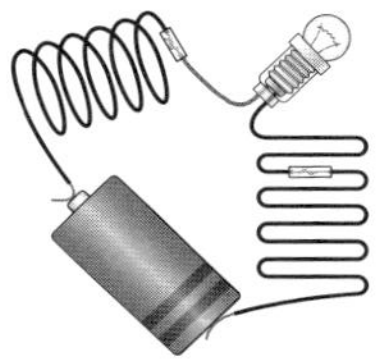

(　つく。　)

(2) (1)の理由《りゆう》として、正しいほうに○をつけましょう。

ア(　)どう線を長くすると、電気の通り道が切れるから。
イ(○)どう線を長くしても、電気の通り道は切れていないから。

学習

69ページ

3 電気を通す物《もの》と、通さない物を調《しら》べます。 1つ5点(30点)

(1) 電気を通す物を、右の？にはさむと、豆電球に明かりはつきますか、つきませんか。

(　つく。　)

(2) 右の？に①〜④をはさんだとき、豆電球に明かりがつく物に○を、つかない物に×をつけましょう。

①(○)　②(×)　③(○)　④(×)

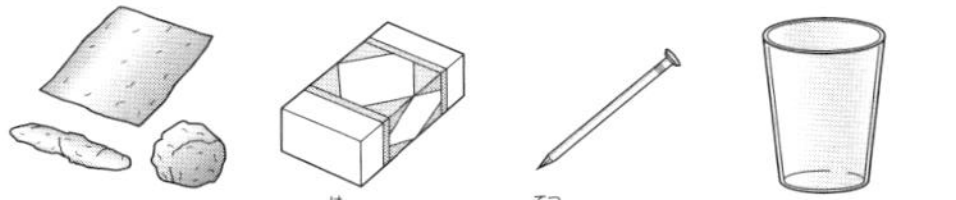

(3) 豆電球に明かりがついたとき、はさんだ物は何でできていますか。

(　金ぞく　)

できたらスゴイ！

4 いろいろな物が、電気を通すか調べました。 思考・表現　1つ10点(20点)

(1) 下の①は豆電球に明かりがつきませんでしたが、②は明かりがつきました。その理由について、下の文の(　)にあてはまる言葉《ことば》をかきましょう。

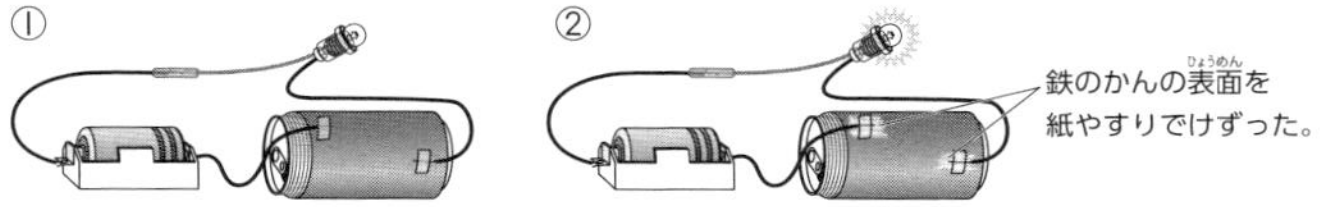

鉄のかんの表面が、(電気を通さない)物でおおわれているから。
(金ぞくでない)

(2) 下の①、②は、豆電球に明かりがつきますか。正しいものに○をつけましょう。

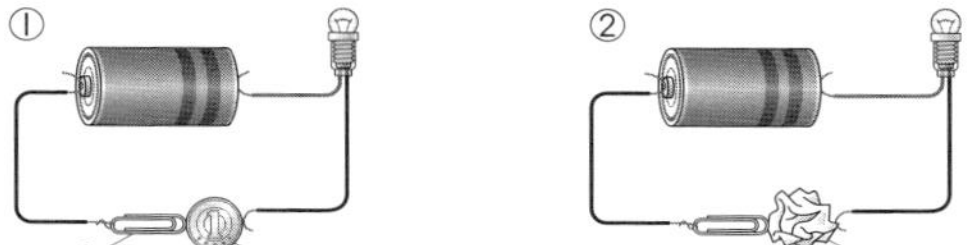

ア(　)どちらも明かりがつく。　イ(　)どちらも明かりがつかない。
ウ(○)①は明かりがつくが、②は明かりがつかない。
エ(　)①は明かりがつかないが、②は明かりがつく。

ふりかえり　1の問題がわからなかったときは、64ページの1にもどってたしかめましょう。4の問題がわからなかったときは、66ページの1にもどってたしかめましょう。

68〜69ページ　てびき

1 (1)かん電池の、とび出した部分《ぶぶん》があるほうが＋極《プラスきょく》、平《たい》らになっているほうが−極《マイナス》です。
(3)明かりがつくつなぎ方は、ソケットのどう線が、かん電池の＋極と−極につながれているつなぎ方です。

2 (2)どう線を長くしても、回路《かいろ》は切れていないので、電気が通り、豆電球《まめでんきゅう》に明かりがつきます。

3 (1)、(2)回路のとちゅうに、電気を通さない物《もの》をつなぐと、回路が切れて、豆電球に明かりはつきません。
(3)金ぞくには、電気を通すせいしつがあります。

4 (1)鉄《てつ》は電気を通しますが、かんの表面《ひょうめん》は電気を通さない物でおおわれているので、①は豆電球に明かりがつきません。
(2)鉄のゼムクリップや1円玉は電気を通しますが、紙は電気を通さないので、②は回路が切れていて、豆電球に明かりがつきません。

ぴったり1 じゅんび

11. じしゃくのせいしつ

①じしゃくにつく物《もの》1

学習 **70ページ**

どんな物が、じしゃくにつくのかをかくにんしよう。

3分でまとめ

教科書 143～147ページ　答え 36ページ

次《つぎ》の(　)にあてはまる言葉《ことば》をかくか、あてはまるものを○でかこもう。

1 どんな物が、じしゃくにつくのだろうか。

教科書 143～147ページ

▶じしゃくにつく物に○、つかない物に×をつけると、次《つぎ》のようになる。

(①×) アルミニウムはく　(②×) 紙　(③×) ガラスのコップ　(④×) 紙のコップ　(⑤×) プラスチックのじょうぎ　(⑥×) 木のじょうぎ

(⑦○) 切るところ(鉄《てつ》)　(⑧×) 持《も》つところ(プラスチック)　はさみ　(⑨×) 1円玉(アルミニウム)　(⑩×) 10円玉(どう)

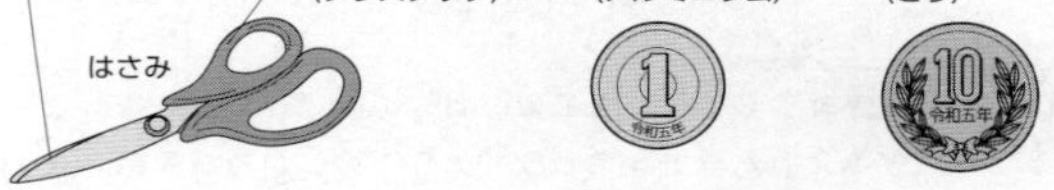

(⑪○) 鉄のかん　(⑫×) アルミニウムのかん　(⑬○) 鉄のゼムクリップ

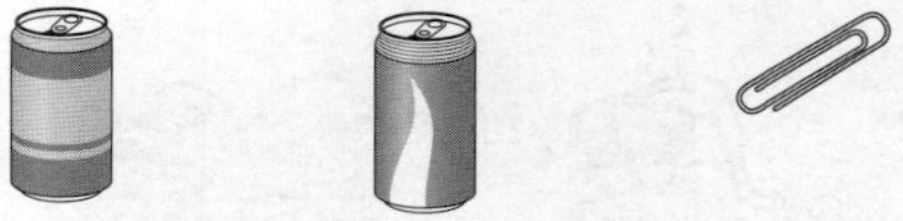

▶(⑭　鉄　)は、じしゃくにつく。

▶(⑮　金ぞく　)でも、アルミニウムやどうは、じしゃくにつかない。

▶紙、ガラス、プラスチック、木などは、じしゃくに(⑯　つく　・(つかない))。

ここがだいじ!
①鉄《てつ》は、じしゃくにつく。
②アルミニウムやどう、紙、ガラス、プラスチック、木などは、じしゃくにつかない。

ぴたトリビア　ステンレスのはさみはじしゃくにつきますが、これはステンレスに鉄《てつ》がふくまれているからです。

ぴったり2 練習

11. じしゃくのせいしつ

①じしゃくにつく物《もの》1

学習 **71ページ**

教科書 143～147ページ　答え 36ページ

1 じしゃくにつく物を調《しら》べました。

(1) 次《つぎ》のうち、じしゃくにつく物に○、つかない物に×をつけましょう。

①(×) プラスチックのじょうぎ　②(×) アルミニウムはく　③(×) ガラスのコップ　④(○) 鉄《てつ》のゼムクリップ

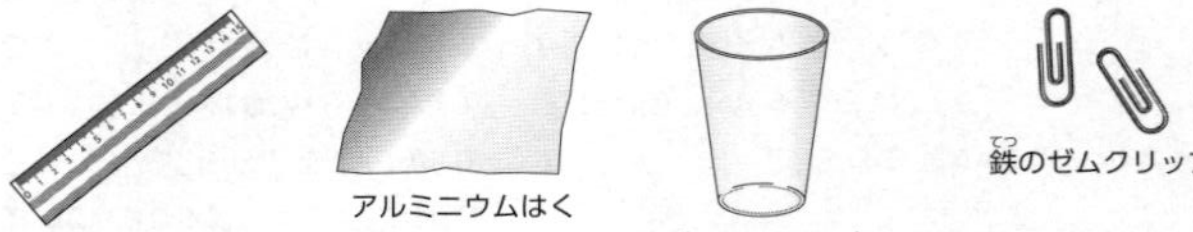

⑤(×) 10円玉(どう)　⑥(×) 木のじょうぎ　⑦(○) 鉄のかん　⑧(×) 紙

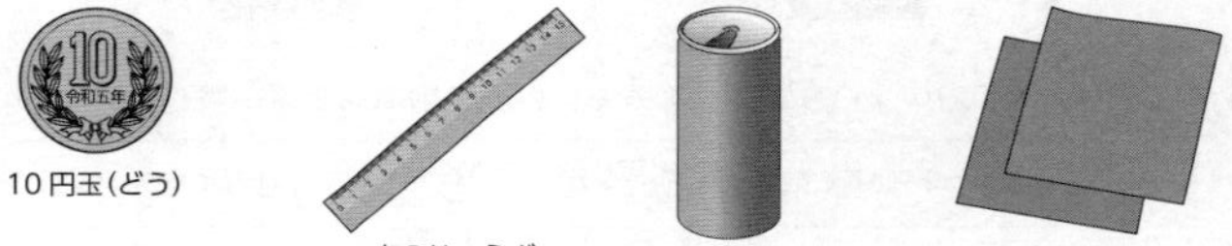

⑨(×) アルミニウムのかん　⑩(×) 1円玉(アルミニウム)　⑪(×) 紙のコップ

(2) じしゃくにつく物は、何でできていますか。

(　鉄　)

(3) 電気を通す物と、通さない物について、じしゃくにつくか調べました。正しいほうに○をつけましょう。

ア(　)電気を通す物は、じしゃくにつく。

イ(○)電気を通す物でも、じしゃくにつかない物がある。

ヒント **1** (3) 金ぞくでも、アルミニウムやどうは、じしゃくにつきません。

71ページ　てびき

1 (1)、(2)金ぞくでも、アルミニウムやどうなどは、じしゃくにつきません。
(3)鉄《てつ》やアルミニウム、どうなどの金ぞくは電気を通しますが、アルミニウムやどうはじしゃくにつきません。

おうちのかたへ
金属(鉄、アルミニウム、銅など)は電気を通しますが、金属すべてが磁石につくわけではありません。電気を通す物と磁石につく物の違いに注意させましょう。

おうちのかたへ　11. じしゃくのせいしつ
磁石と身の回りの物を使い、磁石は鉄を引きつけること、磁石の極どうしには引力や反発力がはたらくことを学習します。磁石が引きつける物は何か、磁石の極と極を近づけるとどうなるかを理解しているか、などがポイントです。

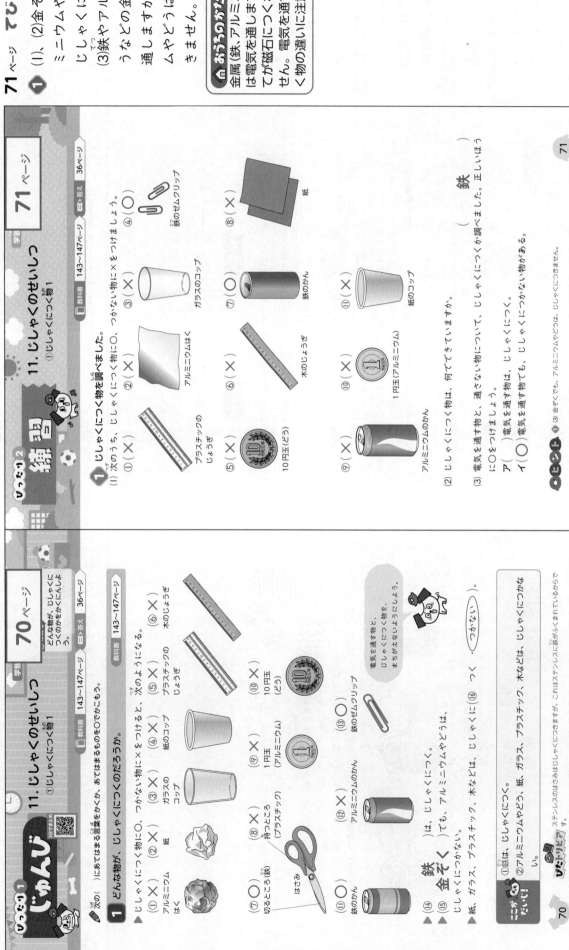

ぴったり1 じゅんび

11. じしゃくのせいしつ

①じしゃくにつく物《もの》2

学習 **72**ページ

じしゃくは、はなれていても鉄を引きつけることをかくにんしよう。

教科書 148ページ　答え 37ページ

次《つぎ》の(　)にあてはまるものを○でかこもう。

1 じしゃくは、はなれていても、鉄《てつ》を引きつけるのだろうか。 教科書 148ページ

▶じしゃくが、はなれている鉄を引きつけることを調《しら》べる。

- じしゃくと鉄の間のきょりをかえて調べる。
- じしゃくと鉄の間に物をはさんで調べる。

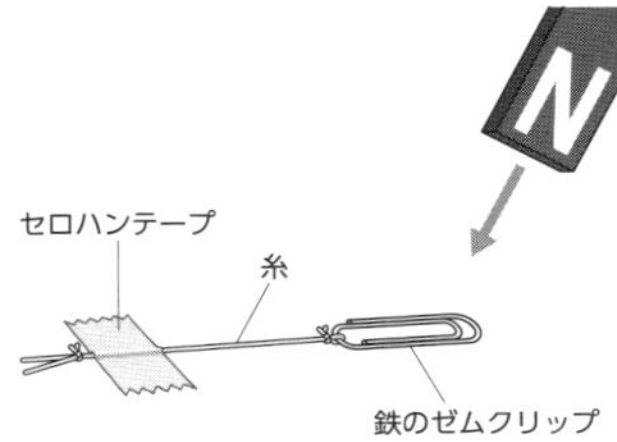

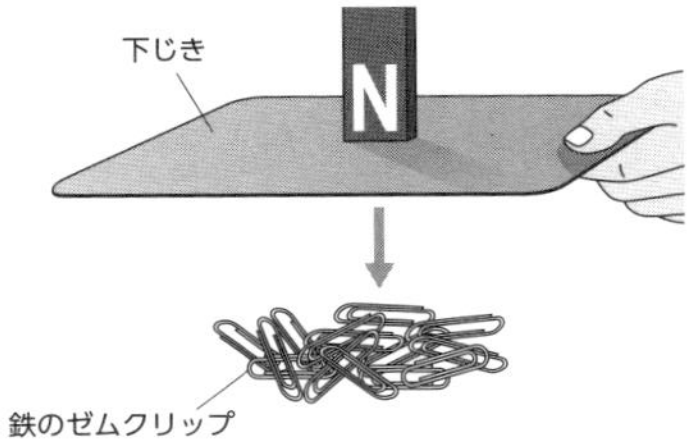

- じしゃくは、鉄にじかにふれていなくても、鉄を(① 引きつける ・ 引きつけない)。
- じしゃくを鉄のゼムクリップから(② 近づける ・ 遠ざける)と、ゼムクリップは引きつけられなくなった。
- じしゃくと鉄のゼムクリップの間にはさむ下じきのまい数がふえると、じしゃくがゼムクリップを(③ 引きつける ・ 引きつけない)ように なった。

▶じしゃくと鉄の間に、じしゃくにつかない物があるとき、じしゃくは鉄を(④ 引きつける ・ 引きつけない)。

▶じしゃくが鉄を引きつける力は、じしゃくと鉄とのきょりが近いほど(⑤ 強く ・ 弱く)、遠いほど(⑥ 強く ・ 弱く)なる。

ここがだいじ!
①じしゃくは、鉄《てつ》にじかにふれていなくても、鉄を引きつける。
②じしゃくが鉄を引きつける力は、じしゃくと鉄とのきょりが近いほど強く、遠いほど弱くなる。

ぴたトリビア すな場のすなの上にじしゃくをおいたときに、細かい黒いすな(さ鉄《てつ》)がつくことがあります。

ぴったり2 練習

11. じしゃくのせいしつ

①じしゃくにつく物《もの》2

学習 **73**ページ

教科書 148ページ　答え 37ページ

1 糸をつけたゼムクリップに、ななめ上からゆっくりと、じしゃくを近づけて、どうなるかを調《しら》べました。

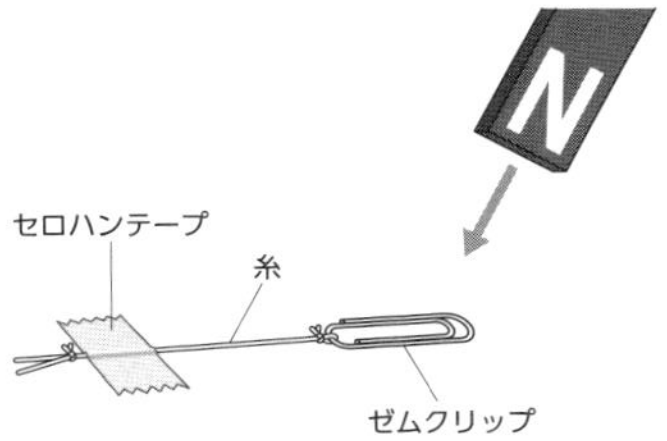

(1) ゼムクリップは、じしゃくにつきました。ゼムクリップは、何でできていますか。
(鉄)

(2) ゼムクリップとじしゃくの間をはなしたところから、じしゃくを近づけると、ゼムクリップはどうなりますか。正しいものに○をつけましょう。
ア(○)じしゃくに引きつけられて持《も》ち上げられる。
イ(　)じしゃくからはなれるように動《うご》く。
ウ(　)動かない。

(3) (2)のけっかから、どんなことがいえますか。正しいほうに○をつけましょう。
ア(　)じしゃくは、はなれていると、鉄《てつ》を引きつけない。
イ(○)じしゃくは、はなれていても、鉄を引きつける。

2 じしゃくと鉄のゼムクリップの間に下じきをはさみ、ゆっくりとじしゃくを鉄のゼムクリップに近づけて、どうなるかを調べました。

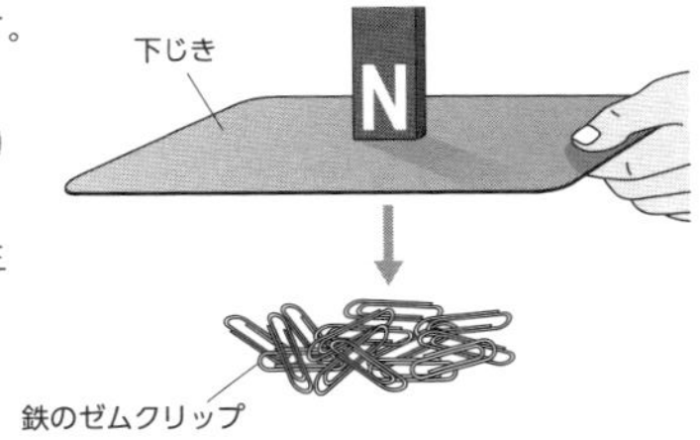

(1) 下じきは、プラスチックでできています。下じきは、じしゃくにつきますか。
(つかない。)

(2) じしゃくをゼムクリップに近づけていくと、ゼムクリップはどうなりますか。正しいほうに○をつけましょう。
ア(○)じしゃくに引きつけられて、下じきにくっつく。
イ(　)動かない。

(3) じしゃくが鉄を引きつける力は、じしゃくと鉄とのきょりでかわりますか、かわりませんか。
(かわる。)

ヒント 2 (2) じしゃくと鉄の間に、じしゃくにつかない物があっても、じしゃくは鉄を引きつけます。

73ページ　てびき

1 (2)鉄《てつ》のゼムクリップはじしゃくに引きつけられるので、じしゃくに近づくように、持《も》ち上げられます。

2 (2)、(3)じしゃくと鉄の間に、じしゃくにつかない物《もの》があっても、じしゃくは鉄を引きつけます。じしゃくが鉄を引きつける力は、じしゃくと鉄のきょりが近いほど強く、遠いほど弱くなります。

ぴったり1 じゅんび

11. じしゃくのせいしつ
②極《きょく》のせいしつ

学習 74ページ

じしゃくの極には、どんなせいしつがあるのかをかくにんしよう。

教科書 149〜151ページ　答え 38ページ

次《つぎ》の(　)にあてはまる言葉《ことば》をかくか、あてはまるものを○でかこもう。

1 じしゃくの極には、どんなせいしつがあるのだろうか。 教科書 149〜151ページ

▶じしゃくのはしのほうの、鉄《てつ》を強く引きつける部分《ぶぶん》を(① 極)という。
▶極には、(② N極)と(③ S極)がある。

(④ N)極　(⑤ S)極

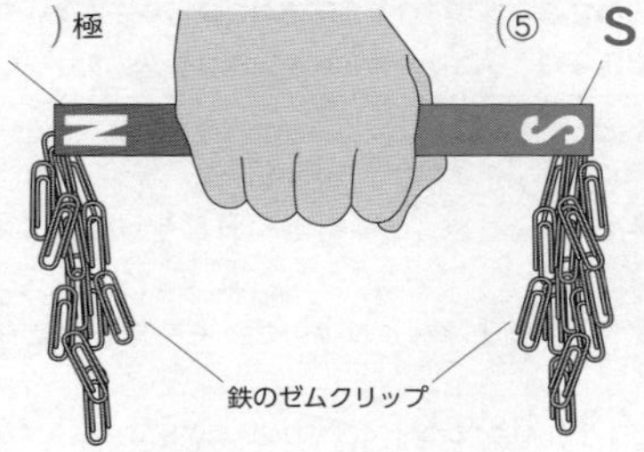

両《りょう》はしにたくさんつくね。

▶じしゃくの極のせいしつを調《しら》べる。

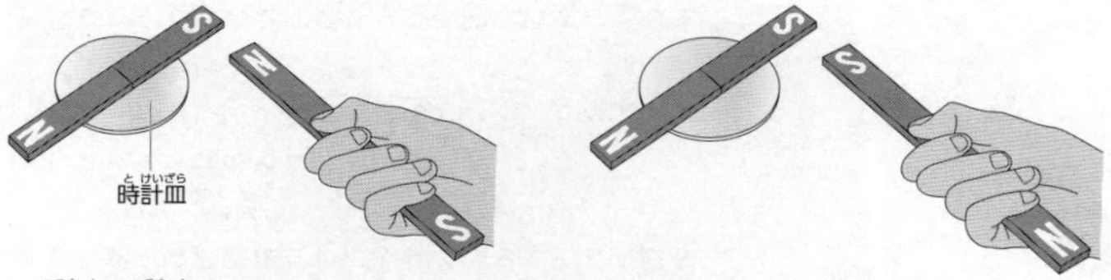

- S極《エスきょく》にN極《エヌきょく》を近づけたときと、N極にS極を近づけたときは、(⑥ (引き合う)・ しりぞけ合う)。
- S極にS極を近づけたときと、N極にN極を近づけたときは、(⑦ 引き合う ・(しりぞけ合う))。

▶ 2つのじしゃくの、ちがう極どうしを近づけると、じしゃくは(⑧ (引き合う)・ しりぞけ合う)。また、2つのじしゃくの、同じ極どうしを近づけると、じしゃくは(⑨ 引き合う ・(しりぞけ合う))。

ここがだいじ!
①じしゃくのはしのほうの、鉄《てつ》を強く引きつける部分《ぶぶん》を極《きょく》という。
②じしゃくの極には、N極《エヌきょく》とS極《エスきょく》がある。
③じしゃくのちがう極どうしは引き合い、同じ極どうしはしりぞけ合う。

ぴたトリビア じしゃくを切ると、一方のはしがN極《エヌきょく》に、もう一方のはしがS極《エスきょく》になります。

ぴったり2 練習

11. じしゃくのせいしつ
②極《きょく》のせいしつ

学習 75ページ

教科書 149〜151ページ　答え 38ページ

1 鉄《てつ》のゼムクリップをつくえの上に広げ、じしゃくをおいて持《も》ち上げました。

(1) 右の図は、このときのけっかを記ろくしたものです。じしゃくの両《りょう》はしの、ゼムクリップがたくさんついた部分《ぶぶん》を何といいますか。
(極)

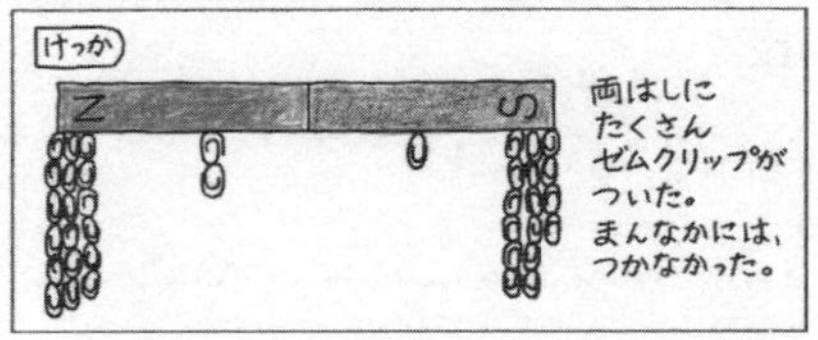

(2) 図のじしゃくの、「N」とかかれた赤くぬられた方のはしを何といいますか。ひらがなでかきましょう。
(えぬきょく)

(3) 図のじしゃくの、「S」とかかれた黒くぬられた方のはしを何といいますか。ひらがなでかきましょう。
(えすきょく)

2 2つのじしゃくを近づけました。引き合うもの2つに○をつけましょう。

ア(○)　イ(　)　ウ(　)　エ(○)

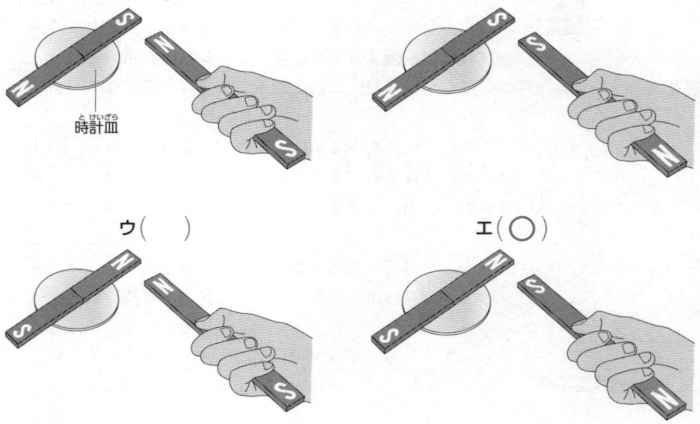

75ページ てびき

1 (1)鉄《てつ》のゼムクリップがたくさんついた部分《ぶぶん》が、じしゃくの、鉄を強く引きつける部分で、極《きょく》といいます。
(2)、(3)じしゃくには、かならずN極《エヌきょく》とS極《エスきょく》があります。

2 じしゃくのちがう極どうしは引き合い、同じ極どうしはしりぞけ合います。

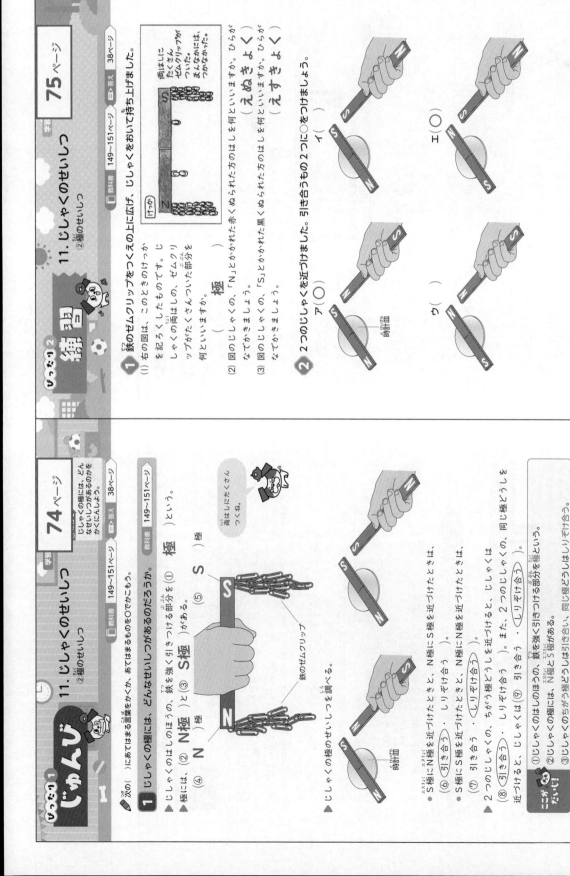

ぴったり1 **じゅんび**

11. じしゃくのせいしつ

③じしゃくにつけた鉄《てつ》

76ページ

鉄は、じしゃくにつけるとじしゃくになるのかをかくにんしよう。

教科書 152～154ページ　答え 39ページ

次《つぎ》の(　)にあてはまる言葉《ことば》をかくか、あてはまるものを○でかこもう。

1 鉄は、じしゃくにつけると、じしゃくになるのだろうか。 教科書 152～154ページ

▶右の図のように、強いじしゃくに、２本の鉄のくぎをつないでつけて、それらをじしゃくからはなしてみると、くぎは(①　ついた　)ままで、はなれない。

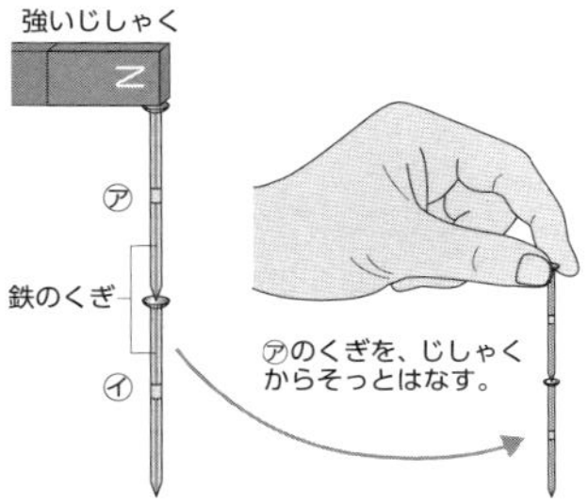

強いじしゃく
N
㋐
鉄のくぎ
㋑
㋐のくぎを、じしゃくからそっとはなす。

▶じしゃくにつけた鉄がじしゃくになっているか調《しら》べる。

- ㋐のくぎを、じしゃくからはなす。
- ㋐のくぎを、小さい鉄のくぎに近づけると、くぎを(②　(引きつける)・　引きつけない　)。
- ㋐のくぎを、方位《ほうい》じしんに近づけると、近づけるくぎの向《む》きによって、方位じしんのはりのふれる向きは(③　(かわる)・　かわらない　)。

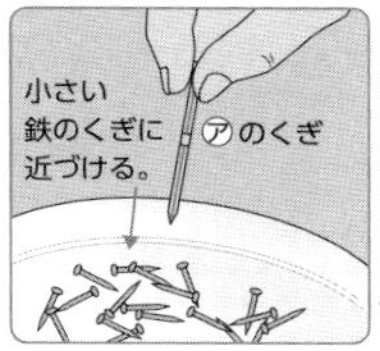

小さい鉄のくぎに近づける。
㋐のくぎ

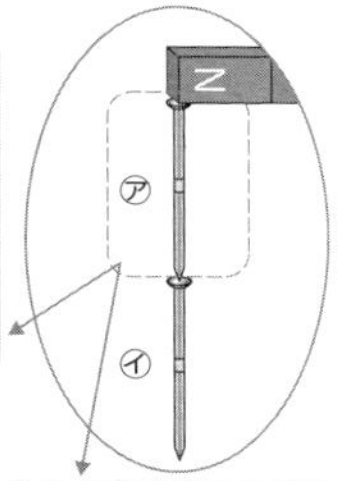

N
㋐
㋑

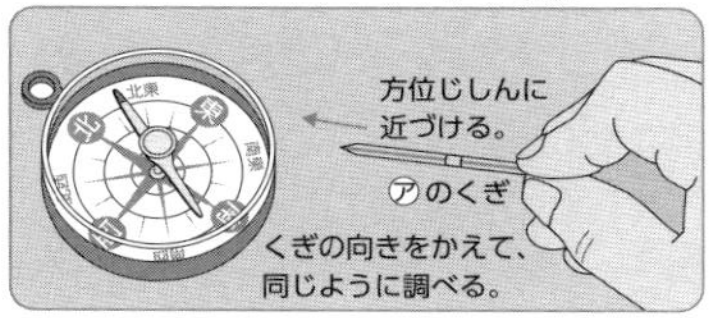

方位じしんに近づける。
㋐のくぎ
くぎの向きをかえて、同じように調べる。

▶じしゃくにつけた鉄は、鉄を(④　(引きつける)・　引きつけない　)。

▶じしゃくにつけた鉄には、(⑤　N　)極《きょく》と(⑥　S　)極がある。

▶鉄は、じしゃくにつけると、(⑦　じしゃく　)になる。

ここがだいじ!
①じしゃくにつけた鉄《てつ》は、鉄を引きつける。
②じしゃくにつけた鉄には、N《エヌ》極《きょく》とS《エス》極《きょく》がある。
③鉄は、じしゃくにつけると、じしゃくになる。

ぴたトリビア　N《エヌ》極《きょく》だけやS《エス》極《きょく》だけしかないじしゃくは、今のところ見つかっていません。

ぴったり2 **練習**

11. じしゃくのせいしつ

③じしゃくにつけた鉄《てつ》

77ページ

教科書 152～154ページ　答え 39ページ

1 図のように、強いじしゃくに、２本の鉄のくぎ㋐と㋑をつないでつけました。

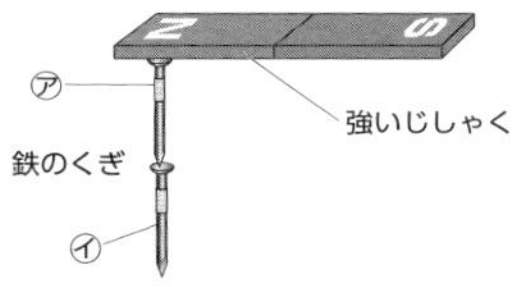

㋐
鉄のくぎ
㋑
強いじしゃく

(1) ㋐のくぎを、じしゃくからそっとはなしました。㋑のくぎは、どうなりますか。正しいほうに○をつけましょう。

ア(　)㋐のくぎからはなれて落《お》ちる。
イ(○)㋐のくぎについたまま落ちない。

(2) ㋐のくぎを、じしゃくからはなして、小さい鉄のくぎに近づけると、どうなりますか。正しいほうに○をつけましょう。

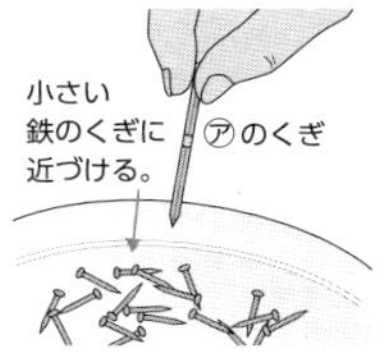

小さい鉄のくぎに近づける。
㋐のくぎ

ア(○)㋐のくぎが、小さい鉄のくぎを引きつける。
イ(　)㋐のくぎは、小さい鉄のくぎを引きつけない。

(3) じしゃくからはなした㋐のくぎのとがったほうあを、方位《ほうい》じしんに近づけると、はりのS《エス》極《きょく》が引きつけられました。あの反対《はんたい》がわのいを近づけると、どうなりますか。正しいものに○をつけましょう。

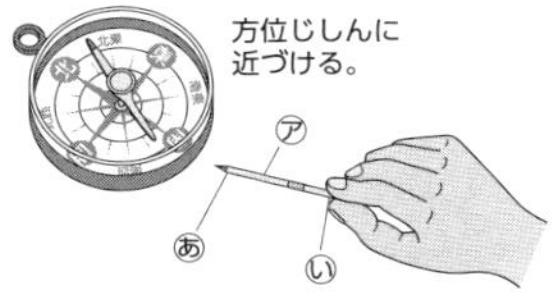

方位じしんに近づける。
㋐
あ
い

ア(　)はりのS極が引きつけられる。
イ(○)はりのN《エヌ》極《きょく》が引きつけられる。
ウ(　)はりは動《うご》かない。

(4) (3)から、どんなことがわかりますか。正しいものに○をつけましょう。

ア(○)㋐のくぎの、あがN極、いがS極になっている。
イ(　)㋐のくぎの、あがS極、いがN極になっている。
ウ(　)㋐のくぎの、あがN極、いがN極になっている。
エ(　)㋐のくぎの、あがS極、いがS極になっている。

(5) じしゃくにつけた鉄は、じしゃくになるといえますか、いえませんか。

(　いえる。　)

ヒント 1 (3) ちがう極どうしは引き合い、同じ極どうしはしりぞけ合います。

77ページ　**てびき**

1 (1)鉄《てつ》のくぎ㋐と㋑は、どちらもじしゃくになっています。

(3)じしゃくとじしゃくが引き合うのは、ちがう極《きょく》どうしを近づけたときです。

(4)じしゃくには、かならずN《エヌ》極《きょく》とS《エス》極《きょく》があります。

(3)で、あがN極であることがわかったので、反対《はんたい》がわのいはS極になります。

ぴったり3
たしかめのテスト
11. じしゃくのせいしつ

78ページ

合格70点 /100

教科書 142～157ページ 答え 40ページ

よく出る

1 じしゃくにつく物《もの》について調《しら》べました。 1つ8点、(1)は全部《ぜんぶ》できて8点(16点)

(1) ①～⑤のうち、じしゃくにつく物2つに○をつけましょう。

①(　)ガラスのコップ
②(○)鉄《てつ》のゼムクリップ
③(　)10円玉(どう)
④(○)鉄のかん
⑤(　)アルミニウムのかん

(2) じしゃくにつく物について、正しいものに○をつけましょう。

ア(　)金ぞくは、じしゃくにつく。
イ(○)鉄は、じしゃくにつく。
ウ(　)電気を通す物は、じしゃくにつく。

2 図のように、じしゃくで糸のついたゼムクリップを持《も》ち上げました。 1つ9点(27点)

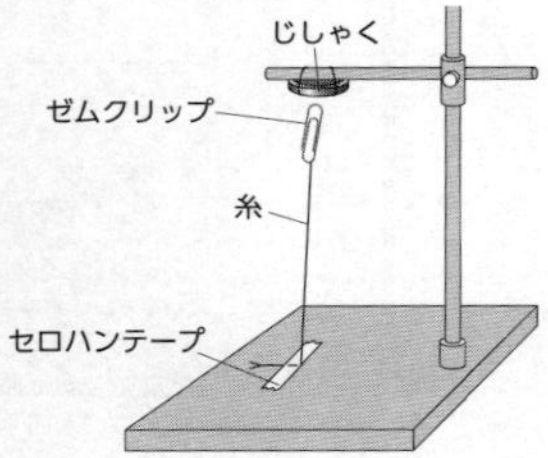
じしゃく
ゼムクリップ
糸
セロハンテープ

(1) このゼムクリップは、何でできていますか。

(　鉄　)

(2) じしゃくとゼムクリップの間に、プラスチックの下じきを1まい入れました。ゼムクリップはどうなりますか。正しいほうに○をつけましょう。

ア(　)すぐに下に落《お》ちる。
イ(○)引きつけられたまま動《うご》かない。

(3) じしゃくを、ゆっくりと上へ動かしていくと、ゼムクリップはどうなりますか。正しいほうに○をつけましょう。

ア(　)ずっとじしゃくに引きつけられる。
イ(○)とちゅうで、じしゃくに引きつけられなくなり、下に落ちる。

学習 79ページ

3 じしゃくの力について調べます。 1つ9点(27点)

(1) 小さな鉄のくぎをテーブルに広げ、横向《よこむ》きにしたじしゃくを近づけ、ゆっくりと持ち上げました。くぎは、どのようにつきましたか。正しいものに○をつけましょう。

ア(　)　イ(　)　ウ(　)　エ(○)

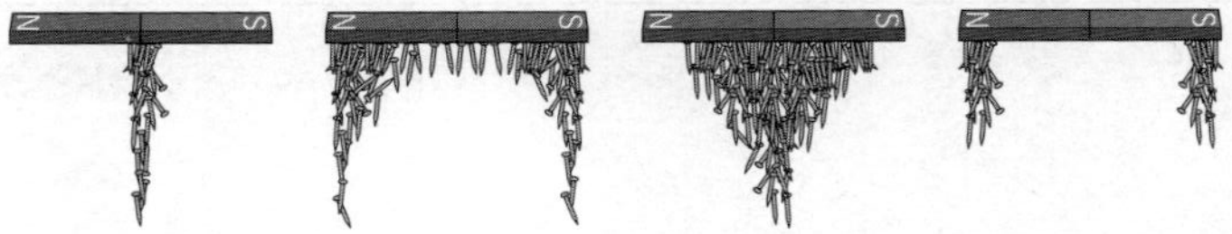

(2) 右の図のように、極《きょく》のわからないじしゃくに、べつのじしゃくのN極《エヌきょく》を近づけると、2つのじしゃくはしりぞけ合いました。じしゃくのあといは、それぞれ何極ですか。

しりぞけ合う。

あ(　N極　)　い(　S極　)

できたらスゴイ!

4 強いじしゃくに、2本の鉄のくぎアとイをつないでつけて、アのくぎを、じしゃくからそっとはなしました。 1つ10点(30点)

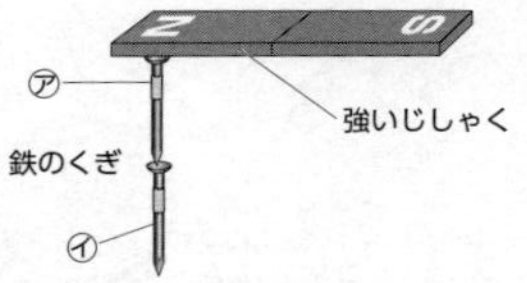
ア
強いじしゃく
鉄のくぎ
イ

(1) 図のアのくぎはどうなりましたか。正しいほうに○をつけましょう。

ア(○)じしゃくになった。
イ(　)じしゃくにならなかった。

(2) (1)をたしかめるには、どうすればよいですか。正しいほうに○をつけましょう。

ア(○)アのくぎが、鉄のゼムクリップを引きつけるか調べる。
イ(　)アのくぎが、10円玉を引きつけるか調べる。

(3) アのくぎのとがったほうあを、方位《ほうい》じしんに近づけると、はりの色のついていないほうが引きつけられました。はりの色のついたほうがN極のとき、あについて、どんなことがいえますか。 思考・表現

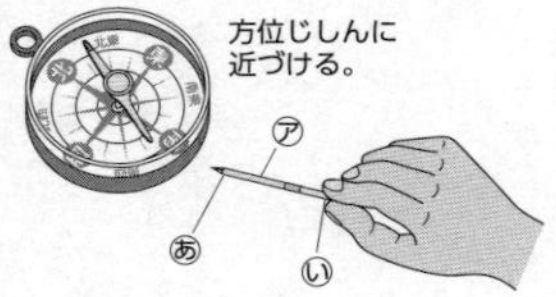
方位じしんに近づける。
ア
あ
い

あは、じしゃくの(　N極　)である。

ふりかえり
1の問題がわからなかったときは、70ページの1にもどってたしかめましょう。
4の問題がわからなかったときは、76ページの1にもどってたしかめましょう。

78～79ページ　てびき

1 (1)じしゃくにつくのは、鉄《てつ》でできた物《もの》です。
(2)アルミニウムやどうなどの金ぞくは、電気は通しますが、じしゃくにはつきません。

2 (2)じしゃくと鉄の間に、じしゃくにつかない物があっても、鉄を引きつけます。
(3)じしゃくが鉄を引きつける力は、じしゃくと鉄のきょりが近いほど強く、遠いほど弱くなります。

3 (1)じしゃくが鉄を引きつける力は、極《きょく》の部分《ぶぶん》が強く、まんなかの近くではほとんど引きつけられません。
(2)じしゃくがしりぞけ合ったので、あは、近づけたじしゃくのN極《エヌきょく》と同じ極です。

4 (3)方位《ほうい》じしんのはりは、じしゃくになっています。色のついた方がN極で、北をさします。方位じしんのS極《エスきょく》を引きつけたので、あはN極です。

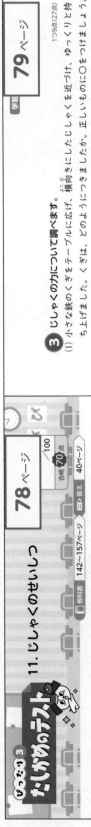

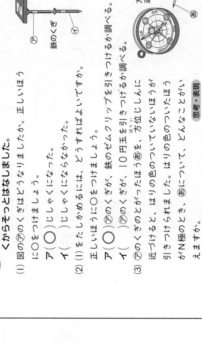

ぴったり1 じゅんび

✪つくってあそぼう

80ページ

これまで学んだことをどんなことにりようできるのかをかくにんしよう。

教科書 158～161ページ　答え 41ページ

次《つぎ》の（　）にあてはまる言葉《ことば》をかくか、あてはまるものを○でかこもう。

1 これまでに学んだことを、どんなことにりようできるだろうか。 教科書 159～161ページ

▶風やゴムのはたらき

- 風には、物《もの》を動《うご》かすはたらきがある。
- 風が強いほうが、物を動かすはたらきは、（① 大きく ）なる。
- ゴムには、物を動かすはたらきがある。
- ゴムを長くのばすほど、物を動かすはたらきは、（② 大きく ）なる。

▶音のせいしつ

- 音が出ているとき、物は（③ ふるえて ）いる。
- 音が大きいときは、物のふるえ方は（④ 大きく ・ 小さく ）、音が小さいときは、物のふるえ方は（⑤ 大きい ・ 小さい ）。

▶電気のせいしつ

- かん電池の＋極《プラスきょく》、豆電球《まめでんきゅう》、かん電池の－極《マイナスきょく》が、１つの（⑥ わ ）のように、どう線でつながっているとき、電気が通って、豆電球に明かりがつく。（⑦ 回路 ）が１か所《しょ》でも切れていると、明かりはつかない。
- （⑧ 金ぞく ）には、電気を通すせいしつがある。
- 紙、ガラス、プラスチック、木などは、電気を（⑨ 通す ・ 通さない ）。

▶じしゃくのせいしつ

- （⑩ 鉄 ）は、じしゃくにつく。じしゃくとはなれているとき、（⑩）はじしゃくに（⑪ 引きつけられる ・ 引きつけられない ）。
- じしゃくの（⑫ 同じ ・ ちがう ）極どうしは引き合い、（⑬ 同じ ・ ちがう ）極どうしはしりぞけ合う。

▶おもちゃのれい

- プロペラロープウェー

プロペラをまいて手をはなすと、ゴムの力でプロペラが回り、プロペラが起《お》こす風の力で、ロープウェーが動く。

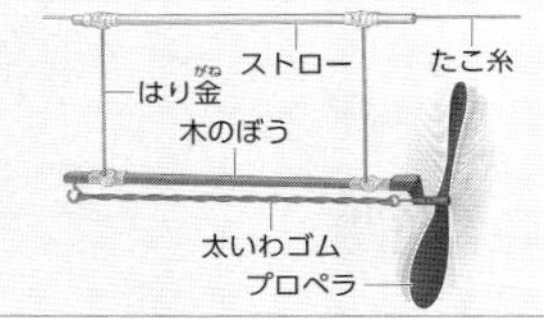

ストロー
たこ糸
はり金《がね》
木のぼう
太いわゴム
プロペラ

ここがだいじ！ ①風やゴム、音、電気やじしゃくなどのせいしつをりようして、おもちゃをつくることができる。

この本の終わりにある「春のチャレンジテスト」をやってみよう！

この本の終わりにある「学力しんだんテスト」をやってみよう！

おうちのかたへ ✪つくってあそぼう
これまでの学習を生かしたおもちゃづくりをします。3年で学習したことの、振り返りをさせましょう。

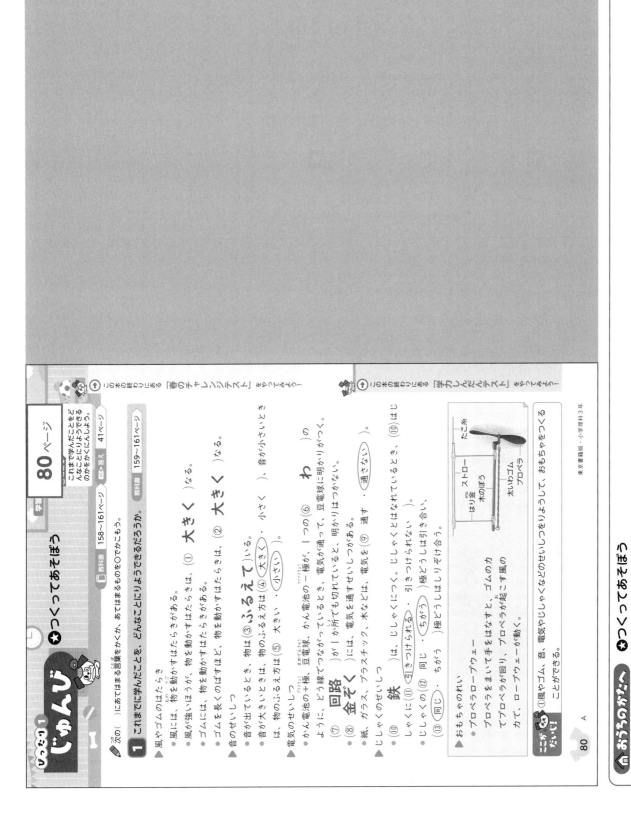

夏のチャレンジテスト

教科書 6〜57ページ

名前　　　　月　　日

時間 40分

知識・技能	思考・判断・表現	ごうかく80点
/60	/40	/100

答え 42ページ

知識・技能

1 春のしぜんをかんさつしました。

1つ4点(8点)

(1) しぜんかんさつをするときに、気をつけることは何ですか。正しいものに○をつけましょう。

ア(　)半そでの服《ふく》を着《き》る。
イ(　)生《い》き物《もの》の絵は、小さくかく。
ウ(　)たくさんの虫をつかまえる。
エ(○)動《うご》かした石は、もとにもどしておく。

(2) 虫めがねを使《つか》って、生き物をかんさつしました。かんさつする物が動かせないときは、どのように虫めがねを使いますか。正しいものに○をつけましょう。

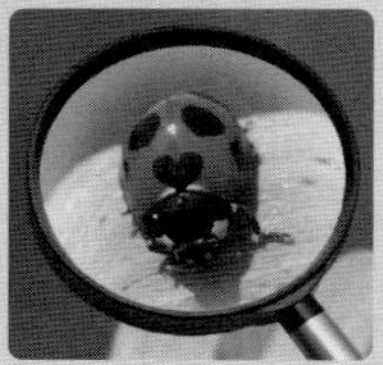

ア(　)虫めがねを目に近づけて、頭を動かす。
イ(○)頭は動かさずに、虫めがねを動かす。
ウ(　)頭と虫めがねの両方《りょうほう》を動かす。

2 ヒマワリのたねをまきました。

1つ4点(12点)

(1) ヒマワリのたねはどれですか。正しいものに○をつけましょう。

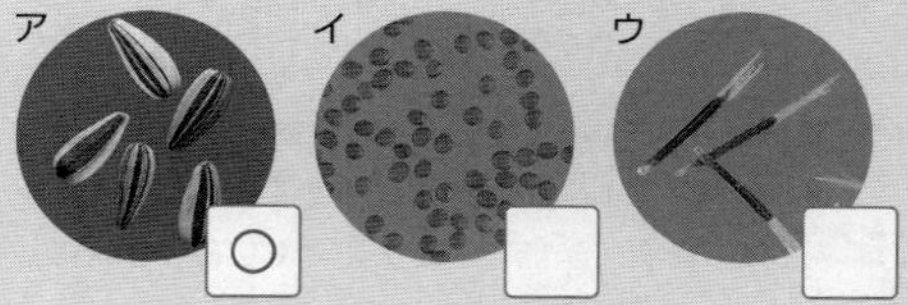

(2) たねをまいてから土をかけました。土がかわかないように、やる物は何ですか。

(　水　)

(3) たねから出てくる子葉《しよう》は何まいありますか。正しいほうに○をつけましょう。

ア(○)2まい　　イ(　)2まいより多い

3 植物《しょくぶつ》のからだは、どれも、3つの部分《ぶぶん》からできています。あ〜うの部分の名前をかきましょう。

1つ4点(12点)

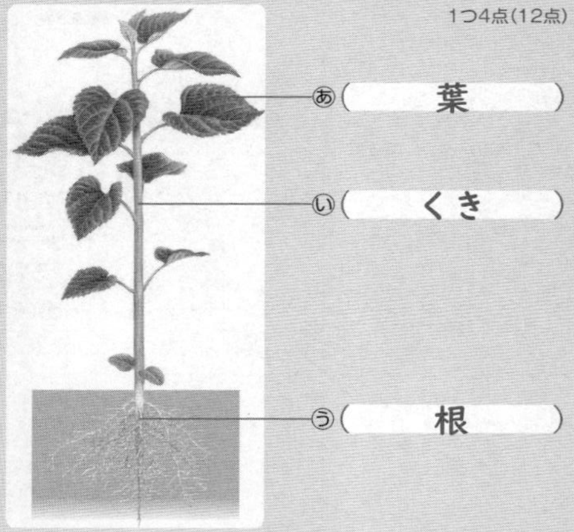

4 チョウの成虫《せいちゅう》のからだのつくりを調《しら》べました。

1つ5点(20点)

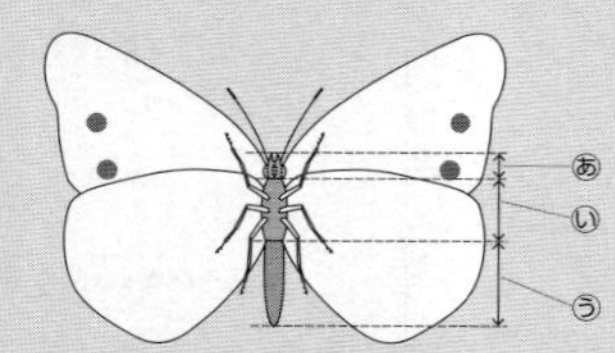

(1) あ〜うの部分の名前をかきましょう。

あ(頭)　い(むね)　う(はら)

(2) 記述 こん虫《ちゅう》とはどのようなからだのつくりをした動物《どうぶつ》のなかまのことか、せつめいしましょう。

(頭、むね、はらの3つの部分からできていて、むねにあしが6本あるようなからだのつくりをした動物のなかまのこと。)

うらにも問題があります。

夏のチャレンジテスト　おもて　てびき

1 (1)ア…けがをふせぐため長そでの服《ふく》を着《き》ます。
イ…生《い》き物《もの》の絵は、実物《じつぶつ》をよく見て、大きくはっきりとかきます。
ウ…草や虫などは、むやみにとったり、つかまえたりしないようにします。

2 (1)イはホウセンカ、ウはマリーゴールドのたねです。
(2)めが出た後も、ときどき水をやります。
(3)ヒマワリ、ホウセンカ、マリーゴールドの子葉《しよう》の数は、どれも2まいです。

3 植物《しょくぶつ》のからだは、葉《は》、くき、根《ね》からできています。
あ葉は、くきについています。
いくきがのびて、高さが高くなります。
う根は、くきの下にあり、土の中に広がっています。

4 チョウの成虫《せいちゅう》のからだは、頭、むね、はらの3つの部分《ぶぶん》からできていて、むねにあしが6本あります。このようなからだのつくりをした動物《どうぶつ》のなかまを、こん虫《ちゅう》といいます。

5 ヒマワリとホウセンカの、花がさくようすをかんさつしました。 1つ4点(8点)

(1) つぼみができるのは、花がさく前とさいた後のどちらですか。 （ さく前 ）

(2) ヒマワリとホウセンカの花をくらべました。正しいものに○をつけましょう。

ア（　）どちらも、花の色が同じだった。
イ（　）どちらも、花の形が同じだった。
ウ（○）花の色も形も、まったくちがっていた。

思考・判断・表現

6 モンシロチョウの育《そだ》ち方を調《しら》べました。

1つ4点、(1)、(2)はそれぞれ全部《ぜんぶ》できて4点(12点)

(1) ①をはじめにして、モンシロチョウの育つじゅんに、②～④をならべかえましょう。

①→（ ③ ）→（ ④ ）→（ ② ）

(2) 動《うご》かないのは、①～④のうちどれとどれですか。

（ ① と ④ ）

(3) ④は何を食べますか。正しいものに○をつけましょう。

ア（　）キャベツの葉《は》
イ（　）木のしる　　ウ（○）何も食べない

7 ホウセンカの育ち方をぼうグラフにまとめました。①～④に入るホウセンカのようすを、それぞれア～エからえらびましょう。 1つ4点(16点)

①（ ウ ）
②（ ア ）
③（ エ ）
④（ イ ）

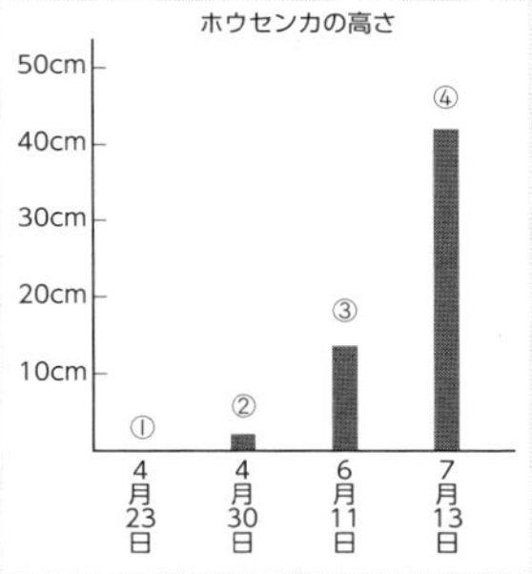
ホウセンカの高さ
50cm
40cm
30cm
20cm
10cm
①
②
③
④
4月23日
4月30日
6月11日
7月13日

ア 子葉《しよう》が出た
イ 花がさいた
ウ たねまき
エ 葉が6まい出ていた

8 風で動く車と、ゴムで動く車をつくって、動かしました。 1つ4点(12点)

(1) 風で動く車に当たる風を弱くすると、車が動くきょりはどうなりますか。正しいものに○をつけましょう。

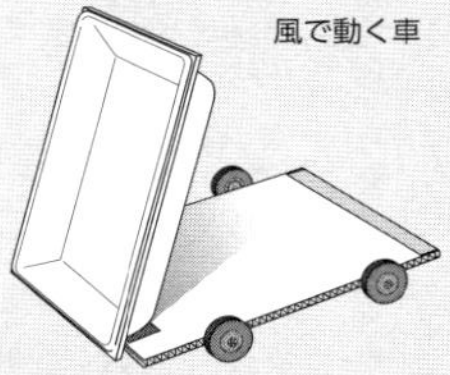
風で動く車

ア（　）長くなる。　イ（○）短《みじか》くなる。
ウ（　）かわらない。

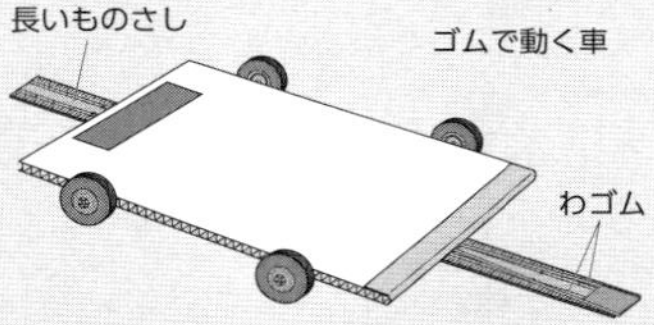
長いものさし
ゴムで動く車
わゴム

(2) 記述 ゴムで動く車が動くのは、ゴムにどのようなせいしつがあるからですか。

（のばすともとの形にもどろうとするせいしつ）

(3) 記述 ゴムで動く車を遠《とお》くまで動かすには、どうすればよいですか。

（ゴムを長くのばす。(ゴムの数を多くする。)）

夏のチャレンジテスト　うら　てびき

5 (1)どの植物も、つぼみができてから花がさきます。
(2)花の色や形は、植物のしゅるいによってちがいます。

6 (1)①…キャベツなどの葉のうらに見られるたまご。
②…葉にとまっている成虫。
③…キャベツなどの葉に見られるよう虫(あおむし)。
④…大きくなったよう虫は、さなぎになります。
(3)たまごとさなぎのときは、何も食べません。

7 ホウセンカは、たねから、はじめに子葉が出て、その後に葉が出てきます。そして、葉の数がふえ、高さが高くなり、くきがのび、葉がしげり、花がさきます。

8 (1)風には、物を動《うご》かすはたらきがあります。風を弱くすると、物を動かすはたらきは小さくなり、動くきょりは短《みじか》くなります。
(3)ゴムを長くのばすほど、またはゴムの数を多くするほど、物を動かすはたらきは、大きくなります。

冬のチャレンジテスト

教科書 60～129ページ

名前　　月　日

時間 40分

知識・技能	思考・判断・表現	ごうかく80点
/60	/40	/100

答え 44ページ

知識・技能

1 ホウセンカの実《み》をかんさつしました。

1つ5点、(3)は全部《ぜんぶ》できて5点(15点)

(1) ホウセンカの実はどれですか。正しいものに○をつけましょう。

(2) ホウセンカの実の中にできる物《もの》は何ですか。

(たね)

(3) ホウセンカは、どのように育《そだ》ちますか。次《つぎ》のアをはじめ(1)として、イ～エを育つじゅんに、数字(2～4)をかきましょう。

ア(1)子葉《しよう》が出た。　イ(4)実ができた。
ウ(2)つぼみができた。　エ(3)花がさいた。

2 トンボやチョウのからだのつくりを調《しら》べました。

1つ5点、(1)は全部《ぜんぶ》できて5点(10点)

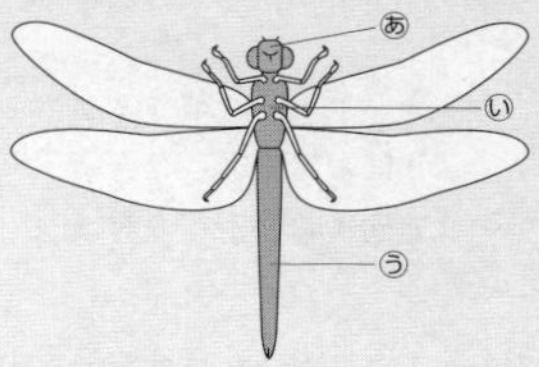

(1) 図のあ～うは、それぞれ頭《あたま》、むね、はらのどれですか。

あ(頭)
い(むね)　う(はら)

(2) トンボとチョウは、こん虫《ちゅう》だといえますか。正しいものに○をつけましょう。

ア(　)トンボだけがこん虫だといえる。
イ(　)チョウだけがこん虫だといえる。
ウ(○)どちらもこん虫だといえる。
エ(　)どちらもこん虫だとはいえない。

3 正午に、日なたと日かげの地面《じめん》の温度《おんど》を調べたところ、図のようになりました。

1つ5点(15点)

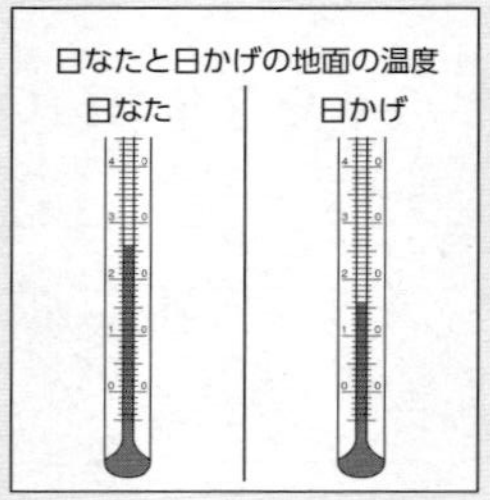

(1) 日なたの地面の温度は何℃ですか。

(26℃)

(2) このけっかを、せつめいしたものはどれですか。正しいものに○をつけましょう。

ア(　)朝より正午のほうの温度が高い。
イ(　)朝より正午のほうの温度がひくい。
ウ(　)日なたより日かげのほうの温度が高い。
エ(○)日なたより日かげのほうの温度がひくい。

(3) 図のようなけっかになったのは、日なたと日かげで、あることがちがうからです。日なたと日かげでちがうことは何ですか。 (日光の当たり方)

4 トライアングルにふせんをはって、音が出ている物のようすを調べました。

1つ5点(10点)

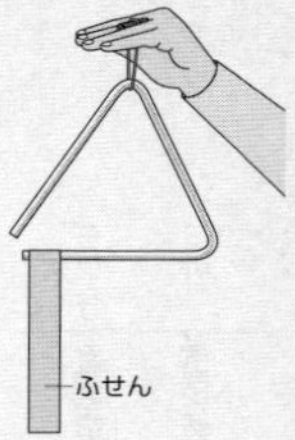

(1) トライアングルをたたいて、音を出すと、トライアングルとふせんはどうなりますか。正しいものに○をつけましょう。

ア(○)どちらもふるえる。
イ(　)どちらもふるえない。
ウ(　)トライアングルはふるえて、ふせんはふるえない。
エ(　)トライアングルはふるえないが、ふせんはふるえる。

(2) トライアングルを強くたたくと、ふせんはどうなりますか。正しいものに○をつけましょう。

ア(　)ふるえ方が小さくなる。
イ(○)ふるえ方が大きくなる。
ウ(　)ふるえ方はかわらない。

うらにも問題があります。

冬のチャレンジテスト　おもて　てびき

1 (1)アはピーマン、ウはヒマワリの実《み》です。
(2)、(3)たねから子葉《しよう》が出て、くきがのびて、葉《は》がしげり、つぼみができて花がさきます。花がさいた後、中にたねの入った実ができ、やがて、かれていきます。

2 トンボもチョウも成虫《せいちゅう》のからだは頭、むね、はらからできています。また、むねには、6本のあしがついています。

3 (1)日かげは16℃になっています。
(2)アは正しいですが、このじっけんのけっかだけではわかりません。

4 (1)音が出ているとき、物《もの》はふるえています。
(2)音が大きいときは、物のふるえ方は大きいです。

5 図のように、1つのねん土《ど》のおき方や形をかえて、重《おも》さをはかりました。 1つ5点(10点)

①たてにおいた　②横《よこ》においた　③細かく分けた

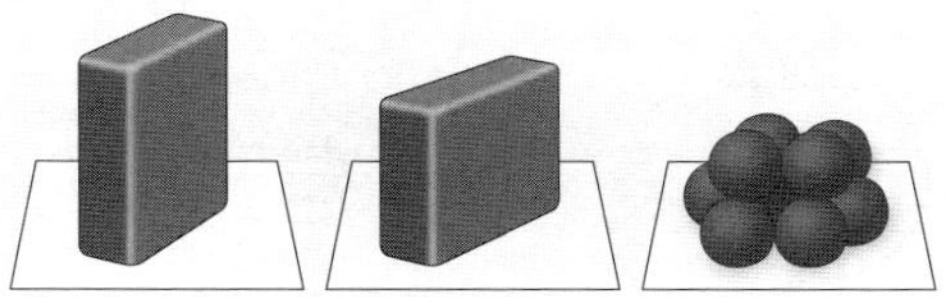

(1) 重さをはかる、右の道具《どうぐ》を何といいますか。

（電子てんびん）

(2) ①～③の重さはどうなりますか。正しいものに○をつけましょう。

ア（　）①がいちばん重い。
イ（　）②がいちばん重い。
ウ（　）③がいちばん重い。
エ（◯）重さはどれも同じ。

思考・判断・表現

6 ショウリョウバッタのすみかと、からだのつくりを調《しら》べました。 1つ4点(16点)

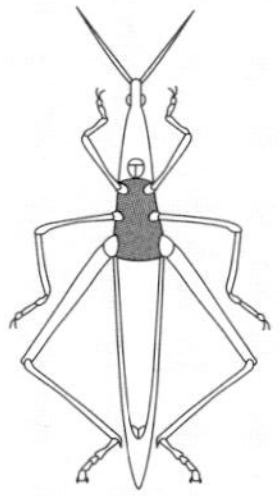

(1) ショウリョウバッタのすみかは、どんなところですか。正しいものに○をつけましょう。

ア（◯）草むら
イ（　）落《お》ち葉《ば》の下
ウ（　）池の水の中
エ（　）森の木の上

(2) 作図 ショウリョウバッタのむねを、黒くぬりましょう。

(3) 記述 ショウリョウバッタのすみかから考えて、からだが緑《みどり》色のためつごうがよい理由《りゆう》をかきましょう。

（すみかの色とにているので、かくれることができるから。）

(4) 記述 ショウリョウバッタは、こん虫《ちゅう》といえますか。その理由もかきましょう。

（成虫のからだが、頭、むね、はらからできていて、むねにあしが6本あるので、こん虫といえる。）

7 図のように、かげの向《む》きを記ろくして、太陽《たいよう》の向きを調べました。 1つ4点(12点)

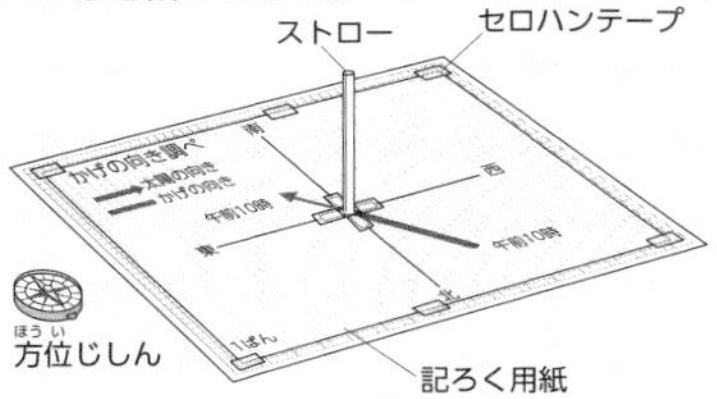

(1) 記述 ストローのかげは、どの向きにできますか。「太陽」という言葉《ことば》を使《つか》ってかきましょう。

（　太陽と反対の向きにできる。　）

(2) 作図 図のようなかげができたとき、➡を使って太陽の向きを、図にかき入れましょう。

(3) この後も記ろくをつづけると、かげの動《うご》きはどうなりますか。正しいものに○をつけましょう。

ア（◯）北を通って、東へ動いていく。
イ（　）西を通って、南へ動いていく。
ウ（　）かげは、その場所《ばしょ》から動かない。

8 紙コップと糸で糸電話をつくり、1人が声を出して、もう1人が声を聞きました。 1つ3点(12点)

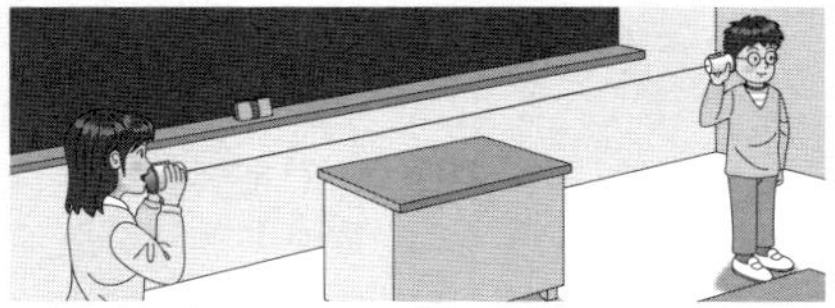

(1) 声が聞こえているとき、糸はどうなっていますか。

（　ふるえている。　）

(2) 糸を指《ゆび》でつまんだら、声が聞こえなくなりました。その理由として、正しいほうに○をつけましょう。

ア（　）音が糸から指につたわったから。
イ（◯）糸のふるえが止まったから。

(3) 音について、正しいもの2つに○をつけましょう。

ア（◯）音が出るとき、物《もの》はふるえている。
イ（　）音が出るとき、物はふるえていない。
ウ（◯）音がつたわるとき、音をつたえる物は、ふるえている。
エ（　）音がつたわるとき、音をつたえる物は、ふるえていない。

冬のチャレンジテスト　うら　てびき

5 (2)物はおき方や形をかえても、重《おも》さはかわりません。

6 (1)ショウリョウバッタは草むらによくかくれています。
(2)ショウリョウバッタのからだは、頭、むね、はらに分かれています。
(3)からだの色とにているところは、かくれ場所《ばしょ》にすることができます。
(4)こん虫の成虫のからだは、頭、むね、はらの3つの部分《ぶぶん》からできていて、むねに6本のあし(と4まいのはね)があります。

7 (1)、(2)かげは、日光をさえぎる物があると、太陽《たいよう》の反対《はんたい》がわにできます。つまり、太陽の向《む》きは、かげの向きの反対です。
(3)太陽は、東から出て南の高いところを通り、西にしずむように見えます。かげの動《うご》き方は、その反対になります。

8 (2)、(3)音がつたわるとき、音をつたえる物はふるえています。また、音が出るとき、物はふるえています。

春のチャレンジテスト
教科書 130〜161ページ
名前
月 日
時間 40分

知識・技能	思考・判断・表現	ごうかく80点
/60	/40	/100

答え 46ページ

知識・技能

1 かん電池と豆電球《まめでんきゅう》を、どう線でつなぎました。
1つ3点、(4)は全部《ぜんぶ》できて3点(12点)

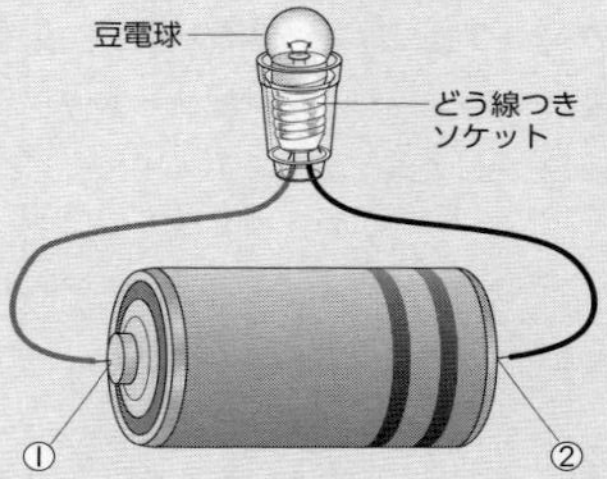
豆電球
どう線つき
ソケット
①
②

(1) かん電池の＋極《プラスきょく》は、①、②のどちらですか。
(①)
(2) 電気の通り道を何といいますか。
(回路)
(3) 上の図のどう線の長さを、長くしました。豆電球の明かりはつきますか、つきませんか。
(つく。)
(4) 次《つぎ》のうち、明かりがつくものに○、つかないものに×をつけましょう。
ア(×)
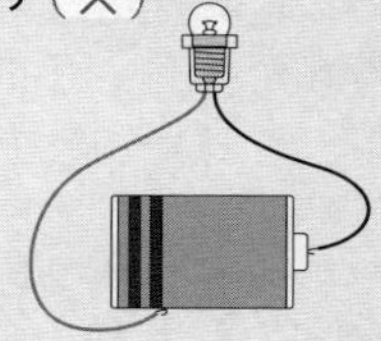
イ(○)
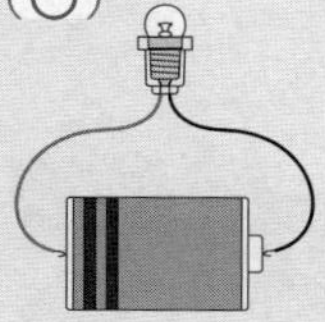
ウ(○)
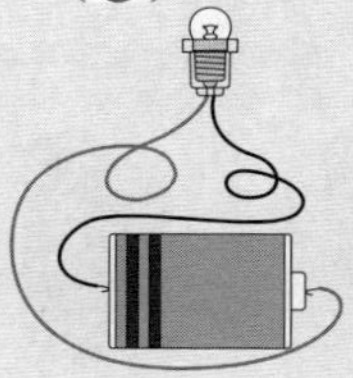
エ(×)

2 どう線を長くして、豆電球とかん電池をつなぎました。
1つ5点(10点)
(1) どう線のつなぎ方で、正しいものに○をつけましょう。
ア( ) イ(○) ウ( )
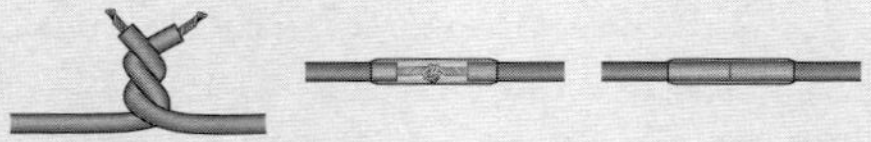
(2) (1)のどう線の正しいつなぎ方の理由《りゆう》として、正しいものに○をつけましょう。
ア( )電気は、どう線のビニルのおおいを通っているから。
イ(○)電気は、どう線のビニルのおおいを通っていないから。
ウ( )どう線を近づけると、電気が通るから。

3 じしゃくにつく物《もの》を調《しら》べました。
1つ3点(9点)
(1) じしゃくにつく物2つに○をつけましょう。
ア( ) イ( )
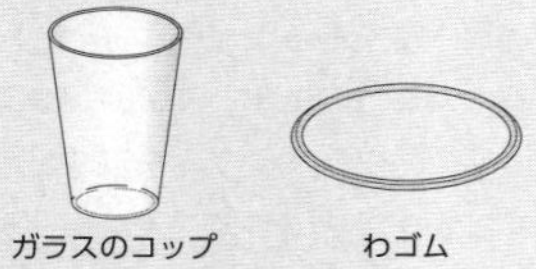
ガラスのコップ
わゴム
ウ(○) エ( ) オ(○)
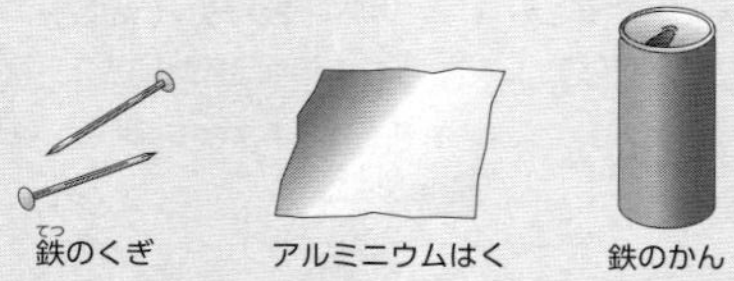
鉄《てつ》のくぎ
アルミニウムはく
鉄のかん
(2) じしゃくに引きつけられるのは、どのような物ですか。正しいものに○をつけましょう。
ア( )金ぞくでない物は、どれも引きつけられる。
イ( )金ぞくは、どれも引きつけられる。
ウ(○)鉄は、引きつけられる。

うらにも問題があります。

春のチャレンジテスト　おもて　てびき

1 (1)かん電池のでっぱりのあるほうが＋極《プラスきょく》、平《たい》らなほうが－極《マイナス》です。
(2)かん電池の＋極、豆電球《まめでんきゅう》、かん電池の－極が、1つのわのようにどう線でつながっているとき、電気が通って、豆電球に明かりがつきます。この電気の通り道を回路《かいろ》といいます。
(3)どう線の長さをかえても、回路ができていれば、豆電球の明かりはつきます。
(4)アとエは、どう線が－極につながっていません。

2 どう線をつなぐときは、ビニルのおおいをはぎ、どう線をねじり、2本のどう線をつないでねじった後、つないだところにセロハンテープをまきます。ビニルのおおいやセロハンテープは、電気を通しません。

3 じしゃくは、鉄《てつ》でできた物《もの》を引きつけます。どうやアルミニウムなどの金ぞく、プラスチックや紙、ガラス、木などは、じしゃくにつきません。

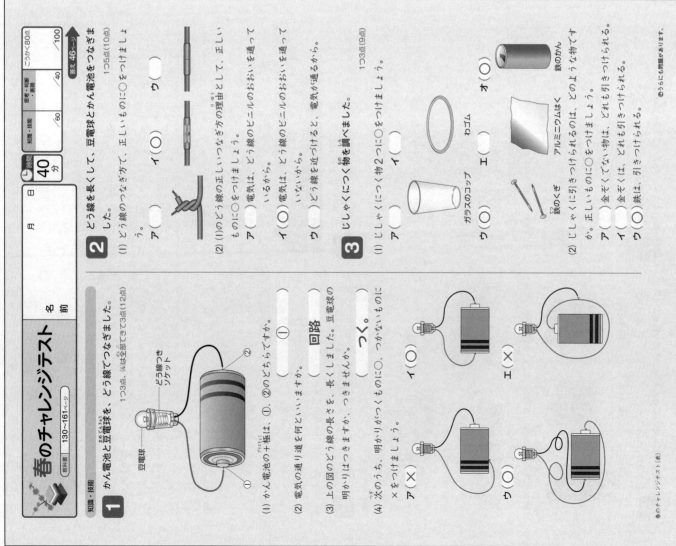

4 じしゃくの極《きょく》のせいしつを調《しら》べました。

1つ3点(9点)

(1) 2つのじしゃくの極を近づけたとき、引き合う組み合わせはどれですか。正しいものに○をつけましょう。

ア(　)
イ(○)
ウ(　)

(2) じしゃくの極について正しいもの2つに○をつけましょう。

ア(　)N極《エヌきょく》でもS極《エスきょく》でもない極がある。
イ(　)N極またはS極だけのじしゃくがある。
ウ(○)じしゃくには、いつもN極とS極がある。
エ(○)自由《じゆう》に動《うご》くようにすると、同じ極はいつも決《き》まった方向《ほうこう》をさす。

5 じしゃくと鉄《てつ》のゼムクリップの間に、プラスチックの下じきをはさみました。 1つ5点(20点)

(1) じしゃくを鉄のゼムクリップに近づけていくと、ゼムクリップがプラスチックの下じきにくっつきました。その理由として正しいもの2つに、○をつけましょう。

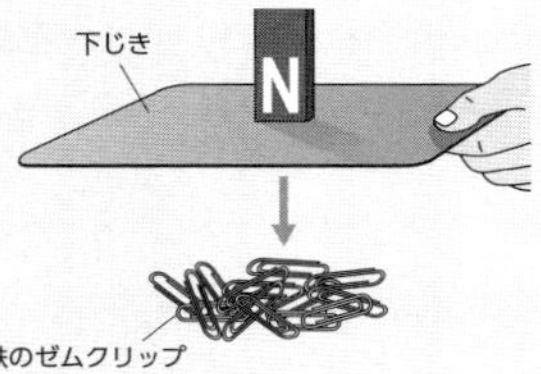

ア(○)じしゃくは、はなれていても鉄を引きつけるから。
イ(　)下じきがじしゃくになるから。
ウ(○)じしゃくと鉄の間に、じしゃくにつかない物《もの》があっても、鉄を引きつけるから。

(2) ゼムクリップが下じきにくっつかないようにするには、どうしたらよいですか。正しいもの2つに、○をつけましょう。

ア(　)じしゃくのちがう極を近づける。
イ(○)下じきのまい数をふやす。
ウ(○)ゼムクリップを、プラスチックの物にかえる。

思考・判断・表現

6 電気を通す物を調べました。 1つ5点(20点)

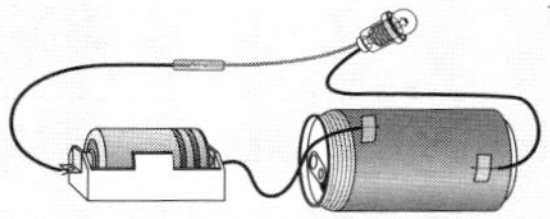

(1) 上の図のようにして、豆電球《まめでんきゅう》とかん電池と鉄のかんをどう線でつないだら、豆電球に明かりはつきませんでした。それは、どうしてですか。次《つぎ》の文の(　)にあてはまる言葉《ことば》をかきましょう。

・かんの(① **表面**)が、(② **金ぞく**)でない物でおおわれているから。

(2) 豆電球に明かりをつけるには、どうすればよいですか。次の文の(　)にあてはまる言葉をかきましょう。

・かんの(① **表面**)を、紙やすりなどでけずり、けずった部分《ぶぶん》に(② **どう線**)をつなぐ。

7 方位《ほうい》じしんのはりは、じしゃくになっています。 1つ5点(20点)

(1) 方位じしんのはりの色のついた方がさすのは、どの方位ですか。 (**北**)

(2) 右のように、強いじしゃくにつけた鉄くぎのあの方を、方位じしんに近づけました。

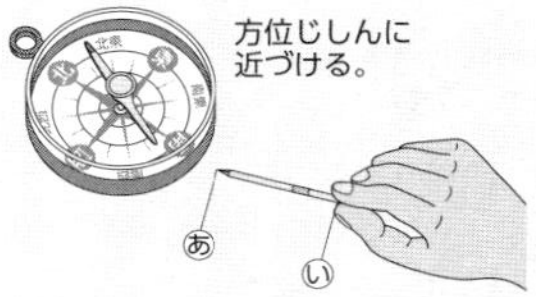

①このとき、はりの色のついていない方が、引きつけられました。鉄くぎのあは、じしゃくのN極とS極のどちらですか。 (**N極**)

②鉄くぎのいは、じしゃくのN極とS極のどちらですか。 (**S極**)

③強いじしゃくに鉄くぎをどのようにつけると、上のようになりますか。正しいほうに○をつけましょう。

ア(○)　　イ(　)

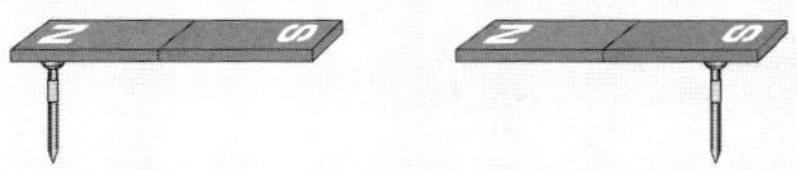

春のチャレンジテスト　うら　てびき

4 (1)じしゃくの、鉄を引きつける力が強い部分《ぶぶん》を、極《きょく》といいます。極には、N極《エヌきょく》とS極《エスきょく》があります。2つのじしゃくを近づけたとき、引き合うのはちがう極どうしです。

(2)1つのじしゃくには、かならずN極とS極があり、自由《じゆう》に動《うご》くようにすると、N極は北、S極は南をさします。

5 (1)じしゃくは、はなれていても、鉄を引きつけます。また、じしゃくと鉄の間に、じしゃくにつかない物があっても、鉄を引きつけます。

(2)じしゃくが鉄を引きつける力は、じしゃくと鉄のきょりによってかわります。下じきのまい数をふやすと、きょりが遠くなり、引きつける力が弱くなります。

6 (1)かんの表面《ひょうめん》が、金ぞくでない物でおおわれているので、電気を通しません。

(2)かんの表面の金ぞくでない物をけずると、電気を通すようにすることができます。

7 (1)方位《ほうい》じしんのはりは、北と南をさして止まります。色のついた方が北をさします。

(2)①はりの色がついていない方は、南をさすのでS極です。S極が引きつけられるあはN極です。

②いは、N極(あ)の反対《はんたい》がわなので、S極です。

③ア…あがN極、いがS極になります。

イ…あがS極、いがN極になります。

3年 理科のまとめ

学力しんだんテスト

月　日

名前

時間 40分

ごうかく80点　／100

答え 48ページ

1 アゲハの育《そだ》つようすを調《しら》べました。

(1)、(4)は1つ4点、(2)、(3)はそれぞれ全部《ぜんぶ》できて4点(16点)

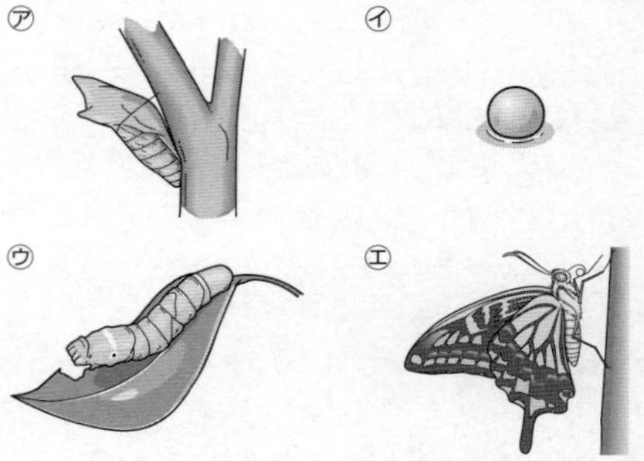

(1) ㋐のころのすがたを、何といいますか。

(さなぎ)

(2) ㋐〜㋓を、育つじゅんにならべましょう。

(㋑)→(㋒)→(㋐)→(㋓)

(3) アゲハの成虫《せいちゅう》のあしは、どこに何本ついていますか。

(むね)に(6)本ついている。

(4) アゲハの成虫のようなからだのつくりをした動物《どうぶつ》を、何といいますか。

(こん虫)

2 ゴムのはたらきで、車を動《うご》かしました。

1つ4点(8点)

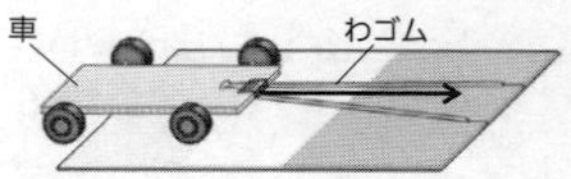

(1) わゴムをのばす長さを長くしました。車の進《すす》むきょりはどうなりますか。正しいほうに○をつけましょう。

①(○)長くなる。　②(　)短《みじか》くなる。

(2) 車が進むのは、ゴムのどのようなはたらきによるものですか。

(のばしたゴムがもとにもどろうとする力によるはたらき。)

3 ホウセンカの育ち方をまとめました。

1つ4点(12点)

(1) 図の？に入るホウセンカのようすについて、正しいことを言っているほうに○をつけましょう。

①(　)　②(○)

(2) ホウセンカの実の中には、何が入っていますか。

(たね)

(3) ホウセンカの実は、何があったところにできますか。正しいものに○をつけましょう。

①(　)子葉《しよう》　②(　)葉《は》　③(○)花

4 午前9時と午後3時に、太陽《たいよう》によってできるぼうのかげの向《む》きを調べました。

1つ4点(12点)

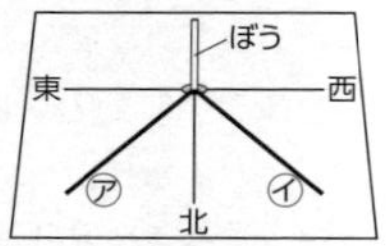

(1) 午後3時のかげの向きは、㋐、㋑のどちらですか。

(㋐)

(2) 時間がたつと、かげはどの方向《ほうこう》に動きますか。正しいほうに○をつけましょう。

①(　)㋐→㋑　②(○)㋑→㋐

(3) 時間がたつと、かげの向きがかわるのはなぜですか。

(太陽のいちがかわるから。(太陽が動くから。))

➡うらにも問題があります。

学力しんだんテスト　おもて　てびき

1 (1)、(2)チョウは、たまご(㋑)→よう虫《ちゅう》(㋒)→さなぎ(㋐)→成虫《せいちゅう》(㋓)のじゅんに育《そだ》っていきます。

(3)、(4)こん虫の成虫のからだは、どれも、頭、むね、はらの3つに分かれ、むねに6本のあしがあります。

2 (1)ゴムを長くのばすほど、物《もの》を動《うご》かすはたらきは大きくなります。

(2)ゴムを引っぱったり、ねじったりすると、もとにもどろうとする力がはたらきます。

3 植物《しょくぶつ》は1つのたねから子葉《しよう》が出て、葉《は》の数がふえ、草たけが高くなり、くきが太くなっていきます。つぼみができて花がさき、やがて実《み》となります。実がなってたねができた後にかれていきます。

4 時間がたつと、太陽《たいよう》のいちは東→西へかわり、かげの向《む》きは西(㋑)→東(㋐)へかわります。かげの向きがかわるのは、太陽のいちがかわる(太陽が動く)からです。

5 虫めがねを使《つか》って、日光を集《あつ》めました。

1つ4点(8点)

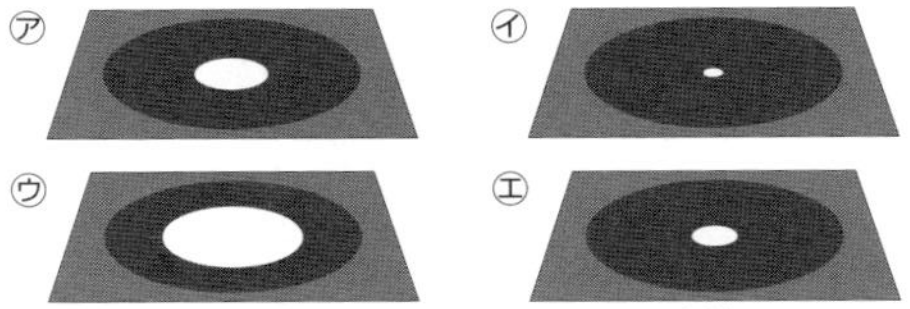

㋐
㋑
㋒
㋓

(1) ㋐〜㋓のうち、日光が集まっている部分《ぶぶん》が、いちばん明るいのはどれですか。

(㋑)

(2) ㋐〜㋓のうち、日光が集まっている部分が、いちばんあついのはどれですか。

(㋑)

6 電気を通す物《もの》と通さない物を調《しら》べました。

1つ4点(12点)

(1) 電気を通す物はどれですか。2つえらんで、○をつけましょう。

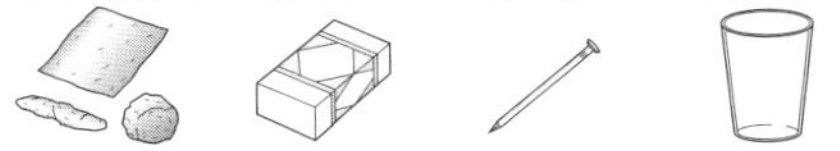

アルミニウムはく
消《け》しゴム
鉄《てつ》のくぎ
ガラスのコップ

①(○) ②(　　) ③(○) ④(　　)

(2) (1)のことから、電気を通す物は何でできていることがわかりますか。

(**金ぞく**)

7 トライアングルをたたいて音を出して、音が出ている物のようすを調べました。

1つ4点(12点)

(1) 音の大きさと、トライアングルのふるえについて調べました。①、②にあてはまる言葉《ことば》をかきましょう。

音の大きさ	トライアングルのふるえ
大きい音	ふるえが(①)。
小さい音	ふるえが(②)。

①(**大きい**) ②(**小さい**)

(2) 音が出ているトライアングルのふるえを止めると、音はどうなりますか。

(**止まる。**)

活用力をみる

8 おもちゃをつくって遊《あそ》びました。

1つ4点(20点)

(1) じしゃくのつりざおを使って、魚をつります。

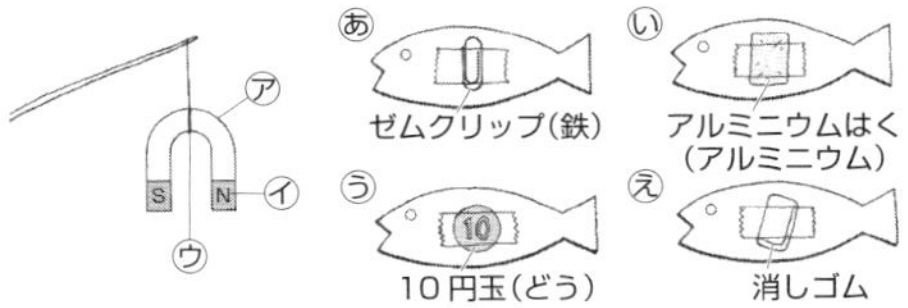

㋐
㋑
㋒
S
N
あ
ゼムクリップ(鉄)
い
アルミニウムはく
(アルミニウム)
う
10
10円玉(どう)
え
消しゴム

①つれるのは、あ〜えのどれですか。

(あ)

②じしゃくの㋐〜㋒のうち、魚をいちばん強く引きつける部分はどれですか。

(㋑)

(2) シーソーのおもちゃで遊びました。シーソーは、重《おも》い物をのせたほうが下がります。

①同じりょうのねん土から、リンゴ、バナナ、ブドウの形をつくり、シーソーにのせました。ア〜ウのうち、正しいものに○をつけましょう。

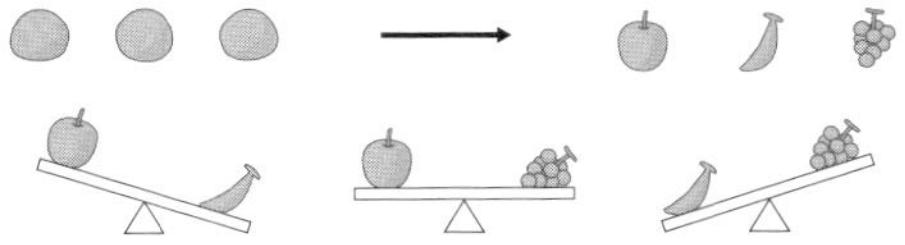

ア(　　) イ(○) ウ(　　)

②同じ体積《たいせき》のまま、物のしゅるいをかえて、シーソーにのせました。リンゴ、バナナ、ブドウの中で、いちばん重い物はどれですか。

リンゴ(ゴム)
バナナ(鉄)
ブドウ(プラスチック)

(**バナナ**)

③同じ体積でも、物によって重さはかわりますか。かわりませんか。

(**かわる。**)

学力しんだんテスト　うら　てびき

5 虫めがねを使《つか》うと、日光を集《あつ》めることができます。日光を集めたところを小さくするほど、明るく、あつくなります。

6 アルミニウムや鉄《てつ》などの金ぞくは、電気を通します。ゴムやガラスなどは、電気を通しません。

7 (1)音がつたわるとき、音をつたえている物はふるえています。大きい音はふるえが大きく、小さい音はふるえが小さいです。
(2)ふるえを止めると、音がつたわらなくなるため、音が聞こえなくなります。

8 (1)①鉄でできた物は、じしゃくにつきます。どうやアルミニウムなどの金ぞくは、じしゃくにつきません。ゴムも、じしゃくにつきません。
②じしゃくがもっとも強く鉄を引きつけるのは、極《きょく》の部分《ぶぶん》です。
(2)①同じりょうのねん土の形をかえても、重《おも》さはかわりません。よって、シーソーは水平《すいへい》になって止まります。
②シーソーの図を見ると、
リンゴよりバナナが重い。
ブドウよりリンゴが重い。
ブドウよりバナナが重い。
これらのことから、鉄のバナナがいちばん重いことがわかります。

メモ

メモ

ふろく とりはずしておつかいください。

計算 せんもんドリル

2年

2年　　組《くみ》

特色《とくしょく》と使《つか》い方《かた》

- このドリルは、計算力《けいさんりょく》を付《つ》けるための計算問題《もんだい》をせんもんにあつかったドリルです。
- 教科書《きょうかしょ》ぴったりトレーニングに、このドリルの何《なん》ページをすればよいのかが書《か》いてあります。教科書ぴったりトレーニングにあわせてお使《つか》いください。

もくじ

1 100までの　たし算の　ひっ算①
2 100までの　たし算の　ひっ算②
3 100までの　たし算の　ひっ算③
4 100までの　ひき算の　ひっ算①
5 100までの　ひき算の　ひっ算②
6 100までの　ひき算の　ひっ算③
7 何十の　計算
8 何百の　計算
9 たし算の　あん算
10 ひき算の　あん算
11 たし算の　ひっ算①
12 たし算の　ひっ算②
13 たし算の　ひっ算③
14 たし算の　ひっ算④
15 たし算の　ひっ算⑤
16 ひき算の　ひっ算①
17 ひき算の　ひっ算②
18 ひき算の　ひっ算③
19 ひき算の　ひっ算④
20 ひき算の　ひっ算⑤
21 3けたの　数の　たし算の　ひっ算
22 3けたの　数の　ひき算の　ひっ算
23 九九①
24 九九②
25 九九③
26 九九④
27 九九⑤
28 九九⑥
29 九九⑦
30 九九⑧
31 九九⑨
32 九九⑩

おうちのかたへ

- お子さまがお使いの教科書や学校の学習状況により、ドリルのページが前後したり、学習されていない問題が含まれている場合がございます。お子さまの学習状況に応じてお使いください。
- お子さまがお使いの教科書により、教科書ぴったりトレーニングと対応していないページがある場合がございますが、お子さまの興味・関心に応じてお使いください。

1 100までの　たし算の　ひっ算①

★できた　もんだいには、「た」を　かこう！

でき　でき

1 た 2

1 つぎの　たし算の　ひっ算を　しましょう。

月　　日

① $\begin{array}{r} 57 \\ +41 \\ \hline \end{array}$　② $\begin{array}{r} 22 \\ +64 \\ \hline \end{array}$　③ $\begin{array}{r} 13 \\ +78 \\ \hline \end{array}$　④ $\begin{array}{r} 25 \\ +47 \\ \hline \end{array}$

⑤ $\begin{array}{r} 29 \\ +27 \\ \hline \end{array}$　⑥ $\begin{array}{r} 48 \\ +38 \\ \hline \end{array}$　⑦ $\begin{array}{r} 28 \\ +30 \\ \hline \end{array}$　⑧ $\begin{array}{r} 44 \\ +46 \\ \hline \end{array}$

⑨ $\begin{array}{r} 48 \\ +\ \ 5 \\ \hline \end{array}$　⑩ $\begin{array}{r} 4 \\ +55 \\ \hline \end{array}$

2 つぎの　たし算を　ひっ算で　しましょう。

月　　日

① 17＋64

② 46＋18

③ 21＋6

④ 8＋42

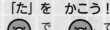

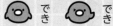

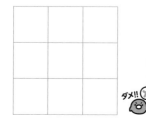

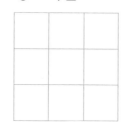

2 100までの　たし算の　ひっ算②

★できた　もんだいには、「た」を　かこう！

1 でき　2 でき

1 つぎの　たし算の　ひっ算を　しましょう。

月　　日

① 32
+33

② 22
+56

③ 27
+36

④ 32
+19

⑤ 46
+26

⑥ 18
+37

⑦ 27
+60

⑧ 47
+33

⑨ 61
+ 4

⑩ 9
+71

2 つぎの　たし算を　ひっ算で　しましょう。

月　　日

① 57+12

② 66+24

③ 69+5

④ 3+79

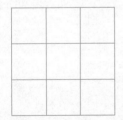

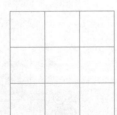

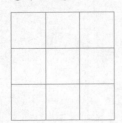

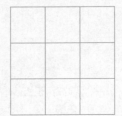

3 100までの　たし算の　ひっ算③

★できた　もんだいには、「た」を　かこう！

1 でき　2 でき

1 つぎの　たし算の　ひっ算を　しましょう。

月　日

① 58 + 11

② 23 + 73

③ 19 + 39

④ 35 + 56

⑤ 58 + 34

⑥ 36 + 59

⑦ 70 + 26

⑧ 31 + 49

⑨ 16 + 7

⑩ 5 + 49

2 つぎの　たし算を　ひっ算で　しましょう。

月　日

① 68＋16

② 54＋38

③ 63＋7

④ 4＋52

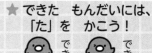

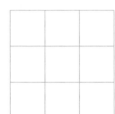

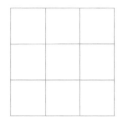

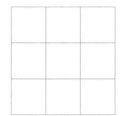

4 100までの　ひき算の　ひっ算①

★できた　もんだいには、「た」を　かこう！

1 でき　2 でき

1 つぎの　ひき算の　ひっ算を　しましょう。　　月　日

① 56 − 33

② 68 − 50

③ 89 − 83

④ 37 − 6

⑤ 36 − 17

⑥ 93 − 68

⑦ 61 − 34

⑧ 52 − 29

⑨ 40 − 24

⑩ 33 − 4

2 つぎの　ひき算を　ひっ算で　しましょう。　　月　日

① 72−53

72
− 53

② 81−79

③ 60−32

④ 56−8

56
−8

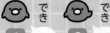

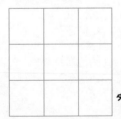

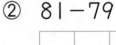

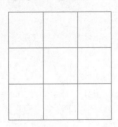

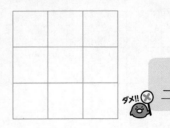

5 100までの ひき算の ひっ算②

★できた もんだいには、「た」を かこう！

でき 1　でき 2

1 つぎの ひき算の ひっ算を しましょう。

月　日

① 87
−24

② 73
−13

③ 69
−60

④ 48
− 5

⑤ 74
−36

⑥ 68
−49

⑦ 92
−37

⑧ 75
−46

⑨ 21
−17

⑩ 30
− 2

2 つぎの ひき算を ひっ算で しましょう。

月　日

① 96−47

② 61−55

③ 40−31

④ 92−5

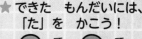

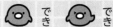

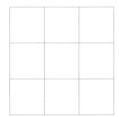

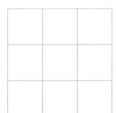

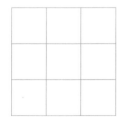

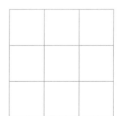

6 100までの　ひき算の　ひっ算③

★できた　もんだいには、「た」を　かこう！

でき 1　でき 2

月　日

1 つぎの　ひき算の　ひっ算を　しましょう。

① $\begin{array}{r} 59 \\ -44 \\ \hline \end{array}$　② $\begin{array}{r} 96 \\ -20 \\ \hline \end{array}$　③ $\begin{array}{r} 71 \\ -61 \\ \hline \end{array}$　④ $\begin{array}{r} 56 \\ -\ \ 5 \\ \hline \end{array}$

⑤ $\begin{array}{r} 65 \\ -37 \\ \hline \end{array}$　⑥ $\begin{array}{r} 93 \\ -19 \\ \hline \end{array}$　⑦ $\begin{array}{r} 75 \\ -16 \\ \hline \end{array}$　⑧ $\begin{array}{r} 33 \\ -15 \\ \hline \end{array}$

⑨ $\begin{array}{r} 32 \\ -26 \\ \hline \end{array}$　⑩ $\begin{array}{r} 37 \\ -\ \ 9 \\ \hline \end{array}$

月　日

2 つぎの　ひき算を　ひっ算で　しましょう。

① 92−69

② 97−88

③ 80−78

④ 50−4

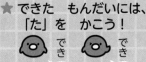

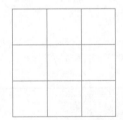

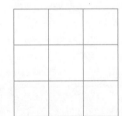

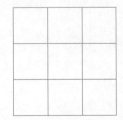

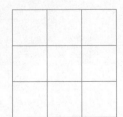

7 何十の　計算

★できた　もんだいには、「た」を　かこう！

1 でき　2 でき

1 つぎの　計算を　しましょう。

月　日

① 80＋50＝□　　② 40＋90＝□

③ 60＋60＝□　　④ 90＋80＝□

⑤ 50＋70＝□　　⑥ 90＋20＝□

⑦ 70＋80＝□　　⑧ 30＋80＝□

⑨ 60＋90＝□　　⑩ 90＋50＝□

2 つぎの　計算を　しましょう。

月　日

① 120－80＝□　　② 140－50＝□

③ 150－90＝□　　④ 140－70＝□

⑤ 110－40＝□　　⑥ 130－80＝□

⑦ 170－80＝□　　⑧ 120－30＝□

⑨ 180－90＝□　　⑩ 130－90＝□

8 何百の　計算

★できた　もんだいには、「た」を　かこう！

1 でき　2 でき

1 つぎの　計算を　しましょう。

月　　日

① 600＋200＝□　　② 300＋600＝□

③ 100＋700＝□　　④ 200＋300＝□

⑤ 500＋200＝□　　⑥ 300＋400＝□

⑦ 700＋200＝□　　⑧ 400＋500＝□

⑨ 800＋100＝□　　⑩ 500＋500＝□

2 つぎの　計算を　しましょう。

月　　日

① 500－100＝□　　② 900－600＝□

③ 300－200＝□　　④ 800－300＝□

⑤ 600－500＝□　　⑥ 900－200＝□

⑦ 700－100＝□　　⑧ 800－400＝□

⑨ 900－500＝□　　⑩ 1000－700＝□

9 たし算の　あん算

★できた　もんだいには、「た」を　かこう！

1 でき　2 でき

1 つぎの　たし算を　しましょう。

月　　日

① 11+9=□　　② 34+6=□

③ 55+5=□　　④ 64+6=□

⑤ 43+7=□　　⑥ 26+4=□

⑦ 89+1=□　　⑧ 27+3=□

⑨ 72+8=□　　⑩ 59+1=□

2 つぎの　たし算を　しましょう。

月　　日

① 15+6=□　　② 26+9=□

③ 57+8=□　　④ 74+9=□

⑤ 37+7=□　　⑥ 24+7=□

⑦ 83+9=□　　⑧ 59+5=□

⑨ 45+8=□　　⑩ 68+4=□

10 ひき算の　あん算

★できた　もんだいには、「た」を　かこう！

1 でき　2 でき

1 つぎの　ひき算を　しましょう。

月　　日

① 20－7＝□　② 80－2＝□

③ 40－9＝□　④ 70－5＝□

⑤ 50－3＝□　⑥ 60－6＝□

⑦ 30－1＝□　⑧ 90－8＝□

⑨ 40－5＝□　⑩ 20－4＝□

2 つぎの　ひき算を　しましょう。

月　　日

① 25－8＝□　② 33－4＝□

③ 72－6＝□　④ 47－8＝□

⑤ 52－3＝□　⑥ 36－9＝□

⑦ 65－6＝□　⑧ 78－9＝□

⑨ 82－7＝□　⑩ 31－4＝□

11 たし算の　ひっ算①

★できた　もんだいには、
「た」を　かこう！

1 でき　2 でき

1 つぎの　たし算の　ひっ算を　しましょう。

月　　日

① $\begin{array}{r} 43 \\ +71 \\ \hline \end{array}$　② $\begin{array}{r} 54 \\ +65 \\ \hline \end{array}$　③ $\begin{array}{r} 80 \\ +67 \\ \hline \end{array}$　④ $\begin{array}{r} 23 \\ +84 \\ \hline \end{array}$

⑤ $\begin{array}{r} 38 \\ +95 \\ \hline \end{array}$　⑥ $\begin{array}{r} 73 \\ +89 \\ \hline \end{array}$　⑦ $\begin{array}{r} 29 \\ +99 \\ \hline \end{array}$　⑧ $\begin{array}{r} 74 \\ +36 \\ \hline \end{array}$

⑨ $\begin{array}{r} 12 \\ +89 \\ \hline \end{array}$　⑩ $\begin{array}{r} 5 \\ +97 \\ \hline \end{array}$

2 つぎの　たし算を　ひっ算で　しましょう。

月　　日

① 76＋57

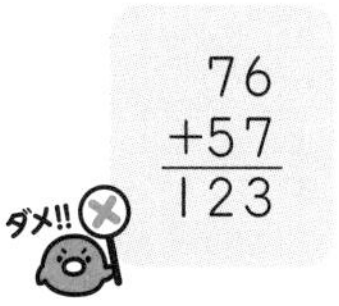

② 31＋89

③ 67＋35

④ 95＋6

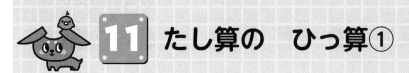

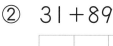

12 たし算の　ひっ算②

★できた　もんだいには、「た」を　かこう！

でき 1　でき 2

1 つぎの　たし算の　ひっ算を　しましょう。

月　日

①
```
  98
+21
```

②
```
  82
+36
```

③
```
  40
+71
```

④
```
  74
+33
```

⑤
```
  47
+84
```

⑥
```
  93
+28
```

⑦
```
  85
+39
```

⑧
```
  81
+49
```

⑨
```
  17
+86
```

⑩
```
  98
+  4
```

2 つぎの　たし算を　ひっ算で　しましょう。

月　日

① 67+87

② 68+42

③ 59+49

④ 6+97

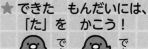

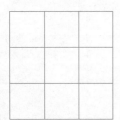

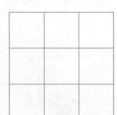

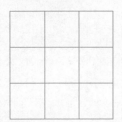

13 たし算の　ひっ算③

★できた　もんだいには、「た」を　かこう！

1 でき　2 でき

1 つぎの　たし算の　ひっ算を　しましょう。

月　　日

①
```
  81
+37
```

②
```
  81
+75
```

③
```
  99
+50
```

④
```
  87
+22
```

⑤
```
  69
+65
```

⑥
```
  85
+38
```

⑦
```
  68
+75
```

⑧
```
  92
+38
```

⑨
```
  87
+16
```

⑩
```
   4
+99
```

2 つぎの　たし算を　ひっ算で　しましょう。

月　　日

① 57＋69

② 77＋73

③ 66＋38

④ 93＋8

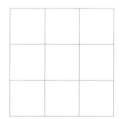

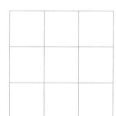

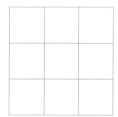

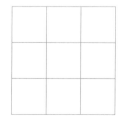

14 たし算の　ひっ算④

★できた　もんだいには、「た」を　かこう！

1 でき　2 でき

1 つぎの　たし算の　ひっ算を　しましょう。　　月　日

①
```
  74
+41
```

②
```
  91
+81
```

③
```
  90
+33
```

④
```
  72
+35
```

⑤
```
  66
+56
```

⑥
```
  78
+63
```

⑦
```
  82
+49
```

⑧
```
  95
+45
```

⑨
```
  59
+46
```

⑩
```
  97
+ 7
```

2 つぎの　たし算を　ひっ算で　しましょう。　　月　日

① 37＋84

② 64＋36

③ 87＋15

④ 9＋93

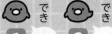

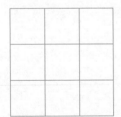

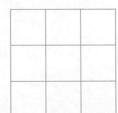

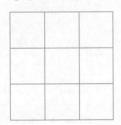

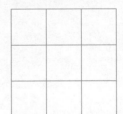

15 たし算の　ひっ算⑤

★できた　もんだいには、「た」を　かこう！

でき 1　でき 2

1 つぎの　たし算の　ひっ算を　しましょう。

月　　日

① $\begin{array}{r} 73 \\ +55 \\ \hline \end{array}$　② $\begin{array}{r} 54 \\ +92 \\ \hline \end{array}$　③ $\begin{array}{r} 58 \\ +70 \\ \hline \end{array}$　④ $\begin{array}{r} 20 \\ +89 \\ \hline \end{array}$

⑤ $\begin{array}{r} 66 \\ +58 \\ \hline \end{array}$　⑥ $\begin{array}{r} 94 \\ +59 \\ \hline \end{array}$　⑦ $\begin{array}{r} 35 \\ +97 \\ \hline \end{array}$　⑧ $\begin{array}{r} 87 \\ +13 \\ \hline \end{array}$

⑨ $\begin{array}{r} 49 \\ +55 \\ \hline \end{array}$　⑩ $\begin{array}{r} 5 \\ +99 \\ \hline \end{array}$

2 つぎの　たし算を　ひっ算で　しましょう。

月　　日

① 84+68　② 62+78

③ 35+66　④ 96+8

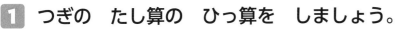

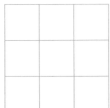

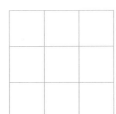

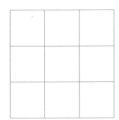

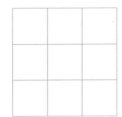

★できた　もんだいには、
「た」を　かこう！

できた 1　できた 2

16 ひき算の　ひっ算①

1 つぎの　ひき算の　ひっ算を　しましょう。

月　　日

① 117 − 55

② 122 − 31

③ 178 − 88

④ 106 − 93

⑤ 154 − 88

⑥ 173 − 99

⑦ 161 − 95

⑧ 103 − 54

⑨ 105 − 97

⑩ 100 − 6

2 つぎの　ひき算を　ひっ算で　しましょう。

月　　日

① 132−84

② 102−85

  132
− 84
  58

ダメ!!

③ 106−8

④ 100−72

17 ひき算の　ひっ算②

★できた　もんだいには、「た」を　かこう！

1 でき　2 でき

1 つぎの　ひき算の　ひっ算を　しましょう。

月　　日

① $\begin{array}{r} 139 \\ -\ \ 68 \\ \hline \end{array}$　② $\begin{array}{r} 145 \\ -\ \ 80 \\ \hline \end{array}$　③ $\begin{array}{r} 142 \\ -\ \ 82 \\ \hline \end{array}$　④ $\begin{array}{r} 102 \\ -\ \ 31 \\ \hline \end{array}$

⑤ $\begin{array}{r} 151 \\ -\ \ 73 \\ \hline \end{array}$　⑥ $\begin{array}{r} 117 \\ -\ \ 68 \\ \hline \end{array}$　⑦ $\begin{array}{r} 133 \\ -\ \ 64 \\ \hline \end{array}$　⑧ $\begin{array}{r} 105 \\ -\ \ \ 7 \\ \hline \end{array}$

⑨ $\begin{array}{r} 102 \\ -\ \ 96 \\ \hline \end{array}$　⑩ $\begin{array}{r} 100 \\ -\ \ 53 \\ \hline \end{array}$

2 つぎの　ひき算を　ひっ算で　しましょう。

月　　日

① 141－87

② 108－29

③ 104－48

④ 100－7

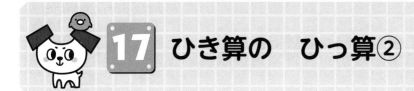

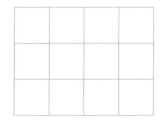

18 ひき算の　ひっ算③

★できた　もんだいには、「た」を　かこう！

1 でき　2 でき

1 つぎの　ひき算の　ひっ算を　しましょう。

月　　日

① 124 − 33

② 113 − 41

③ 119 − 29

④ 103 − 22

⑤ 115 − 38

⑥ 131 − 77

⑦ 136 − 89

⑧ 102 − 46

⑨ 106 − 98

⑩ 100 − 3

2 つぎの　ひき算を　ひっ算で　しましょう。

月　　日

① 121−72

② 106−18

③ 102−5

④ 100−14

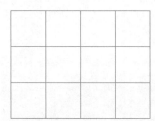

19 ひき算の　ひっ算④

★できた　もんだいには、「た」を　かこう！

1 でき　2 でき

1 つぎの　ひき算の　ひっ算を　しましょう。　　月　　日

① $\begin{array}{r}159\\-\ \ 87\\\hline\end{array}$　② $\begin{array}{r}123\\-\ \ 60\\\hline\end{array}$　③ $\begin{array}{r}141\\-\ \ 81\\\hline\end{array}$　④ $\begin{array}{r}108\\-\ \ 27\\\hline\end{array}$

⑤ $\begin{array}{r}112\\-\ \ 39\\\hline\end{array}$　⑥ $\begin{array}{r}115\\-\ \ 28\\\hline\end{array}$　⑦ $\begin{array}{r}151\\-\ \ 65\\\hline\end{array}$　⑧ $\begin{array}{r}104\\-\ \ \ 6\\\hline\end{array}$

⑨ $\begin{array}{r}103\\-\ \ 99\\\hline\end{array}$　⑩ $\begin{array}{r}100\\-\ \ 85\\\hline\end{array}$

2 つぎの　ひき算を　ひっ算で　しましょう。　　月　　日

① 146−97

② 108−39

③ 101−53

④ 100−2

20 ひき算の　ひっ算⑤

★できた　もんだいには、
「た」を　かこう！

1 でき　2 でき

1 つぎの　ひき算の　ひっ算を　しましょう。

月　　日

① 138
− 54

② 135
− 93

③ 124
− 34

④ 106
− 55

⑤ 155
− 76

⑥ 126
− 48

⑦ 131
− 74

⑧ 107
− 58

⑨ 104
− 95

⑩ 100
− 5

2 つぎの　ひき算を　ひっ算で　しましょう。

月　　日

① 122−45

② 103−69

③ 103−4

④ 100−93

21 3けたの　数の　たし算の　ひっ算

★できた　もんだいには、「た」を　かこう！

でき 1　でき 2

1 つぎの　たし算の　ひっ算を　しましょう。

月　日

① 243
\+ 36

② 516
\+ 61

③ 358
\+ 38

④ 459
\+ 33

⑤ 358
\+ 35

⑥ 205
\+ 77

⑦ 338
\+ 52

⑧ 259
\+ 20

⑨ 249
\+ 5

⑩ 666
\+ 8

2 つぎの　たし算を　ひっ算で　しましょう。

月　日

① 535＋46

② 315＋80

③ 487＋6

④ 353＋7

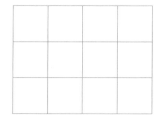

22 3けたの　数の　ひき算の　ひっ算

★できた　もんだいには、「た」を　かこう！

でき 1　でき 2

1 つぎの　ひき算の　ひっ算を　しましょう。

月　　日

① $\begin{array}{r} 535 \\ -\ 23 \\ \hline \end{array}$　② $\begin{array}{r} 759 \\ -\ 12 \\ \hline \end{array}$　③ $\begin{array}{r} 278 \\ -\ 59 \\ \hline \end{array}$　④ $\begin{array}{r} 696 \\ -\ 28 \\ \hline \end{array}$

⑤ $\begin{array}{r} 573 \\ -\ 47 \\ \hline \end{array}$　⑥ $\begin{array}{r} 881 \\ -\ 46 \\ \hline \end{array}$　⑦ $\begin{array}{r} 424 \\ -\ 19 \\ \hline \end{array}$　⑧ $\begin{array}{r} 695 \\ -\ 95 \\ \hline \end{array}$

⑨ $\begin{array}{r} 757 \\ -\ \ 9 \\ \hline \end{array}$　⑩ $\begin{array}{r} 414 \\ -\ \ 8 \\ \hline \end{array}$

2 つぎの　ひき算を　ひっ算で　しましょう。

月　　日

① 775−26　② 531−31

③ 362−5　④ 813−7

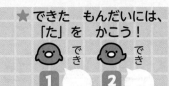

23 九九①

★できた もんだいには、「た」を かこう！

1 でき　2 でき

1 つぎの　計算を　しましょう。

月　日

① 8×5＝

② 5×2＝

③ 6×3＝

④ 9×8＝

⑤ 7×5＝

⑥ 1×6＝

⑦ 2×9＝

⑧ 3×3＝

⑨ 4×1＝

⑩ 9×4＝

2 つぎの　計算を　しましょう。

月　日

① 4×8＝

② 5×6＝

③ 6×9＝

④ 7×2＝

⑤ 1×2＝

⑥ 6×7＝

⑦ 8×6＝

⑧ 9×1＝

⑨ 2×4＝

⑩ 3×5＝

24 九九②

★できた もんだいには、「た」を かこう！

でき 1 でき 2

1 つぎの 計算を しましょう。

月　　日

① 7×6＝□　　② 4×3＝□

③ 5×9＝□　　④ 2×8＝□

⑤ 8×8＝□　　⑥ 1×4＝□

⑦ 3×9＝□　　⑧ 6×5＝□

⑨ 8×1＝□　　⑩ 9×6＝□

2 つぎの 計算を しましょう。

月　　日

① 6×8＝□　　② 7×4＝□

③ 2×5＝□　　④ 3×6＝□

⑤ 6×2＝□　　⑥ 4×5＝□

⑦ 2×1＝□　　⑧ 8×4＝□

⑨ 7×9＝□　　⑩ 9×9＝□

25 九九③

★できた もんだいには、「た」を かこう！

1 でき　2 でき

1 つぎの 計算を しましょう。

月　日

① 4×2＝

② 1×8＝

③ 9×5＝

④ 6×6＝

⑤ 7×3＝

⑥ 2×6＝

⑦ 4×9＝

⑧ 5×5＝

⑨ 3×4＝

⑩ 6×1＝

2 つぎの 計算を しましょう。

月　日

① 1×1＝

② 4×7＝

③ 7×7＝

④ 5×1＝

⑤ 6×4＝

⑥ 8×7＝

⑦ 3×1＝

⑧ 9×3＝

⑨ 8×2＝

⑩ 5×8＝

26 九九④

★できた もんだいには、「た」を かこう！

1 でき　2 でき

1 つぎの 計算を しましょう。

月　日

① 3×2=

② 5×4=

③ 4×6=

④ 2×9=

⑤ 7×1=

⑥ 7×8=

⑦ 6×7=

⑧ 4×3=

⑨ 1×3=

⑩ 3×7=

2 つぎの 計算を しましょう。

月　日

① 8×6=

② 5×5=

③ 9×6=

④ 9×8=

⑤ 6×2=

⑥ 3×6=

⑦ 7×4=

⑧ 8×2=

⑨ 2×5=

⑩ 1×9=

27 九九⑤

★できた　もんだいには、「た」を　かこう！

1 でき　2 でき

1 つぎの　計算を　しましょう。　　月　　日

① 4×2=

② 9×5=

③ 8×4=

④ 5×3=

⑤ 6×9=

⑥ 3×4=

⑦ 2×7=

⑧ 1×5=

⑨ 8×9=

⑩ 9×7=

2 つぎの　計算を　しましょう。　　月　　日

① 8×3=

② 2×8=

③ 2×2=

④ 3×9=

⑤ 9×1=

⑥ 4×9=

⑦ 5×7=

⑧ 7×6=

⑨ 8×8=

⑩ 1×8=

28 九九⑥

★できた　もんだいには、「た」を　かこう！

1 でき　2 でき

1 つぎの　計算を　しましょう。

月　日

① $3 \times 3 =$ ☐　② $5 \times 8 =$ ☐

③ $1 \times 7 =$ ☐　④ $6 \times 1 =$ ☐

⑤ $3 \times 8 =$ ☐　⑥ $7 \times 9 =$ ☐

⑦ $4 \times 5 =$ ☐　⑧ $9 \times 2 =$ ☐

⑨ $6 \times 8 =$ ☐　⑩ $5 \times 6 =$ ☐

2 つぎの　計算を　しましょう。

月　日

① $9 \times 4 =$ ☐　② $6 \times 6 =$ ☐

③ $7 \times 2 =$ ☐　④ $3 \times 1 =$ ☐

⑤ $8 \times 4 =$ ☐　⑥ $5 \times 2 =$ ☐

⑦ $1 \times 4 =$ ☐　⑧ $2 \times 3 =$ ☐

⑨ $4 \times 8 =$ ☐　⑩ $7 \times 7 =$ ☐

29 九九⑦

★できた　もんだいには、「た」を　かこう！

1 でき　2 でき

1 つぎの　計算を　しましょう。　　月　日

① 2×2＝

② 5×4＝

③ 8×6＝

④ 1×3＝

⑤ 6×7＝

⑥ 3×9＝

⑦ 8×3＝

⑧ 4×6＝

⑨ 7×1＝

⑩ 9×8＝

2 つぎの　計算を　しましょう。　　月　日

① 6×3＝

② 2×7＝

③ 7×4＝

④ 4×1＝

⑤ 1×6＝

⑥ 3×7＝

⑦ 4×4＝

⑧ 2×4＝

⑨ 3×5＝

⑩ 5×7＝

30 九九⑧

★できた もんだいには、「た」を かこう！

1 でき　2 でき

1 つぎの 計算を しましょう。

月 日

① 4×3＝　② 6×5＝

③ 1×2＝　④ 7×7＝

⑤ 9×3＝　⑥ 2×6＝

⑦ 5×1＝　⑧ 7×3＝

⑨ 3×2＝　⑩ 9×7＝

2 つぎの 計算を しましょう。

月 日

① 1×1＝　② 7×8＝

③ 2×8＝　④ 3×6＝

⑤ 9×2＝　⑥ 4×9＝

⑦ 8×5＝　⑧ 6×9＝

⑨ 9×9＝　⑩ 5×3＝

★できた　もんだいには、「た」を　かこう！

1 でき　2 でき

31 九九⑨

1 つぎの　計算を　しましょう。

月　日

① $2 \times 5 =$ 　　② $3 \times 8 =$

③ $9 \times 4 =$ 　　④ $4 \times 7 =$

⑤ $1 \times 5 =$ 　　⑥ $6 \times 2 =$

⑦ $8 \times 7 =$ 　　⑧ $2 \times 3 =$

⑨ $5 \times 8 =$ 　　⑩ $7 \times 6 =$

2 つぎの　計算を　しましょう。

月　日

① $5 \times 6 =$ 　　② $6 \times 4 =$

③ $1 \times 7 =$ 　　④ $2 \times 1 =$

⑤ $5 \times 9 =$ 　　⑥ $7 \times 2 =$

⑦ $4 \times 8 =$ 　　⑧ $8 \times 1 =$

⑨ $3 \times 3 =$ 　　⑩ $8 \times 9 =$

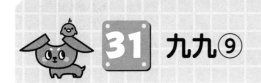

32 九九⑩

★できた　もんだいには、「た」を　かこう！

でき 1　でき 2

1 つぎの　計算を　しましょう。

月　　日

① $7 \times 3 =$

② $9 \times 7 =$

③ $4 \times 4 =$

④ $2 \times 9 =$

⑤ $6 \times 1 =$

⑥ $3 \times 4 =$

⑦ $8 \times 3 =$

⑧ $1 \times 4 =$

⑨ $9 \times 3 =$

⑩ $5 \times 7 =$

2 つぎの　計算を　しましょう。

月　　日

① $4 \times 6 =$

② $2 \times 2 =$

③ $7 \times 8 =$

④ $9 \times 5 =$

⑤ $1 \times 9 =$

⑥ $6 \times 4 =$

⑦ $5 \times 4 =$

⑧ $3 \times 5 =$

⑨ $8 \times 8 =$

⑩ $7 \times 4 =$

答え

1 100までの　たし算の　ひっ算①

1
①98　②86　③91　④72
⑤56　⑥86　⑦58　⑧90
⑨53　⑩59

2

①

	1	7
+	6	4
	8	1

②

	4	6
+	1	8
	6	4

③

	2	1
+		6
	2	7

④

		8
+	4	2
	5	0

2 100までの　たし算の　ひっ算②

1
①65　②78　③63　④51
⑤72　⑥55　⑦87　⑧80
⑨65　⑩80

2

①

	5	7
+	1	2
	6	9

②

	6	6
+	2	4
	9	0

③

	6	9
+		5
	7	4

④

		3
+	7	9
	8	2

3 100までの　たし算の　ひっ算③

1
①69　②96　③58　④91
⑤92　⑥95　⑦96　⑧80
⑨23　⑩54

2

①

	6	8
+	1	6
	8	4

②

	5	4
+	3	8
	9	2

③

	6	3
+		7
	7	0

④

		4
+	5	2
	5	6

4 100までの　ひき算の　ひっ算①

1
①23　②18　③6　④31
⑤19　⑥25　⑦27　⑧23
⑨16　⑩29

2

①

	7	2
−	5	3
	1	9

②

	8	1
−	7	9
		2

③

	6	0
−	3	2
	2	8

④

	5	6
−		8
	4	8

5 100までの　ひき算の　ひっ算②

1
①63　②60　③9　④43
⑤38　⑥19　⑦55　⑧29
⑨4　⑩28

2

①

	9	6
−	4	7
	4	9

②

	6	1
−	5	5
		6

③

	4	0
−	3	1
		9

④

	9	2
−		5
	8	7

6 100までの　ひき算の　ひっ算③

1
①15　②76　③10　④51
⑤28　⑥74　⑦59　⑧18
⑨6　⑩28

2

①

	9	2
−	6	9
	2	3

②

	9	7
−	8	8
		9

③

	8	0
−	7	8
		2

④

	5	0
−		4
	4	6

7 何十の　計算

1
①130　②130
③120　④170
⑤120　⑥110
⑦150　⑧110
⑨150　⑩140

2
①40　②90
③60　④70
⑤70　⑥50
⑦90　⑧90
⑨90　⑩40

8 何百の　計算

1
①800　②900
③800　④500
⑤700　⑥700
⑦900　⑧900
⑨900　⑩1000

2
①400　②300
③100　④500
⑤100　⑥700
⑦600　⑧400
⑨400　⑩300

9 たし算の　あん算

1
①20　②40
③60　④70
⑤50　⑥30
⑦90　⑧30
⑨80　⑩60

2
①21　②35
③65　④83
⑤44　⑥31
⑦92　⑧64
⑨53　⑩72

10 ひき算の　あん算

1
①13　②78
③31　④65
⑤47　⑥54
⑦29　⑧82
⑨35　⑩16

2
①17　②29
③66　④39
⑤49　⑥27
⑦59　⑧69
⑨75　⑩27

11 たし算の　ひっ算①

1
①114　②119　③147　④107
⑤133　⑥162　⑦128　⑧110
⑨101　⑩102

2

①

	7	6
+	5	7
1	3	3

②

	3	1
+	8	9
1	2	0

③

	6	7
+	3	5
1	0	2

④

	9	5
+		6
1	0	1

12 たし算の　ひっ算②

1
①119　②118　③111　④107
⑤131　⑥121　⑦124　⑧130
⑨103　⑩102

2

①

	6	7
+	8	7
1	5	4

②

	6	8
+	4	2
1	1	0

③

	5	9
+	4	9
1	0	8

④

		6
+	9	7
1	0	3

13 たし算の　ひっ算③

1
①118　②156　③149　④109
⑤134　⑥123　⑦143　⑧130
⑨103　⑩103

2

①

	5	7
+	6	9
1	2	6

②

	7	7
+	7	3
1	5	0

③

	6	6
+	3	8
1	0	4

④

	9	3
+		8
1	0	1

14 たし算の　ひっ算④

1
①115　②172　③123　④107
⑤122　⑥141　⑦131　⑧140
⑨105　⑩104

2

①

	3	7
+	8	4
1	2	1

②

	6	4
+	3	6
1	0	0

③

	8	7
+	1	5
1	0	2

④

		9
+	9	3
1	0	2

15 たし算の　ひっ算⑤

1
①128　②146　③128　④109
⑤124　⑥153　⑦132　⑧100
⑨104　⑩104

2

①

	8	4
+	6	8
1	5	2

②

	6	2
+	7	8
1	4	0

③

	3	5
+	6	6
1	0	1

④

	9	6
+		8
1	0	4

16 ひき算の　ひっ算①

1 ①62　②91　③90　④13
⑤66　⑥74　⑦66　⑧49
⑨8　⑩94

2

①

	1	3	2
−		8	4
		4	8

②

	1	0	2
−		8	5
		1	7

③

	1	0	6
−			8
		9	8

④

	1	0	0
−		7	2
		2	8

17 ひき算の　ひっ算②

1 ①71　②65　③60　④71
⑤78　⑥49　⑦69　⑧98
⑨6　⑩47

2

①

	1	4	1
−		8	7
		5	4

②

	1	0	8
−		2	9
		7	9

③

	1	0	4
−		4	8
		5	6

④

	1	0	0
−			7
		9	3

18 ひき算の　ひっ算③

1 ①91　②72　③90　④81
⑤77　⑥54　⑦47　⑧56
⑨8　⑩97

2

①

	1	2	1
−		7	2
		4	9

②

	1	0	6
−		1	8
		8	8

③

	1	0	2
−			5
		9	7

④

	1	0	0
−		1	4
		8	6

19 ひき算の　ひっ算④

1 ①72　②63　③60　④81
⑤73　⑥87　⑦86　⑧98
⑨4　⑩15

2

①

	1	4	6
−		9	7
		4	9

②

	1	0	8
−		3	9
		6	9

③

	1	0	1
−		5	3
		4	8

④

	1	0	0
−			2
		9	8

20 ひき算の　ひっ算⑤

1 ①84　②42　③90　④51
⑤79　⑥78　⑦57　⑧49
⑨9　⑩95

2

①

	1	2	2
−		4	5
		7	7

②

	1	0	3
−		6	9
		3	4

③

	1	0	3
−			4
		9	9

④

	1	0	0
−		9	3
			7

21 3けたの　数の　たし算の　ひっ算

1 ①279　②577　③396　④492
⑤393　⑥282　⑦390　⑧279
⑨254　⑩674

2

①

	5	3	5
+		4	6
	5	8	1

②

	3	1	5
+		8	0
	3	9	5

③

	4	8	7
+			6
	4	9	3

④

	3	5	3
+			7
	3	6	0

22 3けたの　数の　ひき算の　ひっ算

1 ①512　②747　③219　④668
⑤526　⑥835　⑦405　⑧600
⑨748　⑩406

2

①

	7	7	5
−		2	6
	7	4	9

②

	5	3	1
−		3	1
	5	0	0

③

	3	6	2
−			5
	3	5	7

④

	8	1	3
−			7
	8	0	6

23 九九①

1
①40　②10
③18　④72
⑤35　⑥6
⑦18　⑧9
⑨4　⑩36

2
①32　②30
③54　④14
⑤2　⑥42
⑦48　⑧9
⑨8　⑩15

24 九九②

1
①42　②12
③45　④16
⑤64　⑥4
⑦27　⑧30
⑨8　⑩54

2
①48　②28
③10　④18
⑤12　⑥20
⑦2　⑧32
⑨63　⑩81

25 九九③

1
①8　②8
③45　④36
⑤21　⑥12
⑦36　⑧25
⑨12　⑩6

2
①1　②28
③49　④5
⑤24　⑥56
⑦3　⑧27
⑨16　⑩40

26 九九④

1
①6　②20
③24　④18
⑤7　⑥56
⑦42　⑧12
⑨3　⑩21

2
①48　②25
③54　④72
⑤12　⑥18
⑦28　⑧16
⑨10　⑩9

27 九九⑤

1
①8　②45
③32　④15
⑤54　⑥12
⑦14　⑧5
⑨72　⑩63

2
①24　②16
③4　④27
⑤9　⑥36
⑦35　⑧42
⑨64　⑩8

28 九九⑥

1
①9　②40
③7　④6
⑤24　⑥63
⑦20　⑧18
⑨48　⑩30

2
①36　②36
③14　④3
⑤32　⑥10
⑦4　⑧6
⑨32　⑩49

29 九九⑦

1
①4　②20
③48　④3
⑤42　⑥27
⑦24　⑧24
⑨7　⑩72

2
①18　②14
③28　④4
⑤6　⑥21
⑦16　⑧8
⑨15　⑩35

30 九九⑧

1
①12 ②30
③2 ④49
⑤27 ⑥12
⑦5 ⑧21
⑨6 ⑩63

2
①1 ②56
③16 ④18
⑤18 ⑥36
⑦40 ⑧54
⑨81 ⑩15

31 九九⑨

1
①10 ②24
③36 ④28
⑤5 ⑥12
⑦56 ⑧6
⑨40 ⑩42

2
①30 ②24
③7 ④2
⑤45 ⑥14
⑦32 ⑧8
⑨9 ⑩72

32 九九⑩

1
①21 ②63
③16 ④18
⑤6 ⑥12
⑦24 ⑧4
⑨27 ⑩35

2
①24 ②4
③56 ④45
⑤9 ⑥24
⑦20 ⑧15
⑨64 ⑩28